JN303487

自動車技術シリーズ ③ （社）自動車技術会——編集

自動車開発の
シミュレーション技術
普及版

■編集幹事
間瀬俊明

朝倉書店

序

　本書は(社)自動車技術会が企画編集した「自動車技術シリーズ」全12巻の1冊として刊行されるものである．このシリーズは，自動車に関わる焦点技術とその展望を紹介する意図のもとに，第一線で活躍されている研究者・技術者に特別に執筆を依頼して刊行の運びとなったものである．

　最新の技術課題について的確な情報を提供することは自動車技術会の重要な活動のひとつで，当会の編集会議の答申にもとづいてこのシリーズの刊行が企画された．このシリーズの各巻では，関連事項をくまなく網羅するよりも，内容を適宜取捨選択して主張や見解も含め自由に記述していただくよう執筆者にお願いした．その意味で，本書から自動車工学・技術の最前線におけるホットな雰囲気がじかに伝わってくるものと信じている．

　このような意味で，本書のシリーズは，基礎的で普遍的事項を漏れなく含める方針で編集されている当会の「自動車技術ハンドブック」と対極に位置している．また，ハンドブックはおよそ10年ごとに改訂され，最新技術を含めて時代に見合うよう更新する方針となっており，本自動車技術シリーズはその10年間の技術進展の記述を補完する意味ももっている．さらに，発刊の時期が自動車技術会発足50年目の節目にもあたっており，時代を画すマイルストーンとしての意義も込められている．本シリーズはこのような多くの背景のもとで企画されたものであり，本書が今後の自動車工学・技術，さらには工業の発展に役立つことを強く願っている．

　本シリーズの発刊にあたり，関係各位の適切なご助言，本シリーズ編集担当幹事ならびに執筆者諸氏の献身的なご努力，会員各位のご支援，事務局ならびに朝倉書店のご尽力に対して，深く謝意を表したい．

　1996年7月

社団法人　自動車技術会
自動車技術シリーズ出版委員会
委員長　池上　詢

(社)自動車技術会　編集
＜自動車技術シリーズ＞
編集委員会

編集委員長	池上　　詢	京都大学工学部
副委員長	近森　　順	成蹊大学工学部
編集委員	安部　正人	神奈川工科大学工学部
	井上　惠太	トヨタ自動車(株)
	大沢　　洋	日野自動車工業(株)
	岡　　克己	(株)本田技術研究所
	小林　敏雄	東京大学生産技術研究所
	城井　幸保	三菱自動車工業(株)
	芹野　洋一	トヨタ自動車(株)
	高波　克治	いすゞエンジニアリング(株)
	辻村　欽司	(株)新エィシーイー
	農沢　隆秀	マツダ(株)
	林　　直義	(株)本田技術研究所
	原田　　宏	防衛大学校
	東出　隼機	日産ディーゼル工業(株)
	間瀬　俊明	日産自動車(株)
	柳瀬　徹夫	日産自動車(株)
	山川　新二	工学院大学工学部

(五十音順)

まえがき

　今回，「自動車技術シリーズ」の中の第3巻として，この「自動車開発のシミュレーション技術」を刊行することとなった．

　最近の数値解析理論やコンピュータのソフト，ハード技術の進歩には目を見張るものがある．それに伴って解析シミュレーションに関する優れた専門書や研究論文，文献が数多く見られるようになった．このような中で，本書が単に自動車分野での解析シミュレーションの適用技術を紹介するだけでは，特色ある技術書としての意義を見出すのが難しいであろう．

　本書が自動車技術シリーズ発刊の狙いに照らし，自動車開発に関わる解析シミュレーションの技術書として末永く活用されることを願い，以下の考え方に基づいて編集した．

　（1）　第1章から第7章まで，解析シミュレーションに必要な関連技術を系統的に述べることで，車両開発全体の中でこの分野で必要な技術が何か，を一貫した形でわかるように工夫した．したがって単に解析手法だけではなく，モデリング，プリポストプロセッシング，可視化技術，アニメーション技術など，シミュレーションを実用に供するために必要な関連技術もあわせて記述した．

　（2）　各章の構成は，前段で実際の車両開発で利用される代表的な解析理論の基礎を記述し，後段でその基礎理論が実務でどのように使われているかを紹介する形にした．これにより理論と実際との対応をできるだけとりやすくした．また基礎理論ではカバーしきれない理論も実務では利用されるため，それぞれの応用事例の中で補足的に記述することとした．なお，より詳細についての理解を深めたい読者の便宜をはかり，各章末にそれらの参考文献をできるだけ多く掲載した．

　（3）　紙数の制約もあったため，網羅的ではなく現在の最先端，最高レベルにある理論や応用例，そして今後発展しそうな理論，技術に焦点を当てたものとした．そのため当然ではあるが，各シミュレーションの理論と応用の部分に最も多くのページを当て，それぞれ学界や産業界の第一線で活躍されている方々に執筆していただいた．

　（4）　CADモデリングの理論と実際についても，比較的詳しく記述した．シミュレーションの実務プロセスへの適用が進むにつれて，解析モデルの作成やメッシュ分割が時間的工数的に大きなネックとなってきている．したがって今後は

まえがき

CADモデルを活用し，シミュレーション用のモデル作成をいかに効率化するかが大変重要になってくる．CADモデルと解析モデルの効果的な接続や自動化など，この分野の研究や開発に取り組もうとする解析技術者にとって有用であると考え，CADモデリングに関する章を加えた．

（5）スーパコンピュータやEWS，あるいはパソコンといったハードウェアの性能や特徴は，解析技術や手法と大きな繋がりを持っている．このような知識は解析技術に関わる者にとって大いに有用であると判断し，それらについても章を起こして解説した．

日本の自動車技術50年にあたって，本書がこれらの狙いを多少とも実現したものになっていれば幸いである．

1997年11月

間瀬 俊明

編 集 幹 事

間 瀬 俊 明　　日産自動車(株)　技術システム部

執 筆 者（執筆順）

間 瀬 俊 明　　日産自動車(株)　技術システム部
稲 荷 泰 明　　日産自動車(株)　技術システム部
長 田 一 夫　　日産自動車(株)　技術システム部
吉 村 　 忍　　東京大学大学院　工学系研究科
藤 谷 克 郎　　日産自動車(株)　技術システム部
萩 原 一 郎　　東京工業大学　工学部機械科学科
矢 川 元 基　　東京大学大学院　工学系研究科
都 井 　 裕　　東京大学　生産技術研究所
髙 橋 　 進　　日産自動車(株)　技術開発センター
山 部 　 昌　　金沢工業大学　工学部機械・物質系
鈴 木 真 二　　東京大学大学院　工学系研究科
堀 田 直 文　　トヨタ自動車(株)　技術管理部
小 林 敏 雄　　東京大学　生産技術研究所
谷 口 伸 行　　東京大学　生産技術研究所
鬼 頭 幸 三　　ボルボ・カー　東京事務所
栗 山 利 彦　　ダイハツ工業(株)　技術開発部
恩 田 　 祐　　日産自動車(株)　技術開発センター
森 　 博 己　　日産自動車(株)　技術システム部
藤 井 孝 藏　　文部省　宇宙科学研究所

目　　　次

1. 自動車開発において解析シミュレーションのめざすもの　［間瀬俊明］

1.1　自動車開発の現状 …………………………… 1
1.2　「よい設計」とCAD/CAM/CAEの役割 ……… 2
1.3　解析シミュレーションに求められるもの …… 3
　　a.　エンジニアに要求されるもの …………… 3
　　b.　道具に要求されるもの …………………… 3
　　c.　業務プロセス革新のために ……………… 3
1.4　現状の課題 …………………………………… 3
1.5　バーチャルディベロップメントをめざして … 4

2. モデリングとプリプロセッシング　［稲荷泰明・長田一夫・吉村　忍・藤谷克郎］

2.1　モデリング技術 ……………………………… 5
　2.1.1　形状モデリングの概念 ………………… 5
　　a.　位　相 ……………………………………… 6
　　b.　幾　何 ……………………………………… 7
　2.1.2　形状モデル ……………………………… 9
　　a.　ワイヤフレームモデル …………………… 9
　　b.　サーフェスモデル ……………………… 10
　　c.　ソリッドモデル ………………………… 12
2.2　プリプロセッシング技術 …………………… 17
　2.2.1　概　要 …………………………………… 17
　2.2.2　構造格子生成手法 ……………………… 17
　　a.　格子の種類 ……………………………… 17
　　b.　直交の格子生成 ………………………… 18
　　c.　曲線座標系の格子生成 ………………… 19
　　d.　CADデータの利用方法 ………………… 19
　　e.　マルチブロック法による自動車周囲格子
　　　　生成例 …………………………………… 20
　2.2.3　自動要素分割法に求められる機能 …… 22
　2.2.4　四面体要素と六面体要素 ……………… 22
　2.2.5　三次元任意形状の自動要素分割法の分類
　　　　 ……………………………………………… 24
　2.2.6　あいまい知識処理手法に基づく方法 … 25
　　a.　処理の流れ ……………………………… 25
　　b.　形状定義 ………………………………… 25
　　c.　節点密度制御 …………………………… 25
　　d.　節点発生 ………………………………… 27
　　e.　要素生成 ………………………………… 28
　　f.　平滑化 …………………………………… 28
　　g.　要素分割事例 …………………………… 28
　2.2.7　アダプティブ法（事後誤差評価と要素
　　　　 再分割） ………………………………… 29
　　a.　従来のアダプティブ法 ………………… 29
　　b.　三次元誤差分布を反映した節点密度分布
　　　　情報の表現 ……………………………… 30
　　c.　アダプティブ解析の手順 ……………… 31
　　d.　実行結果と考察 ………………………… 31
　2.2.8　プレ処理の自動化と熟練過程 ………… 32
　　a.　支援の目的 ……………………………… 33
　　b.　基本的な考え方 ………………………… 33
　　c.　処理の流れ ……………………………… 33
　　d.　データ事例 ……………………………… 34

3. 有限要素法　［萩原一郎・吉村　忍・矢川元基・都井　裕・髙橋　進・山部　昌］

3.1　有限要素法基礎 ……………………………… 39
　3.1.1　試験関数を用いる近似解法 …………… 39
　　a.　重み付き残差法 ………………………… 39
　　b.　変分原理直接法 ………………………… 40
　3.1.2　ポアソン方程式への応用 ……………… 40
　　a.　ポアソン方程式の境界値問題 ………… 40

b. 要素分割と内挿関数 …………………… 40	3.3.3 モード重合法 …………………………… 61
c. リッツ法に基づく有限要素法 ………… 41	a. 従来のモード重合法 ………………… 61
d. ガラーキン法に基づく有限要素法 …… 42	b. 馬-萩原のモード重合法と従来のモード
e. 実際の手順 …………………………… 43	重合法との関係 …………………… 64
3.1.3 要素の種類と数値積分 …………………… 43	3.3.4 固有モード感度解析 …………………… 65
a. 要素選択の基本 ……………………… 43	a. 従来のモード重合法に基づく感度解析 … 65
b. 内挿関数の考え方 …………………… 43	b. 萩原-馬の新しい感度解析 ………… 66
c. 座標変換とアイソパラメトリック要素 … 44	c. 固有モード感度解析の適用例 ……… 67
d. 数値積分 ……………………………… 45	3.3.5 連成系における部分構造合成法 ……… 68
3.1.4 方程式の解法 …………………………… 45	a. 区分モード合成の定式 ……………… 68
a. 有限要素法における連立一次方程式 … 45	b. 数値解析例 …………………………… 69
b. 直接法 ………………………………… 46	3.4 過渡応答解析への応用 ……………………… 72
c. 反復法 ………………………………… 46	3.4.1 線形過渡応答解析 ……………………… 72
3.2 静的構造解析への応用 ……………………… 47	a. 陽公式と陰公式 ……………………… 72
3.2.1 線形構造解析 …………………………… 47	b. 1段法と多段法 ……………………… 72
3.2.2 非線形構造解析 ………………………… 48	c. 線形過渡応答解析の適用例 ………… 74
a. 静的非線形構造解析法 ……………… 48	3.4.2 非線形過渡応答解析 …………………… 76
b. 動的方程式を解く静的非線形構造解析法	a. 解析方法 ……………………………… 76
……………………………………… 52	b. 衝突解析の適用例 …………………… 77
3.2.3 非線形構造解析の応用例 ……………… 53	3.5 樹脂流動解析 ………………………………… 80
a. 車体外板張り剛性解析 ……………… 53	3.5.1 支配方程式の誘導 ……………………… 81
b. シートベルトアンカー点強度解析 …… 54	a. 支配方程式 …………………………… 81
c. 板成形解析 …………………………… 56	b. 粘度式 ………………………………… 81
3.3 周波数応答解析への応用 …………………… 58	c. メルトフロントの表現 ……………… 82
3.3.1 固有値解析 ……………………………… 58	d. 数値解法 ……………………………… 82
3.3.2 流体関連振動/構造-音場連成解析 …… 59	3.5.2 流動解析の適用例（Ⅰ） ……………… 82
a. 連成現象の数理的表現とその解法 … 59	3.5.3 流動解析の適用例（Ⅱ） ……………… 83
b. 構造-音場連成系の固有振動数 …… 60	3.5.4 今後の課題 ……………………………… 84

4. 境 界 要 素 法　［萩原一郎・都井　裕・鈴木真二・堀田直文］

4.1 静的構造解析 ……………………………… 87	c. 離散化 ………………………………… 93
4.1.1 静的構造解析の理論 …………………… 87	d. 解の一意性の問題 …………………… 93
4.1.2 適用例 …………………………………… 88	e. 音場解析における境界条件 ………… 94
a. シャシ部品への適用 ………………… 89	f. 騒音対策のための指標 ……………… 94
b. エンジン部品への適用 ……………… 90	4.2.2 適用例 …………………………………… 95
4.2 音場解析への応用 …………………………… 91	a. 排気消音器音響解析への適用 ……… 95
4.2.1 音場解析方法 …………………………… 92	b. 車室内音響解析への適用 …………… 95
a. 音場の基礎方程式 …………………… 92	c. 車外騒音解析への適用 ……………… 96
b. 積分方程式 …………………………… 93	

5. 差 分 法　[小林敏雄・谷口伸行・鬼頭幸三・栗山利彦・恩田　祐]

- 5.1　流れの基礎方程式と差分法 …………… 99
- 5.2　乱流の取扱い …………………………… 101
  - 5.2.1　レイノルズ方程式による解法 ……… 101
    - a.　k-ε モデル ……………………………… 101
    - b.　低レイノルズ数型 k-ε モデル ………… 102
    - c.　非等方 k-ε モデル …………………… 102
    - d.　応力方程式モデル …………………… 102
  - 5.2.2　LES ……………………………………… 102
  - 5.2.3　三次精度風上差分法による擬似直接解法 ………………………………………… 103
  - 5.2.4　乱流モデルの比較検討例 …………… 103
    - a.　矩形管の管摩擦係数 ………………… 103
    - b.　バックステップ流れ ………………… 103
    - c.　正方形柱に働く変動揚抗力 ………… 104
- 5.3　自動車における熱流体解析 …………… 104
  - 5.3.1　自動車の熱流体解析分野 …………… 104
  - 5.3.2　数値シミュレーションの方法と特徴 … 105
  - 5.3.3　解析事例 ……………………………… 107
    - a.　空力解析 ……………………………… 107
    - b.　エンジン燃焼解析 …………………… 108
    - c.　空調解析 ……………………………… 110
    - d.　鋳造解析 ……………………………… 110

6. 最 適 化 法　[萩原一郎・鈴木真二・堀田直文]

- 6.1　最適化理論 ……………………………… 115
  - 6.1.1　問題の記述 …………………………… 115
    - a.　標準的な最適化問題 ………………… 115
    - b.　双対問題 ……………………………… 115
    - c.　多目的最適化問題 …………………… 116
  - 6.1.2　最適化の数値計算の歴史 …………… 116
  - 6.1.3　個々の最適化理論 …………………… 117
    - a.　線形計画法 …………………………… 117
    - b.　二次計画法 …………………………… 118
    - c.　可能方向法 …………………………… 119
    - d.　最適性基準法 ………………………… 120
  - 6.1.4　最適化解析のための周辺理論および
    それを用いた最適化解析 …………… 121
    - a.　ベーシスベクトルを用いた形状最適化
      解析 …………………………………… 121
    - b.　均質化法を用いた位相最適化解析 … 123
    - c.　非線形問題への最適化解析 ………… 126

7. 解析用ハードウェア　[森　博己・藤谷克郎]

- 7.1　プリポスト用ハードウェア …………… 131
  - 7.1.1　グラフィック端末の歴史 …………… 131
  - 7.1.2　高速化と小型化 ……………………… 131
  - 7.1.3　ハードウェアの進歩とその恩恵 …… 132
    - a.　より大規模解析へ …………………… 132
    - b.　より高品質へ ………………………… 132
    - c.　ユーザーインタフェースの向上 …… 132
  - 7.1.4　ハードウェアメーカーへの期待 …… 133
    - a.　高機能より高性能を ………………… 133
    - b.　大量でも高速な表示 ………………… 133
    - c.　CPU より総合性能 …………………… 133
- 7.2　ソルバー用ハードウェア ……………… 133
  - 7.2.1　スーパコンピュータの歴史と解析の
    実用化 …………………………………… 133
  - 7.2.2　種々の計算機の演算能力 …………… 134
  - 7.2.3　計算コスト …………………………… 135
  - 7.2.4　種々の計算機の使い分け …………… 136

8. ポストプロセッシング　[藤井孝藏・藤谷克郎]

- 8.1　可視化処理の必要性 …………………… 137
- 8.2　可視化技術 ……………………………… 137
  - 8.2.1　可視化の基礎技術 …………………… 137
  - 8.2.2　線画処理 ……………………………… 141

a.	線画処理の基本プロセス……………141	a.	色情報……………………………………146
b.	内挿法について………………………141	b.	面表示のプロセス………………………147
c.	等高線の描き方………………………142	c.	等値面表示………………………………148
d.	ベクトルや流線の描き方……………143	8.2.4	ボリュームビジュアライゼーション……149
e.	速度ベクトルに基づくそれ以外の表示‥145	8.2.5	インタラクティブグラフィックスと
8.2.3	面表示……………………………………146		アニメーション…………………………150

9. 今後の動向　[問瀬俊明]

索　引……………………………………………………………………………………………………157

1

自動車開発において解析シミュレーションのめざすもの

1.1 自動車開発の現状

　自動車の開発（モデルチェンジ）は膨大な人，資金，設備を投入して行われる．通常，量産車の場合，完成車メーカーだけでも，数千人月から1万人月といった工数を投じている．さらに関連する部品メーカーの部品開発への投入工数も含めると実際はその何倍かを要しているであろう．

　自動車はこのようにモデルチェンジごとに膨大な経営資源を投入して開発されるが，欧米ではコンセプト段階から発売までに，通常4～5年程度の期間を要している．また最も短い日本のメーカーでさえ，2年～3年程度を必要としている（図1.1）．

　自動車は高度な精密機械および電子製品であるといえるが，一方でエクステリアやインテリアの意匠デザインなど，いわゆるファッション的な部分についてもユーザーから強い関心が払われている．したがって，通常の工業製品とはやや趣を異にしており，自動車は単に性能，機能面で十分なだけでは期待どおりには売れないという，投資規模との関係でみるとたいへんリスクの高い商品である．

　このような背景から，自動車の開発について特徴的な要請として以下の3点があげられる．

　i）車は意匠性の強い商品であるため，その販売が流行の影響を大きく受けることになる．それゆえそのリスクをできるだけ小さくすることが企業にとってたいへん重要である．そのためには市場投入時期とモデル決定時期を可能な限り短くすること，すなわち開発期間短縮はたいへん重要な課題である．

　ii）自動車自体の高性能，高品質化のほかに，最近とくに安全，環境など社会対応ニーズが急速に高まっている．新車開発は前述のように膨大な経営資源を必要としているにもかかわらず，安全装備など販売価格に反映しにくい開発や製品コストの増大を強いられている．そのため企業としての負担も大きく，いっそうの開発および製品コストの削減が強く求められている．

　iii）日本車は品質の良さを売り物としているゆえいったん品質上の問題が発生するとそれによる損失はきわめて大きなものとなる．そのため品質の確保と向

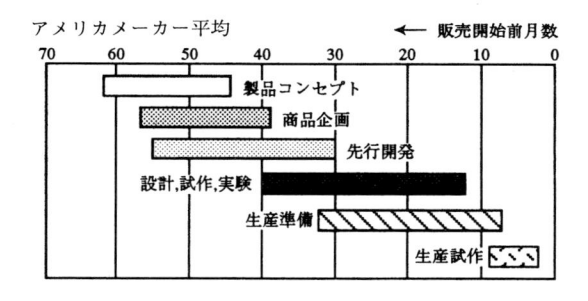

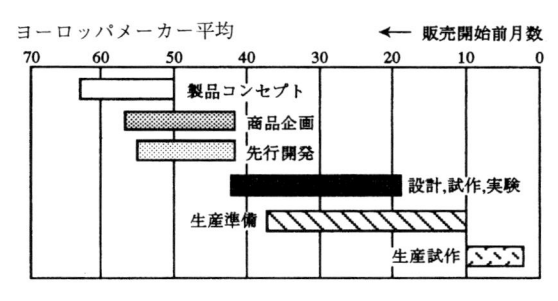

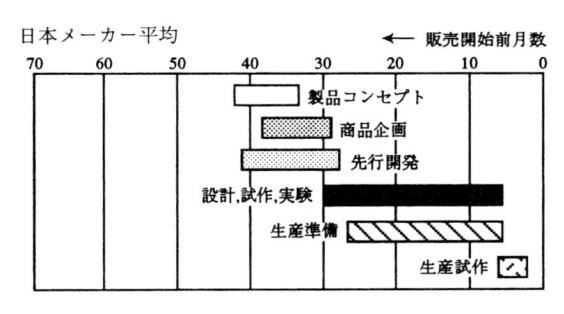

図 1.1 各国の製品開発プロセスとリードタイム（1980年代）

上は企業活動の絶対条件であり，他社に勝る品質の商品を提供することはいつの時代もトップレベルの課題である．

このような要請に応えるため，自動車開発にかかわる技術課題は近年ますます複雑，困難になってきている．これらQCD改善の中でも，とりわけさらなる開発期間短縮への期待が強い．これは単にリスクを小さくするだけでなく，結果として開発コスト自体も下がることが期待できるからである．

この最もニーズの高い開発期間短縮を実現するためには以下の3点がとくに有効である．

- 設計段階での予測力の向上
- コンカレントエンジニアリングの推進と充実
- 部品（含むシステム，構造）の流用（共用化）や種類の削減

これらの取組みにより，より良い品質の製品をより安く短期間に提供することが可能になる．つまり優れた開発期間短縮の方策はQCDのそれぞれに大きな効果をもたらすのである．

1.2 「よい設計」とCAD/CAM/CAEの役割

自動車開発におけるさまざまな活動の中で，その成否を決める最も大きな要因はいわゆる設計の良し悪しであるといっても過言ではない．しばしば，開発コストの5%程度しか使わない設計の企画構想段階で，製品コストの85%を規定するといわれる．このことは設計の，とりわけその初期段階の活動や意思決定がいかに重要かを端的に物語っている．

それでは，よい設計とは何か．一言でいえば，「その商品開発に求められているさまざまなねらいや目的を満たす商品を最も安くかつ合理的に製作するための指示が変更することなくできるということ」であろう．

設計行為の代表的かつ最も重要なアウトプットは，図面（CADモデル）である．最近の複雑多岐にわたる設計活動のアウトプットはさまざまな媒体や場を通じて伝達共有されるが，象徴的であれ，図面（CADモデル）がその代表といってよい．したがって，よい設計とはよい図面（CADモデル）を書くことでもある．一体よい図面（CADモデル）はどうすればかけるのか．

その手段として，先人の知恵，蓄積されたノウハウの活用とそのための仕組みの整備，標準化の徹底，エンジニアリングセンスの研鑽，材料，工法，原価などの設計に必要な知識や技術の習得，さらにそれぞれに精通したベテランエンジニアたちによるデザインレビューなどさまざまな工夫がなされてきた．

よい設計をする力（設計力）とは，よりよい結果（商品）やプロセス（工程）を導きだすための創造力と予測力，そして予測の妥当性を検証できる解析力であるといえる．

設計にとって最も重要な能力の一つである予測力を支援するために，実際に起こるであろう性能，品質，工程などにかかわるさまざまな現象をあらかじめコンピュータなどの援用によりシミュレーションできればさらに都合がよい．

一つの新車開発のために，多くの試作車をつくり，数千項目にも及ぶ実験を繰り返す従来方法の延長だけでは，いくら改善の努力をしても期間短縮に有効なよい設計の支援策としては限界がある．実験に頼ることなくできるだけよい設計を行える部分をどんどん増やさなければならない．そのために，CAD/CAMとCAEのいっそうの活用は，技術部門だけでなく経営サイドからの期待も高い．

過去20～30年のコンピュータリゼーションでCAD/CAMの実用化はエンジニアリング分野で大きな貢献と変化をもたらした．CAD/CAMは物づくりにつながるプロセスの革新と製造品質の向上およびコストの低減に多大な寄与をしてきた．日本の自動車産業が世界有数の力をつけた背景にはCAD/CAMの果たしてきた役割も大きいといえる．

このようにコンピュータ化は物づくりにつながる分野の効率化には大きく寄与してきたが，最近はそれに比べると間接部門自身の効率化が遅れているとの声をしばしばきくようになった．これはエンジニアリングの分野でいえば設計行為そのものの効率化が遅れているといいかえることができるであろう．幸いにして最近のコンピュータの劇的な性能向上は設計開発の効率化すなわち予測設計力の向上に直接役立つ解析シミュレーションすなわちCAEの有効性を一挙に高くすることになった．

今後はおもに，物づくりへのプロセスを支援するCAD/CAMから，設計開発業務そのものを支援するCAE（解析シミュレーション）へとコンピュータ利用の重点がシフトしていくであろう．

1.3 解析シミュレーションに求められるもの

　自動車開発におけるシミュレーションに特徴的に求められることは何か，またどうすればシミュレーションをより有効に利用することができるかについて考えてみたい．

　これまでに評価が定まっている多くの解析手法はそれぞれの設計目的ごとに使いやすいシステムの形で実車開発のプロセスに落とし込まれており，それらは実験の削減や図面品質の向上に大きく貢献しているであろう．

　しかし，たとえば車両の前面衝突解析のように，節点数が1万点を超えるフルモデルを作成する場合，通常のモデリング手法に従うと数百時間以上の膨大な時間，工数がかかってしまう．これではいかに解析の精度が向上してきているとはいえ，実車開発で活用される場は限定されてしまうことになる．それでも効果の大きい場合や時間に余裕のある場合ならば，たとえ多くの工数がモデルづくりやメッシュ分割にかかっても止むをえないと考えられるが，解析目的ごとに異なるモデルづくりやメッシュ分割を行わなければならないのでは，解析対象が増えるとかえって時間，コストとも余計にかかりペイしないということになる．

　解析シミュレーションを効率的に行うためには，それにかかわる個々の技術のいっそうの進歩はもちろん必要であるが，開発プロセスの中にデータづくりも含め体系（仕組み）としてしっかりと組み込まれたものとならなければならない．

　以下に，解析シミュレーションを実用に供するにはどうすればよいか，といった視点から，使う人（エンジニア），ツール，業務プロセスの三つについて考察してみたい．

a．エンジニアに要求されるもの

　通常の設計技術者の要件である本来の設計技術，実験評価技術などに加え，新たに解析ツールの使いこなしの技術が要求される．用いる解析手法に適した仮説の設定とモデリング，実現象の予測力とシミュレーション結果の評価スキルなど，経験によるノウハウの蓄積がたいへん重要である．ツールの有効性はそれを使う側の技術により大きな差を生じる．今後解析ツールが充実するにつれエンジニアにとってそれを使いこなす技術の習得がたいへん重要となるであろう．

b．道具に要求されるもの

　ここでいう道具とはソフトウェアとハードウェアを含んだ概念であり，モデラ，プリプロセッサ，ソルバ，ポストプロセッサなどの一連のソフトと，スーパコンピュータ，EWSといったハードウェアを意味する．

　道具としてのソフトを考えたとき，たとえばソルバを用いてシミュレーションを実行するためには，当然であるがモデル化が必要である．しかしそのために特殊なノウハウを要求されたり，多くの時間を要するのでは何のためのシミュレーションかわからなくなってしまう．技術者が実現象に対する解析力を十分もっていれば容易に使えるのが道具としてのソフトの本来の姿であり，それに向けたソフトのいっそうの改善が望まれる．

　次にハードについて考えてみたい．シミュレーションを行うとき，たとえば有限要素法は一般的にはメッシュを細かくすればするほど，（モデル化の仮説が正しければ）正解に近づいていく．しかし開発行為は当然ながら限られた時間内に行わなければならない．いくら精度が上がっても，一日で結果を得たい場面で数日かからなければ求まらないのでは実用的ではない．実際の開発時間軸上で活用できるよう，さらにモデル化や演算のスピードが上がることが必要である．

c．業務プロセス革新のために

　解析シミュレーションは車両など開発プロセスに組み込まれて初めて高い有効性が得られる．そのためにはそれぞれの解析手法やそれを用いたシステムが車両開発の各段階に適切に組み込まれなければならない．CAD/CAMデータモデルを効率的に活用し，開発プロセスのどの段階でどのようなシミュレーションモデルをつくり，どう行うかなど，さまざまな解析シミュレーションがもつ特性を最大限に活用した業務プロセスを構築することがたいへん重要となる．

　このように解析シミュレーションが実務プロセスでその有効性を発揮するには，人，道具，業務プロセスが三位一体となって機能することが最も大切である．

1.4 現状の課題

　前節で解析シミュレーションのあるべき姿についてふれたが，このような業務プロセスを実現するための現状の課題について述べてみたい．

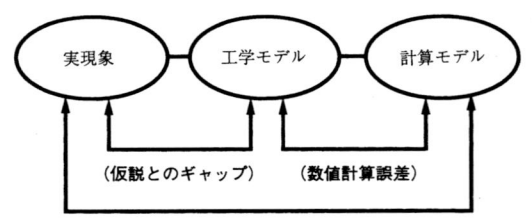

図1.2 解析の容易化とブラックボックス化のコンフリクト

便利な解析ツールの普及に伴い，新たに人材育成にからむ問題が発生してきた．図1.2にみるように，道具が進化することで解析精度がどんどん上がる一方で，内部ロジックのブラックボックス化が進むこととなった．その結果，現象を自ら解析しなくてもあたかもわかったような錯覚に陥るか，あるいは出てきたシミュレーションの結果についての正しい判断がむずかしくなるという新たな問題が生じてきた．その弊害を除くためには，ツール側で何らかの工夫をするか，あるいはブラックボックス化を前提にほかの手段で解析力の習得をカバーしていくなど何か別の方策が必要であろう．

本来ツールは設計技術者が解きたい課題をもち，かつ現象の解析力をもっていれば容易に使えるのが望ましい．しかし現状では解析ツールについてかなり深い知識がないと使いこなせない．したがって，今後は，いかに技術者にとって使いやすいツールに改良していくかが大きな課題であろう．

もう一方の大きな課題は，人と道具のそれぞれがもつ問題点を克服しながら，解析シミュレーションの有効性をさらに発揮できるプロセスへの変革を実現し，それを定着化させることである．従来の開発業務プロセスを変革することは，現実には技術的な面だけでなく，意識の面でもなかなかたいへんな作業である．変えることへの抵抗感が大きいうえに，当然ながら大きなリスクもある．実験をなくすとか試作車の台数を削減するなどの変革は，それを可能にする解析技術の確立を待ってからというアプローチではなかなか進まない．ある程度方針事として取り組むことが肝要である．解析技術の有効活用とさらなる進歩のために，トップダウン的なアプローチも併せて期待したい．

1.5 バーチャルディベロップメントをめざして

エンジニアリング分野でも，"バーチャル"という言葉がしばしば使われるようになった．これはCADとともにシミュレーション技術が本格的に実務に入り込み，CAD/CAM/CAEが車両開発プロセスの変革に大きく寄与しつつある証拠であろう．

車のモデルチェンジのようなある程度定型化された商品開発においては，模擬造形，模擬試作，模擬実験など，開発のあらゆる工程でシミュレーション化を進めるのが望ましい．そして可能な限り試作や実験なしで製品が開発できるようにすることで期間短縮やコストの低減を実現しなければならない．

現状のモデリングやシミュレーション技術ではまだバーチャルディベロップメント（仮想開発）という言葉に耐えるには荷が重い．今後は単に形状だけでなく，性能も含めて定義可能なモデルの研究，開発により，真の仮想開発に少しでも近づかなければならない．そのために，解析シミュレーションにかかわる技術はいっそう重要性を増していくことになろう．

また実務サイドではコンカレント開発に解析シミュレーションの技術を活用できるようにするため，開発プロセスの変革への積極的な取組みが必要である．

ディジタルデータを基準とした車両開発の仕組みづくりを進めることで真にグローバルかつコンカレントな開発を実現することが可能になろう．

[間瀬俊明]

参考文献

1) 三浦 登：新しい競争のスタイル—自動車におけるコンカレントエンジニアリング—，日本機械学会誌，Vol.98，No.916，p.16-18 (1995)
2) 間瀬俊明：CAD/CAM/CAEはどのように役にたったか，今後の方向は，精密工学会誌，Vol.60，No.4，p.477-482 (1994)

2

モデリングとプリプロセッシング

解析シミュレーションを実行するうえで，モデリングとプリプロセッシングは図2.1で示しているように，モデリングはコンピュータ上に物の形をコンピュータデータとして定義する部分，プリプロセッシングは要素分割または格子生成，境界条件設定を行う部分に対応している．

自動車開発業務では，従来から解析シミュレーションを車両全体の性能や部品性能の検討に活用している．最近，自動車開発期間の短縮化が進み，それに伴い開発業務形態を，試作品の活用による設計から解析シミュレーションの従来以上の活用による事前予測型設計へと，急速に変化させ始めている．そのため，解析シミュレーションの位置づけは従来以上に重要なものとなってきている．しかし，その実現に向けては数多くの解決すべき課題があり，とくにモデリング，プリプロセッシングが抱える課題の解決は開発業務形態の移行に向けて重要なものとなっている．

その点を自動車開発業務の側面から説明すると，以下のようなものである．

現状の設計業務は設計対象部位（たとえば，エンジンルーム全体など）・部品に対する設計案を性能や生産性，コスト，品質および周辺部位・部品との整合性などの視点から何サイクルも回してチェックし，最適解を導く行為であるため，検討する項目の数と量は膨大に存在している．そして，それらの検討は数週間単位といった短い期間で行われている．解析シミュレーションは前述した設計行為においていくつか存在する設計検討案を物理的な値で評価するツールとして，図2.1で示した工程を経ながら，利用されている．

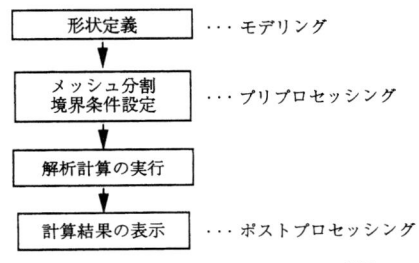

しかし，モデリングやプリプロセッシングはハンドワークであるため，それらの作業量が膨大になるとモデリングとプリプロセッシングの要素分割または格子生成に多くの時間を要するため[1]設定された時間内に収まらない場合がある．そのため作業量の大小にかかわらずモデリングと要素分割または格子生成が限られた時間内で，実行できること"モデリング時間と要素分割（格子生成）時間の短縮化"が重要となる．

また，車両開発は年間に数車種の規模で進められているため，標準化などにより効率的な開発をつねに追及している．解析シミュレーションもその対象の一つである．

しかし，解析シミュレーション実行に際しては，専門的な知識や技術および操作を修得していることが前提となっている[2]ため，この点の改善（専門性の希薄化）も重要となる．

本章では，これらの課題解決の糸口として応える意味で，モデリングとプリプロセッシングの基礎技術と最新の動向を述べる．

2.1 モデリング技術

2.1.1 形状モデリングの概念

実世界に存在する対象物，たとえばボルトやナットの形状を計算機上に表現した物を形状モデルと呼び，構築すべき形状モデルは問題領域により異なる．たとえば，形状の線描画を目的とするのであれば，形状のエッジ（稜線）を計算機上に記憶した形状モデルを構築すればよいが，部品の干渉問題を取り扱うならば，部品形状が占める空間領域を表現する形状モデルが必

図2.1 解析シミュレーションの手順

形状定義 … モデリング
メッシュ分割 境界条件設定 … プリプロセッシング
解析計算の実行
計算結果の表示 … ポストプロセッシング

要になる．形状モデルの構築は，実世界に存在する対象物を数学などを用いて抽象的な概念モデルで表し，概念モデルに基づき計算機上に実装する計算機モデル（または内部モデル）を作成する．

概念モデルにより対象物の表現，操作，表示の本質が決まるため，概念モデルの決定は重要である．ここでは形状モデルを位相要素と幾何要素に分けて表現する手法を中心に説明をする．たとえば，立方体を表現する場合に，表面を構成する6枚の面とそれらの面のつながりを表すのが位相で，各面の三次元ユークリッド空間における形態と位置を表すのが幾何である．次に形状の概念モデルの基本要素である位相と幾何について説明し，その後に形状モデルのワイヤフレームモデル（wireframe model），サーフェスモデル（surface model），ソリッドモデル（solid model）について説明する．

a．位　　相[3]

位相は形のつながりを表すもので，アルファベットの"T"と"Y"を位相の視点からとらえると同じである．すなわち，ゴム紐でできた"T"を切ったりつないだりしないで曲げるだけで"Y"に変形させることができる．アルファベットは一次元要素であるが二次元要素についても同様で，立方体の表面を構成する各平面を変形させ球面に貼り付け全面を覆いつくすことができる．位相の視点で形をとらえると立方体の表面も球面も同じである．

このように一方を切ったりつないだりしないで変形させ他方と同じにすることができる場合は，位相が同じであるとか，互いに同相であるという．形状を要素に分け，それらを組み合わせて形状を表現するならば，位相は形状モデルを構成する要素とそれぞれの要素のつながりを表現する仕組みととらえることができる．位相は形状モデルの表現において，ソリッドモデルの境界表現方式で最初に用いられたと思われるが，ソリッドモデルに限定されるものではなく，サーフェスモデルやワイヤフレームモデルにも適用できる．次に形状の概念モデルである胞複体について記述する．

（i）胞複体　　n次元胞複体は0～n胞体で構成され，直和の胞体に分解され，各胞体は開球と同相である．そして，n胞体の境界は$(n-1)$胞体以下の直和である．すなわち，0胞体は0次元要素で点である．1胞体は枝分かれのない一次元要素で，境界である両端の0胞体を含まない．2胞体は円盤と同相な二

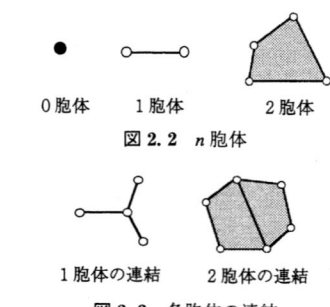

図2.2　n胞体

図2.3　各胞体の連結

次元要素で，境界である0胞体と1胞体を順次連結した閉曲線を含まない（図2.2）．胞複体を構成する位相要素は境界要素により結合されている．一般的に隣接するn胞体とn胞体のつながりは，その境界である$(n-1)$次元以下の胞体で連結されている．たとえば図2.3に示すように1胞体は，その境界の0胞体で連結し，2胞体はその境界の1胞体とその両端の0胞体で連結している．

（ii）オイラー-ポアンカレの式　　形状を構築していくには，作成した形状の正当性を保証する手法として，オイラー-ポアンカレの式に基づいた形状操作がある．次にオイラー-ポアンカレの式について説明する．胞複体(k)を構成するi次元の胞体の数をα_iとし，i次元のベッチ数をβ_iとするとオイラー標数$\chi(k)$は式(2.1)で表される．この式をオイラー-ポアンカレの式と呼ぶ．

$$\chi(k) = \sum_{i=0}^{n}(-1)^i \alpha_i = \sum_{i=0}^{n}(-1)^i \beta_i \quad (2.1)$$

0次元のベッチ数(β_0)は連結成分の数で，分離している胞複体の数である．一次元のベッチ数(β_1)は切断数と同じで，対象の胞複体が一次元の場合は適当なi個の1胞体を取り去っても連結成分は増加しないが，どのような$i+1$個の1胞体を取り去っても連結成分が増加するとき，一次元のベッチ数はiである．別の見方をするならば一次元のベッチ数は穴の数である．対象の胞複体が二次元の場合は一次元胞複体と異なり，適当なi個の多角形を選び，そこで切断しても分割されないが，どのような$i+1$個の多角形を選んでも，切断され連結成分が増加するとき，一次元のベッチ数はiである．二次元のベッチ数(β_2)は三次元空間から閉曲面により分離される閉じた三次元領域の数である．

次にオイラー-ポアンカレの式をワイヤフレームモ

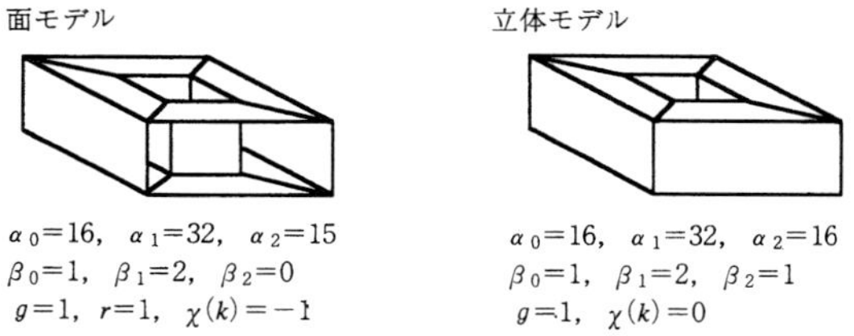

面モデル　　　　　立体モデル

$\alpha_0=16, \alpha_1=32, \alpha_2=15$　　$\alpha_0=16, \alpha_1=32, \alpha_2=16$
$\beta_0=1, \beta_1=2, \beta_2=0$　　$\beta_0=1, \beta_1=2, \beta_2=1$
$g=1, r=1, \chi(k)=-1$　　$g=1, \chi(k)=0$

図 2.4 オイラー-ポアンカレの式の適用例

デルとサーフェスモデル，ソリッドモデルの各形状モデルに適用する場合について説明する．第一のワイヤフレームモデルは0胞体と1胞体の集合で表現された一次元胞複体でグラフと呼び，オイラー-ポアンカレの式は $\{\chi(k)=\alpha_0-\alpha_1=\beta_0-\beta_1\}$ で表される．たとえば「日」を構成する各胞体の数と各ベッチ数は $\{\alpha_0=6, \alpha_1=7, \beta_0=1, \beta_1=2\}$ であり，オイラー標数は $\{\chi(k)=6-7=1-2=-1\}$ となる．

第二の向き付け可能なサーフェスモデルは，連結した2胞体により複数人用の浮き輪のような一つの閉じた三次元領域をつくり，そこからいくつかの2胞体を取り除き r 個の穴を開けてできた多様体的胞複体ととらえることができる．また，一つの閉じた三次元領域に貫通穴が一つ存在すると切断数がつねに二つできるから，貫通穴の数（種数）が g 個存在すると一次元ベッチ数は $2g$ で表せる．以上の点から，一つの連結体で向き付け可能で，種数が g 個で，面上の穴数が r 個あるサーフェスモデルのオイラー標数は $\{\chi(g,r)=\alpha_0-\alpha_1+\alpha_2=2-2g-r\}$ で表せる．第三の向き付け可能なソリッドモデルは，上記で説明したサーフェスモデルの穴をふさいだ胞複体であり，オイラー標数は $\{\chi(g)=\alpha_0-\alpha_1-\alpha_2=2-2g\}$ で表せる．図2.4にサーフェスモデルとソリッドモデルにおけるオイラー-ポアンカレの式の適用例を示す．

b．幾　何

形状を位相要素に分け，それらを組み合わせ表現する立場での幾何は，位相要素が三次元のユークリッド空間における形態と，その位置を表現する要素である．幾何要素は次元の異なる位相要素のバーテックス（vertex，頂点），エッジ（edge，稜線），フェース（face，面分）に対応して点，線，面の要素がある．

幾何の線要素には解析図形である直線，円弧，双曲線，放物線や自由曲線などがあり，面要素には解析図形である平面，円柱，円錐，球と自由曲面がある．

形状モデリング技術の進歩に伴い特徴をもった，多くの曲線式や曲面式が提案されている．ここでは代表的な多項式のベジェと B-スプライン，ならびに有理式の NURBS（Non-Uniform Rational B-Spline）について表現式と特徴を記述する．

（ⅰ）ベジェ表現と特徴[4]　　ベジェの曲線と曲面式は形状を制御する制御点に重み関数であるバーンスタイン基底関数を掛けることにより表される．式 (2.2) に n 次のベジェ曲線を示す．

$$R(t)=\sum_{i=0}^{n}B_{i,n}(t)P_i \qquad (2.2)$$

ここで，$B_{i,n}(t)$ はバーンスタイン基底関数で，P_i は曲線の制御点である．そして，パラメータ t は0から1の範囲で変化する．バーンスタイン基底関数は式 (2.3) で表される．

$$B_{i,n}(t)={}_nC_i t^i (1-t)^{n-i} \qquad (2.3)$$

ただし，${}_nC_i=n!/\{(n-i)!i!\}$ である．

バーンスタイン基底関数は二項係数の形になっていて式 (2.4) に示すように，t の値にかかわらず総和はつねに1である．

$$\sum_{i=0}^{n}B_{i,n}(t)=\sum_{i=0}^{n}{}_nC_i t^i (1-t)^{n-i}=(1-t+t)^n=1$$

ゆえに

$$\sum_{i=0}^{n}B_{i,n}(t)=1, \quad B_{i,n}(t)\geqq 0 \qquad (2.4)$$

図2.5に三次のバーンスタイン基底関数を，図2.6に三次のベジェ曲線を示す．$m\text{-}n$ 次のベジェ曲面は式 (2.5) で表される．

$$S(u,v)=\sum_{j=0}^{n}\sum_{i=0}^{m}B_{i,m}(u)B_{j,n}(v)P_{ij} \qquad (2.5)$$

ここで，$B_{i,m}(u)$，$B_{j,n}(v)$ はバーンスタイン基底関数で，P_{ij} は曲面の制御点である．そして，パラメータ u, v は0から1の範囲で変化する．図2.7に双三次のベジェ曲面を示す．バーンスタイン基底関数の積の総和は式 (2.6) に示すように1である．

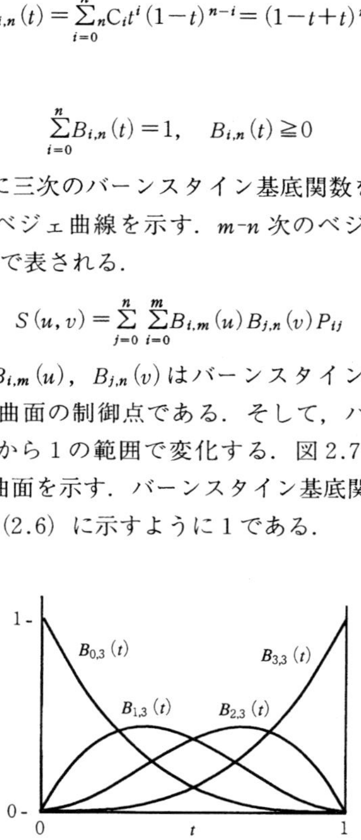

図 2.5 三次のバーンスタイン基底関数

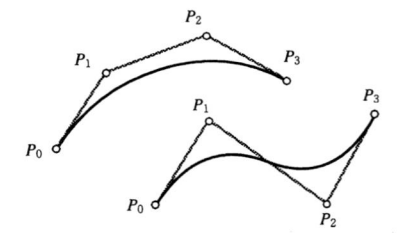

図 2.6 三次のベジェ曲線

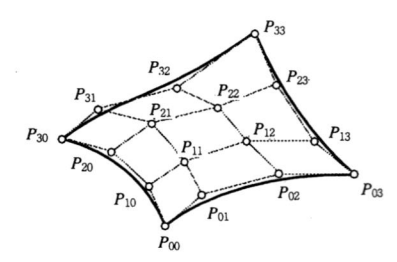

図 2.7 三次のベジェ曲面

$$\sum_{j=0}^{n}\sum_{i=0}^{m}B_{i,m}(u)B_{j,n}(v)=(1-u+u)^m(1-v+v)^n=1 \quad (2.6)$$

ベジェの曲線と曲面の表現式は制御点の重心結合であり,曲線も曲面も制御点を含む凸多面体内に含まれる.この性質は干渉計算のラフチェックに有用である.また,ベジェの表現式により計算した点をアフィン変換した結果と,制御点をアフィン変換した後にベジェの表現式で求めた点の座標値が同一になるアフィン不変性がある.ベジェ表現は制御点を移動させ形状制御すると,移動させた制御点の近傍で形状が最も大きく変化し,離れるほどその変化が少なくなるが,変化は形状全体に影響し局所変形ができない.そこで局所変形を実現させるために表現すべき対象形状を,複数の区分ベジェを接続し表現すると,制御点の移動により接合部で連続性に問題が生じる.

(ii) B-スプライン表現と特徴[5]　B-スプラインはベジェの形状制御の局所変形能力と接合部における連続性の問題を解決している.$p-1$ 次の B-スプライン曲線は式 (2.7) で表される.

$$R(t)=\sum_{i=0}^{n}N_{i,p}(t)P_i \quad (2.7)$$

上式の $N_{i,p}(t)$ は B-スプラインの基底関数で,P_i は曲線の制御点である.$N_{i,p}(t)$ は,$t_i \leq t_{i+1}$ の関係をもつノットベクタ (knot vector $[t_0, t_1, t_2, \cdots, t_m]$) により式 (2.8) で再帰的に定義できる.B-スプラインの基底関数の p は位数で,次数は $p-1$ である.

$$N_{i,1}(t)\begin{cases}=1\,(t_i\leq t\leq t_{i+1})\\=0\,(t<t_i,t>t_{i+1})\end{cases}$$

$$N_{i,p}(t)=N_{i,p-1}(t)\{(t-t_i)/(t_{i+p-1}-t_i)\}$$
$$+N_{i+1,p-1}(t)\{(t_{i+p}-t)/(t_{i+p}-t_{i+1})\} \quad (2.8)$$

B-スプラインの基底関数は式 (2.9) に示す性質をもつ.

$$\sum_{i=0}^{n}N_{i,p}(t)=1,\quad N_{j,p}(t)\geq 0 \quad (2.9)$$

図 2.8 に B-スプラインの基底関数を,図 2.9 に B-スプライン曲線を示す.$p-1$, $q-1$ 次の B-スプライン曲面は式 (2.10) で表される.

$$S(u,u)=\sum_{j=0}^{n}\sum_{i=0}^{m}N_{i,p}(u)N_{j,q}(v)P_{ij} \quad (2.10)$$

ここで,$N_{i,p}(u)$, $N_{j,q}(v)$ は B-スプラインの基底関数,P_{ij} は曲面の制御点である.

B-スプラインの表現式はベジェの表現式と同様に制御点の重心結合であり,曲線も曲面も制御点を含む凸多面体内に含まれる.さらに,B-スプライン表現はベジェ表現と同様にアフィン不変性がある.B-スプラインで表された形状のノット (knot) 以外では無限回微分が可能であるが,ノット部分では位数が p で多重度が k であれば $p-k-1$ 回微分が可能である.B-スプラインで表現された形状を制御するために,制御点を移動させると,移動させた制御点の近傍で局所変形される.たとえば,n 次の B-スプライン曲線の制御点 P_i を移動させると形状はパラメータ t が t_i から t_{n+1} の範囲で変化する.

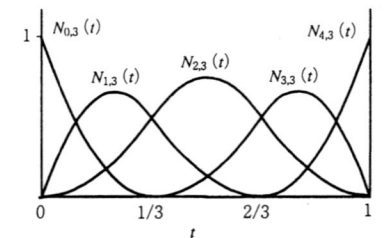

図 2.8 二次の B-スプライン基底関数

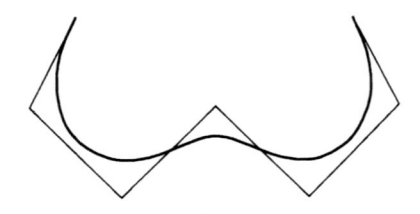

図 2.9 B-スプラインの曲線

(iii) NURBS 表現と特徴

NURBS 表現の基本的な考えは，三次元空間の通常座標系における点 P(X, Y, Z) を四次元の同次座標系で無限遠点でない点 $P^w(wX, wY, wZ, w)$ として表現し，その点を正規化した点 $H\{P^w\} = (X, Y, Z, 1)$ と通常座標系の点 P(X, Y, Z) を同一ととらえ，四次元の同次座標系で B-スプラインを定義し三次元空間の通常座標系に投影したのが NURBS である．$p-1$ 次の NURBS 曲線は式 (2.11) で表現される．

$$R(t) = \sum_{i=0}^{n} N_{i,p}(t) W_i P_i / \sum_{i=0}^{n} N_{i,p}(t) W_i \quad (2.11)$$

ここで，P_i は曲線の制御点で W_i は重みである．

図 2.10 は NURBS 曲線の重み (W_i) を変化させた NURBS 曲線の変化を示し，二次の NURBS 曲線の重み (W_i) を制御し厳密な円を表現した例を図 2.11 に示す．

$p-1$, $q-1$ 次の NURBS 曲面は，式 (2.12) で表現される．

$$S(u, v) = \sum_{j=0}^{n} \sum_{i=0}^{n} N_{i,p}(u) N_{j,q}(v) W_{ij} P_{ij} / \sum_{j=0}^{n} \sum_{i=0}^{n} N_{i,p}(u) N_{j,q}(v) W_{ij} \quad (2.12)$$

ここで，P_{ij} は曲面の制御点で W_{ij} は重みである．

図 2.12 は，二次の NURBS 曲面の重み (W_{ij}) を制御し，厳密な球面を表現した例である．

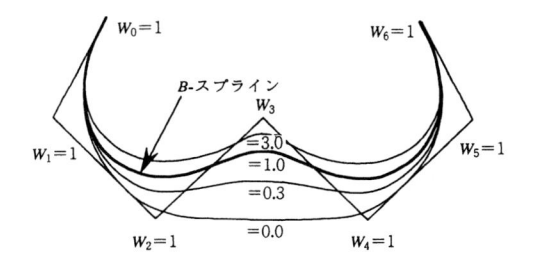

図 2.10 NURBS 曲線

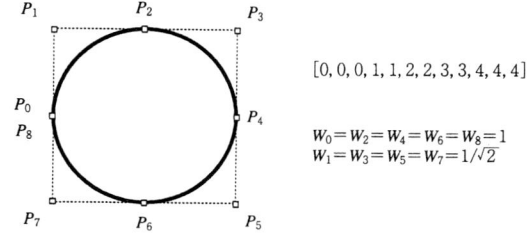

図 2.11 NURBS による円の表現

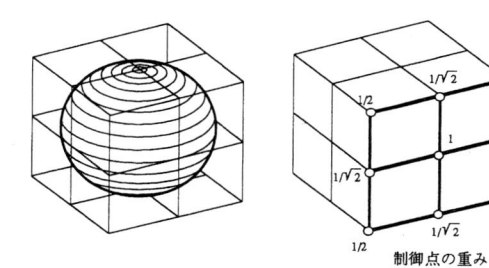

図 2.12 NURBS による球面の表現

NURBS の重み (W) を変化させると形状が変化し，その変化は重み (W) を大きくすると形状が制御点に接近し小さくすると離れる．この重み (W) を制御すれば解析図形を正確に表現できる．NURBS は基本的に B-スプラインと同じ凸閉包性，アフィン不変性，局所変形性を保有している．

2.1.2 形状モデル

概念モデルに基づき計算機内に構築するモデルを計算機モデル（内部モデル）と呼び，形状の計算機モデルは表現方法によりワイヤフレームモデル，サーフェスモデル，ソリッドモデルの3種類がある．計算機モデルの位相要素は胞複体の構成要素と同じであるが呼び方が異なり，胞複体を構成する 0, 1, 2 胞体をバーテックス（vertex），エッジ（edge），フェース（face）と呼ぶ．計算機モデルにおける位相要素の連結体を殻（shell），フェースの境界線をループ（loop）と呼び，ループは自己交差のない連続閉曲線でバーテックスとエッジが繰り返し現れ，始点と終点が同一のバーテックスで構成されている．

次にワイヤフレームモデル，サーフェスモデル，ソリッドモデルの表現法と適用状況について説明する．

a. ワイヤフレームモデル[6]

ワイヤフレームモデルは形状の特徴部分であるエッジとバーテックスを表現する形状モデルで，形状を記憶する仕組みが簡単で，必要とする計算機の記憶容量が少なく，形状モデルを構成するデータのアクセスが速い．しかし，一意に形状を認識することは不可能で，不足している情報を補い形状認識を行う必要がある．たとえば，立方体をワイヤフレームモデルで表現した場合に4本のエッジで囲まれた面が平面であるか，中央部が隆起している曲面か，あいまいである．もし，表面がすべて平面で構成されている立体であっても図 2.13 の形状では3通りの解釈ができる．この

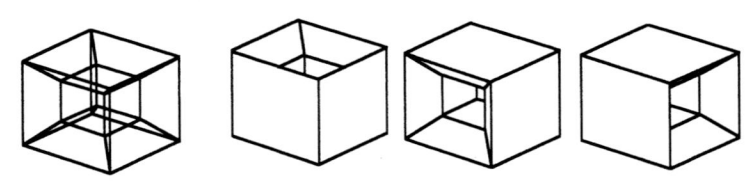

図 2.13 ワイヤフレームモデルのあいまいな表現の例

ように，このモデルは対象物の表現があいまいであり，体積や表面積などを求めることができない．

（i）ワイヤフレームモデルの表現　ワイヤフレームモデルにもさまざまな表現方法があり，ここではワイヤフレームモデルを構成する要素の階層構造と隣接関係の違う，2種類の代表的な表現方法について概要を記述する．

（1）Shell based wireframe model：このワイヤフレームモデルの概念モデルは一次元胞複体である．計算機モデルは位相要素としてループ，エッジ，バーテックスが存在するが，面分要素をもたないでフェースの境界であるループを保有する．ループを構成するエッジが隣接するフェースの境界か，または板物のような形状の端末のいずれかはエッジが属しているループの数で区別できる．バーテックスは隣接するエッジの境界と認識し，複数のエッジと結合している．以上が形状モデルを構成する要素と，その要素間の隣接関係で，要素の階層関係は上位から形状モデル，ループ，エッジ，バーテックスの関係が存在する．そして，各位相を三次元ユークリッド空間の位置を決めるために，幾何要素と関係づけている（図 2.14）．

（2）Geometric set：このワイヤフレームモデルは形状を構成する要素間の関係をもたない，幾何要素の点と線の集合による表現方法で，最も簡単な計算機モデルである．

（ii）ワイヤフレームモデルの適用状況　自動車のようにさまざまな法規制や制約条件を満たさなければならない製品設計をするにはさまざまな検討を行い，その過程で頻繁に形状の作成・評価・変更を繰り返す．

現状の技術では，形状モデルをいかに完全に表現しても，設計者の判断を計算機で処理できる領域がまだまだ少ない．その結果，完全な形状モデルを作成する費用に見合った効果を期待することができない．このような状況であり，ワイヤフレームモデルは形状表現があいまいであっても設計者が情報を補えば対象形状の認識ができ，そして作成と変更が簡便にできるため，まだ多く活用されている（図 2.15）．

図 2.15 ワイヤフレームモデルの例

b．サーフェスモデル

サーフェスモデルは対象形状をフェースとエッジ，バーテックスにより表現した形状モデルである．サーフェスモデルを構成する位相要素の三次元空間における位置を決める幾何要素は解析図形や自由曲線，自由曲面がある．自由曲線や自由曲面はクーンズ，ベジェ，B-スプライン，NURBS などの表現式を用いている．このサーフェスモデルもワイヤフレームモデルと同様に一意に形状を表現することはできない．たとえば，立方体をサーフェスモデルで表現した場合，この形状モデルは内部を忠実に表現できない．しかし，サーフェスモデルは形状を厳密に表現できるソリッドモデルと比較して，以下の利点がある．

第一は車体パネルのように板厚が一定であれば，板内か板外のいずれか一方の面を表現すれば容易に他方が表現できるため，ソリッドモデルと比較するとデー

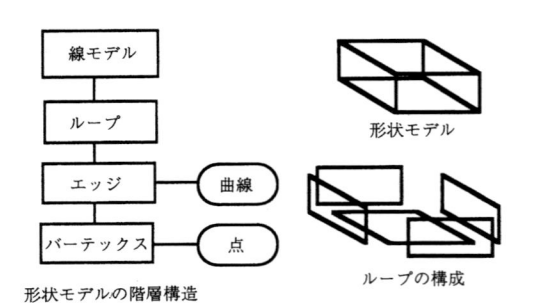

図 2.14 Shell based wireframe model

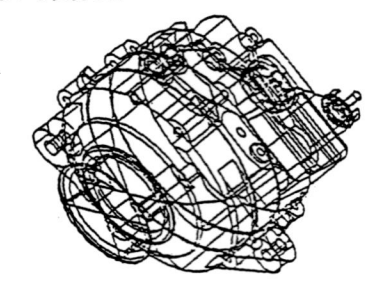

タ量が半減しシステムの負荷が軽い．第二はソリッドモデルのように，つねに閉じた三次元空間を保持する形状モデリングでなく，形状を構成する面分単位で処理することも可能で，形状操作が柔軟である．サーフェスモデルは以上のような利点があり，車のデザイン，車体パネルの設計，プレス金型のNC加工のような表面形状に関心のある作業に適している．

（ⅰ）サーフェスモデルの表現　サーフェスモデルにもさまざまな表現方式があり，ここでは形状モデルを構成する位相要素の隣接順序関係が違う，2種類の表現方法について概要を記述する．

（1）Shell based suface model[7]：この形状モデルは三次元ユークリッド空間で向き付けられた有界な弧状連結の二次元多様体で，多重連結（穴の存在）も表現する方式である．すなわち，この表現方式は対象領域内の任意の一点の近傍が円盤と同相で，境界線上の任意の一点の近傍が半円盤と同相である形状を表現する．たとえば，アルファベット文字の"T"をTが書かれている平面の垂直方向に移動させると水平の平面に垂直の平面を結合した形状になり，二つの面が結合した部分は二次元多様体でないためこの形状モデルでは表現できない．二次元多様体は細分し平面グラフで表現することができる．この平面グラフを平面モデルと呼び，この形状モデルはこの平面モデルで対象形状を表現する方式ととらえることができる．

以上が概念モデルの説明で，具体的にはサーフェスモデルである開曲面（open shell）をフェースの連結体として表現する．フェースは二次元の広がりのある要素で，その領域をループで区切られる．ループは外側と内側の2種類が存在し，外側の境界線を外ループ，内側の境界線を内ループと呼ぶ．そして，フェースには一つの外ループと任意の数の内ループが存在できる．ループはエッジの連結体で表現し，エッジの領域は両端部のバーテックスで区切られる．そして，これらの位相要素のつながりはフェース，エッジ，バーテックスに隣接する位相要素の順序関係で示す．すなわち，ループサイクル（loop cycle），ラジアルサイクル（radial cycle），ディスクサイクル（disk cycle）により表現する．

第一のループサイクルはループを構成するエッジとバーテックスの繰返し順序である．第二のラジアルサイクルはエッジに隣接したフェースと三次元空間の領域（region）の繰返し順序であるが，二次元多様体ではエッジに隣接する二つのフェースを表現すればよい．第三のディスクサイクルはバーテックスに隣接したエッジとフェースの繰返し順序である．以上がこの形状モデルを構成する位相要素と，その要素間のつながりを表す隣接順序関係である．位相要素の階層関係は上位からシェル，フェース，ループ，エッジ，バーテックスであり，各位相要素が三次元ユークリッド空間における形態と位置を規定するために幾何要素と関係付けている（図2.16）．

（2）Face based suface model[7]：この表現方式は，上記のShell based suface modelと同じシェル，フェース，ループ，エッジ，バーテックスの位相要素が存在し，位相要素のつながりを表す隣接順序関係は

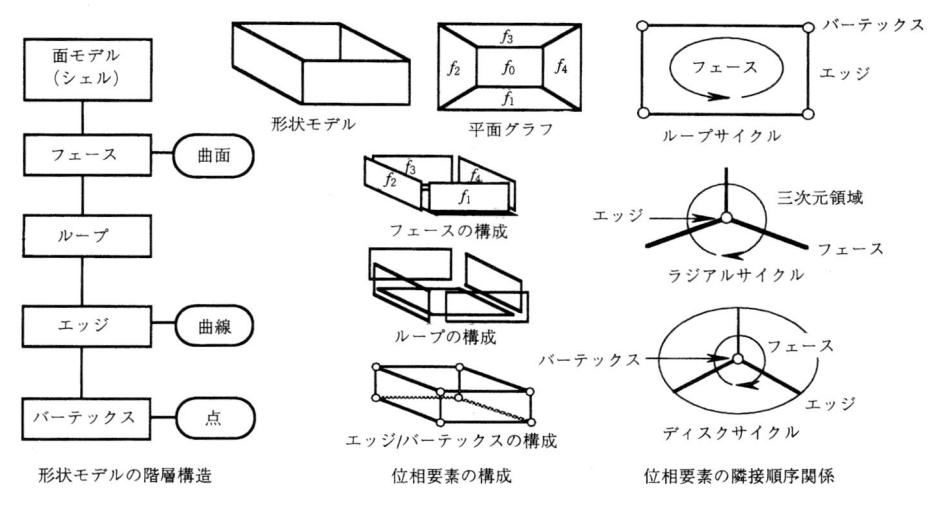

図 2.16　Shell based surface model

ループサイクルのみ存在し，ラジアルサイクルとディスクサイクルは存在しないで，対象形状をフェースの集合として表現する方式である．

（ii） サーフェスモデルの適用状況　1970年ごろに自動車の開発期間短縮を目指した"CLAY TO DIE"のコンセプトで自動車メーカー各社はサーフェスモデラ（surface modeler）の構築を進めてきた結果，車体系のCADシステムとしてサーフェスモデラが定着している．自動車各社の車体系CADは業務別に構築され代表的なCADシステムとして線図CAD，スタイルCAD，車体設計CAD，金型工程計画設計CADなどがある．

線図CAD[8]は，車の外観形状や室内関係の形状を表現した物理モデルであるクレイモデルの測定値に基づき，滑らかな表面の形状モデルをコンピュータ内に構築するシステムである．このシステムの中核技術は，フェアリング技術で線や面の制御技術と評価技術からなる．線図CADを発展させ，造形のより上流工程であるデザイン過程を支援するスタイルCAD[9,10]は，スケッチやキーラインを数値化した概略形状をコンピュータに入力し，その数値データに基づきデザイナーの意図した形状創成を支援するシステムである．このシステムの操作者は車体外観形状を構成する個々の面について作成・評価・修正を繰り返し，車体外観形状モデルを計算機内に構築する．

スタイルCADの基本的な面作成のタイプには，図2.17に示すようにH型，十字型，ロ型の3種類がある．作成した面の評価は図2.18に示すようにハイライト表示，断面線表示，面のパラメータ一定線表示，シェーディング表示等を用いる．評価結果が意図した面形状でなければ，面を制御するために面作成に用いた基準線や参照線を修正し，面を再作成する．車体CAD[11〜13]は線図CADやスタイルCADにより作成した車体外観形状モデルや車両レイアウトデータを用いて車体設計を支援するシステムである．車体CADは車体の法規制や機能要件，製造要件などから形状を決めるための設計検討と，その結果に基づき部品形状モデルを作成する機能などをもつ．

車体部品は外板部品と内板部品に分類され，外板部品は車体外観形状をプレス成形可能な形状に分割し，分割した車体外観形状モデルにフランジ部やジョグル部を付加し組立ができる形状にする．もう一方の内板部品は，車体の強度や剛性などを中心に検討し，車体構造や機能要件から形状が決定される．

これらの車体部品は図2.19に示すようにサーフェスモデルとして作成され次工程に渡される．金型工程計画設計CAD[14,15]は車体部品データを活用し車体部品のプレス金型工程計画を支援する．金型工程計画では部品をプレス金型で製作するために必要な工程数，各工程の加工内容，成形後の変形量や成形性を考慮してダイフェース（die face）や余肉部の形状を設計する．プレス金型は金型工程計画設計の段階で作成された金型形状と製品形状のサーフェスモデルに基づき，工具軌跡を計算し金型を直接NC加工[16,17]により製作する．

c．ソリッドモデル

ソリッドモデルは形状が占める空間を表現するモデルで，形状を一意に表現でき，各種の形状処理を自動化する場合に有利である．しかし，その反面，ほかの形状モデラに比較しシステムの頑健性，信頼性，柔軟性を確保することがむずかしい．

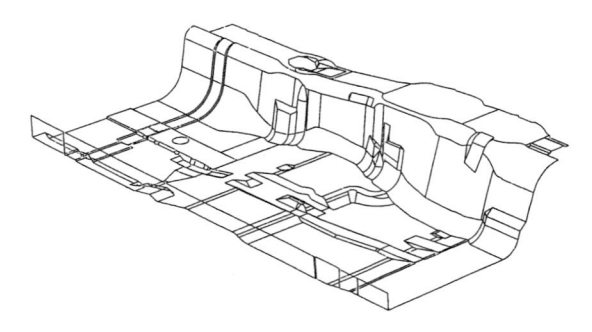

図2.19　車体部品の面モデル

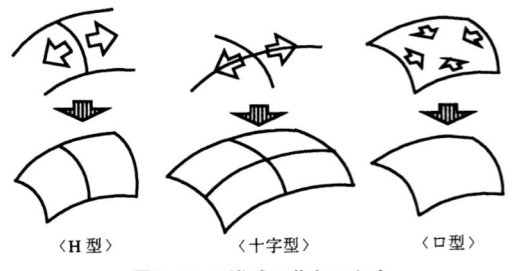

図2.17　面作成の基本タイプ
〈H型〉　〈十字型〉　〈ロ型〉

図2.18　面の評価機能
〈ハイライトライン〉　〈断面線〉　〈パラメータ一定線〉

（i） ソリッドモデルの表現　ソリッドモデルの表現形式はいろいろあるが，ここでは Decomposition model, CSG (Constructive Solid Geometry), B-Rep (Boundary Representation) の3種類を説明する．

（1） Decomposition model：この形状モデルの表現は，対象物が占める空間を簡単な形状に分解し，その空間を表現する方法で，分解方法によりいくつかの表現法に分類できる．この表現方法は立体の干渉計算や体積，慣性モーメントの計算が容易である．この表現方法による形状モデルは有限要素法のモデルとしても利用されている．ここでは空間格子法 (spatial enumeration) とセル分割法 (cell decomposition)[18] について説明する．

第一の空間格子法は，図2.20に示すように対象物が占める三次元空間を三次元格子状に分割し，各格子上に割り付けられた基本立体である立方体（volume cell）が対象物内に存在するか否かを表し，形状を表現する．この表現方法は，対象物の表面が各軸に直交し，しかも格子上に存在する平面ならば表現精度は高いが，一般的に対象物の表面は曲面であったり，平面であっても軸に対して傾斜している．このような対象物の表面は階段状になり近似表現になる．この形状モデルで精度を高めるには基本立体を小さくするしかないため，記憶容量が必然的に膨大になる．そこで，この記憶容量を削減する方法の1つとして，8分木法[19] (octtree method) がある．

8分木法は対象物を表現する基本立体の大きさを可変にする方法で，内部は大きな基本立体で，表面付近は小さい基本立体にする方法である．すなわち，基本立体と対象物の関係を調べ，基本立体内に対象物が完全に存在するか否かを表現する形状モデルで，基本立体内に対象物が一部存在する場合には基本立体を x, y, z 軸方向で2分割し，基本立体を全体として8個に分割する．分割した基本立体についても同様に，対象物との関係を調べ，基本立体内に対象物が一部しか存在しない場合は，さらに x, y, z 軸方向に2分割し基本立体を8個に分割する．この繰返しにより必要な精度まで基本立体を分割し表現する方法である．

第二のセル分割法は対象物を簡単な基本立体，たとえば，四面体や六面体に分割し，その集合として表現する方法である．このモデルは有限要素法のモデルとして利用されている．

（2） CSG (Constructive Solid Geometry)：この形状モデルの表現方法は，対象物を三次元空間における点集合ととらえ，集合演算により表現する方法である．あらかじめ用意した基本立体とその定義方法ならびに集合演算の表現法の違いにより2種類ある．第一の表現方法は北海道大学の沖野らにより開発した TIPS-1[20] で用いた二階層構造である．第二の表現方法は米国ロチェスター大学の Voelcker らにより開発した PADL-1[21] で用いたツリー構造 (tree structure) らがある．次に，それぞれの形状モデルの表現方式を説明する．

（a） TIPS-1の二階層構造　TIPS-1は図2.21のように，半空間の積集合により基本立体を表現し，その基本立体の和集合により対象物を表現する形状モデルである．半空間の境界面として平面，二次曲面，自由曲面をもち，これらにより直方体，球，円柱，円錐，自由曲面体などの基本形状を準備している．半空間の境界を $F(x, y, z) = 0$ と表現すると，空間上の点が形状の内部か外部のいずれに存在するかは，半空間の境界を表現する関数にその座標値を代入し，符号を調べることにより容易に判別できる．

（b） PADL-1のツリー構造　PADL-1では基本立体を直方体と円柱に限定し，対象形状の表現は各基本立体の集合演算の順序をバイナリツリー (binary tree) で表現している．すなわち，集合演算は和・差・積集合演算が可能で，図2.22に示すように，演

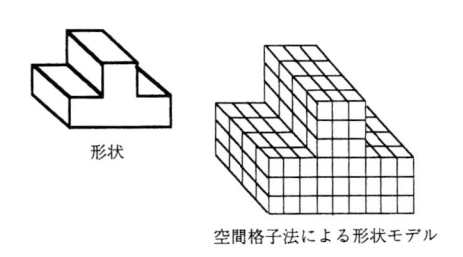

図2.20　空間格子法

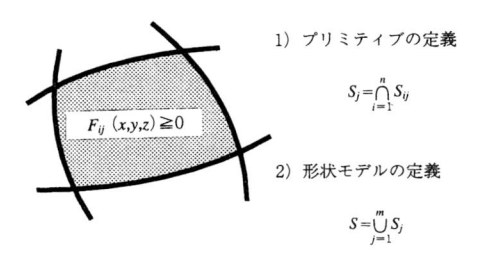

図2.21　TIPS-1の二階層構造

1) プリミティブの定義
$$S_j = \bigcap_{i=1}^{n} S_{ij}$$

2) 形状モデルの定義
$$S = \bigcup_{j=1}^{m} S_j$$

$F_{ij}(x,y,z) \geq 0$

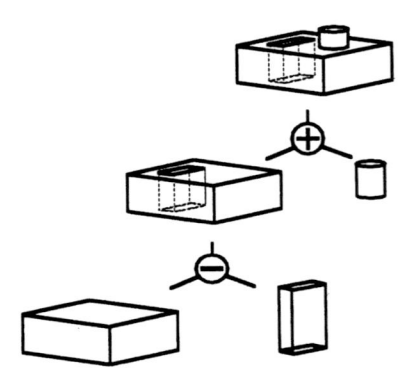

図 2.22 PADL-1 のツリー構造

算子をノード (node) に，そして基本立体をリーフ (leaf) に記憶させている．

(3) B-Rep (Boundary Representation)[22]： B-Rep は立体の内部と外部を分ける境界面を表現することにより，立体を表現する方式である．立体は点集合により表現すると三次元ユークリッド空間のある有界閉集合で，その内部の閉包が自身と一致する集合，すなわち，正則集合[18] (regular set, r-set) として定義される．たとえば，線，面，立体が混在する図 2.23 に示すような形状は正則集合ではない．B-Rep はすべての正則集合を表現できるのでなく，境界面の任意の一点の近傍が円盤と同相になる二次元多様体のみである．たとえば，図 2.24 で示す形状は正則集合であるが，三角柱と直方体の接触部の近傍が円盤と同相でないため，この形状の表面は二次元多様体でなく，B-Rep で表現できない．

さて，二次元多様体の境界面は細分し平面グラフで表現することができる．この平面グラフを平面モデルと呼び，B-Rep はこの平面モデルで対象形状を表現する方式といえる．境界面が二次元多様体である三角錐

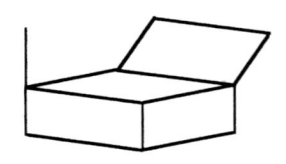

図 2.23 non-r-set

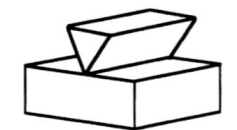

図 2.24 r-set の非多様体

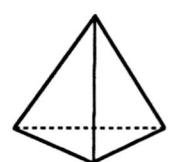

図 2.25 三角錐と平面モデル

とその平面モデルを図 2.25 に示す．この平面モデルはバーテックスと向き付けたエッジとフェースにより構成される．しかし，平面モデルが二次元多様体を表現するには，次の二つの条件を満たす必要がある．すなわち，第一はバーテックスやエッジは他のバーテックスやエッジと組をつくる．第二はフェースに適当に向付けをした場合，それぞれの面分が共有しているエッジの向きが互いに異なる方向になる．これにより形状モデルを構成するフェースに向付けができ，この向きが立体の内部と外部の区別に使われる．

以上が，B-Rep の概念モデルの説明で，具体的には，立体の境界である閉曲面 (closed shell) をフェースの連結体として表現する．フェースは二次元の広がりをもった領域であり，その領域は自己交差のないループにより区切る．ループはエッジの連結体とし表現する．エッジは枝分かれのない一次元の広がりをもちバーテックスで区切る．例として，図 2.26 にソリッドモデルと位相要素を示す．そして，位相要素のつ

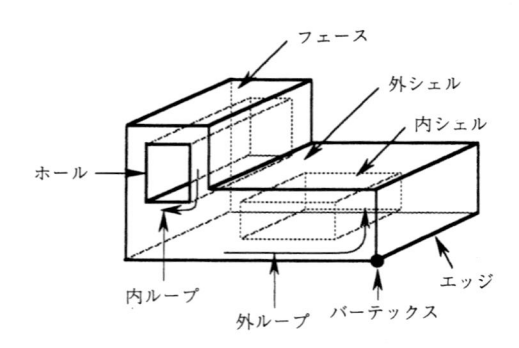

図 2.26 ソリッドモデルの位相要素

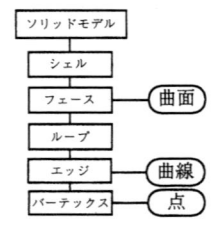

図 2.27 ソリッドモデルの階層構造

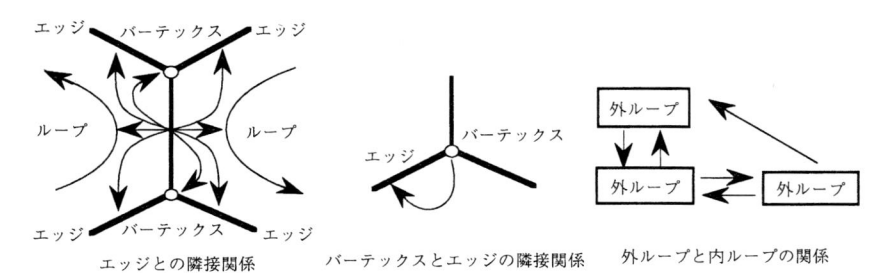

図 2.28 ウイングドエッジ構造

ながりはループサイクル，ラジアルサイクル，ディスクサイクルにより表現している．次に，立体を構成する位相要素が三次元ユークリッド空間に占める形態と位置を規定するために幾何要素と関係づける．すなわち，フェースには幾何曲面を，エッジには幾何曲線を，バーテックスには座標値を与える．以上の関係を示したのが図 2.27 と図 2.28 である．

B-Rep による最初の形状モデラである BUILD[23] は，ケンブリッジ大学の I. C. Braid らにより開発された．このシステムのデータ構造は，フェースを構成する稜線の記憶領域が可変長でありコンピュータで取り扱いにくい点がある．その後，Baumgart により簡素化したデータ構造であるウイングドエッジ構造（winged edge structure）[24] が提案された．しかし，この構造は単連結のフェース表現であり，フェースに穴のある形状は取り扱えなかった．その後，同じく I. C. Braid らにより多重連結のフェース表現を可能にするループの概念をウイングドエッジ構造[25] に導入し，フェースに穴のある形状を取り扱うことを可能にした．

（ⅱ）境界表現モデルの形状操作 B-Rep の形状操作は以下の 5 種類に大別される．次に各形状操作について説明する．

（1）オイラー操作： 形状操作をする場合に形状の正当性を保証する手段として，ソリッド形状の概念モデルである胞複体に面分のリング（ring，穴）と立体に空洞（cavity）を許容した拡張胞複体で成立するオイラー-ポアンカレの式（2.13）に基づいた位相演算子を定義する．この演算子を用いて形状を操作する方式をオイラー操作[26] と呼ぶ．

$$V - E + (F - r) = 2(S - H) \quad (2.13)$$

ここで，V：バーテックス要素の数，E：エッジ要素の数，F：フェース要素の数，r：リング要素の数，S：シェル要素の数，H：ホール要素の数．

この関数は六次元空間の超平面を表していて，5 個

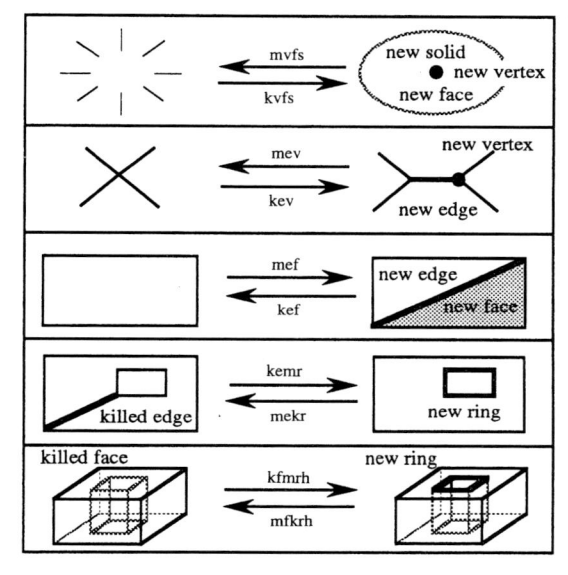

図 2.29 オイラー演算子

の独立した変数が存在する．これは五つの独立した位相演算子を定義すれば，すべての操作が可能になることを示している．

オイラー操作にはさまざまな利点があるが，おもな利点は形状構築において複雑な位相処理を隠蔽できることと，それぞれの位相演算子に存在する逆位相演算子を活用し，形状過程の位相演算子を操作列として記録し，逆操作の実行により形状操作の取消しが可能になる点である．

次に，5 つの独立した位相演算子とその逆位相演算子を示す（図 2.29）．

<オイラー操作>　　　<オイラー操作の説明>

(1) mvfs/kvfs；make vertex face shell；kill vertex face shell

(2) mev/kev；make edge vertex；kill edge vertex

(3) mef/kef；make edge face；kill edge face

(4) kemr/mekr；kill edge make ring；make edge kill ring

(5) kfmrh/mfkrh；kill face make ring hole；make face kill ring hole

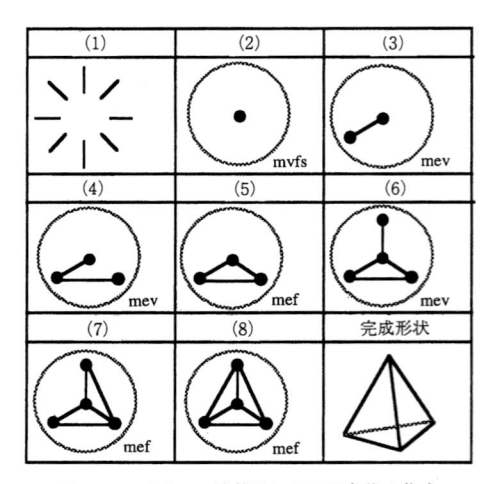

図 2.30 オイラー演算子による三角錐の作成

（2） 基本形状生成： 形状モデラが提供する基本形状モデルの作成方法には，以下のものがある．
① 直方体/角柱/円錐/球等のプリミティブの生成，② 押出し形状の生成，③ 回転体の生成，④ 掃引体の生成，⑤ ブレンド形状の生成．

これらの形状モデルをオイラー操作により作成することにより正当な位相のモデルが作成できる．例として，図2.30でオイラー操作を用いた三角錐の作成手順を示す．

（3） 回転・平行移動： 形状モデルを回転や平行移動し配置を変える．

（4） 局所変形操作： 立体の部分を変形する操作で，たとえば，丸め，穴開け，面の移動などの操作がある．この操作を次に説明する集合演算で処理できるが，立体に対して局所的に変更するために処理効率がよい．しかし，この処理は自己交差等の矛盾した形状を生成する可能性があり，生成した形状を検証する必要があるが，このような検証は計算負荷が高いため，形状を作成する操作者に委ねられている場合が多い（図2.31）．

（5） 集合演算： 立体を点集合ととらえ，新たな立体を2立体の集合演算で作成する方法である．集合演算は和集合，差集合，積集合があり，次のように定義される．
① 和集合　$A \cup B = \{x : x \in A \text{ or } x \in B\}$
② 差集合　$A - B = \{x : x \in A \text{ and } x \notin B\}$
③ 積集合　$A \cap B = \{x : x \in A \text{ and } x \in B\}$

さて，この集合演算を用いると差集合を含むため，図2.32に示すように引かれた部分で境界がなくなり，

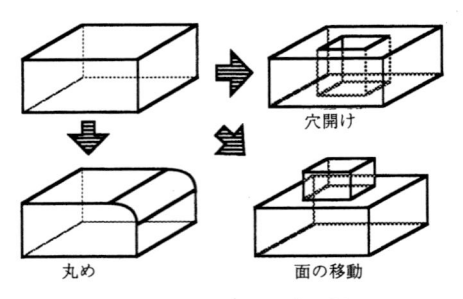

図 2.31 局所変形操作の例

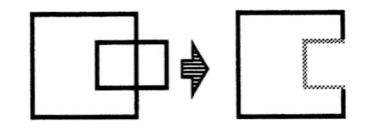

図 2.32 差集合演算の例

図 2.33 閉包の概念

演算が閉じなくなる．

この数学的な補正を行った正則集合[18]（regular set）を A. A. G. Requicha は次式（2.14）のように定義した．

$$X = k(i(X)) \qquad (2.14)$$

ここで，X：三次元ユークリッド空間の部分集合で，k：閉包，i：内部，である．

点集合 X の閉包とは，X を含む最小の閉集合で，閉集合は境界で囲まれた点集合であると直観的に理解してよい（図2.33）．

ここで，正則集合に対する正則集合演算 $\cup$，$-^*$，$\cap$ は次のように定義する．
① 和集合　$A \cup B = k(i(A \cup B))$
② 差集合　$A -^* B = k(i(A - B))$
③ 積集合　$A \cap B = k(i(A \cap B))$

（iii） ソリッドモデルの適用状況 この形状モデルは自動車のエンジン部品などの肉厚形状の表現に適しているが，形状モデリングの頑健性を確保することのむずかしさや高い計算負荷により実用化が阻まれていたが，形状表現の完備性が良いため自動化の可能性が高い点と最近の EWS の進歩により高負荷の計算も以前と比較して大きな問題でなくなり，部分的に実

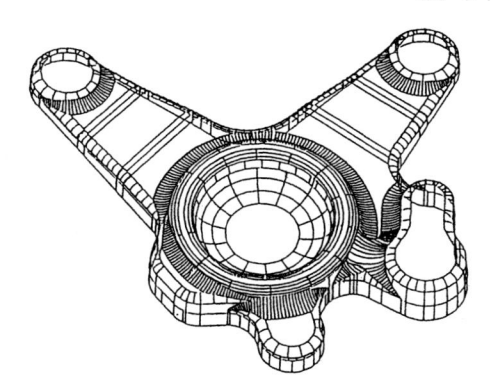

図 2.34 鍛造部品の立体モデル

用化が始まっている状況[27]である．B-Rep のソリッドモデラにより作成した部品形状モデルを図 2.34 に示す．

2.2 プリプロセッシング技術

2.2.1 概　要

計算力学を代表する有限要素法，境界要素法，差分法の各手法はいずれも空間の分割（空間方向の離散化）を必要とする．その作業は前二者では要素分割（mesh generation），後者では格子生成（grid generation）と呼ばれることが多い．しかし，どちらも空間を二次元平面であれば三角形や四角形，三次元ソリッドであれば四面体や六面体に分割する作業であり，本質的な差はない．ただし，差分法ではその解法の性質上，図 2.35(a) に示すような直交性の高い六面体格子（構造格子（structured mesh）と呼ばれる）が好まれる．

それと対比して，有限要素法や境界要素法で使われる図 2.35(b) に示されるような任意形状を任意サイズの六面体ないし四面体に分割する要素分割（格子）を非構造格子（unstructured mesh）と呼んで区別する．要素分割ないし格子生成の手法は，構造格子であるか非構造格子かで大きく異なる．本節では，まず構造格子の生成法について簡単に述べ，そののち，自動化が進んできている非構造格子の生成法に焦点を当て，詳説する．

2.2.2 構造格子生成手法

a．格子の種類

構造格子はまず直交座標系の格子（直交格子）と曲線座標系の格子に大別できる．前者は等間隔あるいは不等間隔の直交格子で形状を近似する方法である．簡単な例を図 2.36 に示す．直交格子は格子線が各方向とも直交に伸びるから，物体表面近傍では曲面に沿わずガタガタになる．このため形状を正確に表現できず，また格子点の局所的な集中もむずかしい．しかしながらどのような幾何形状でも，サーフェスモデルやソリッドモデルで定義されていれば，自動的に格子生成は可能である．直交格子は部品形状や計算領域が非常に複雑になるような問題[28]でよく用いられている．

一方，曲線座標系の格子[29,30]はボデーフィット系とも呼ばれており，表面形状に沿った格子となる．図

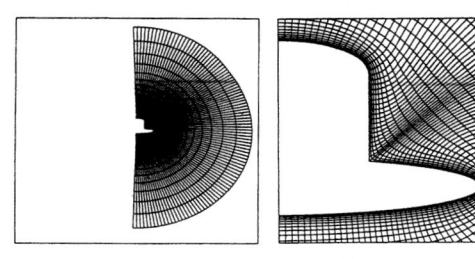

(a) 構造格子の例[1]

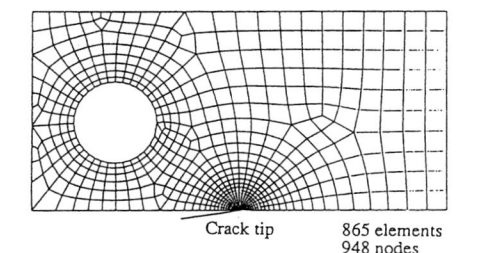

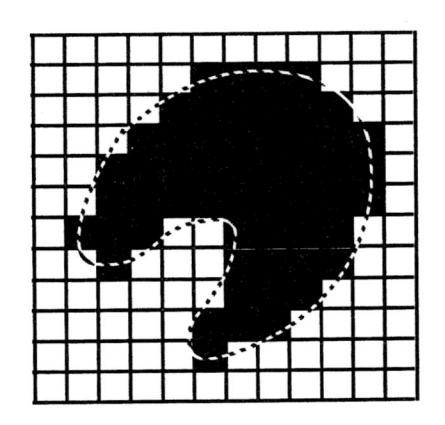

Crack tip　　865 elements
　　　　　　　948 nodes
(b) 非構造格子の例
図 2.35

図 2.36 直交格子の例

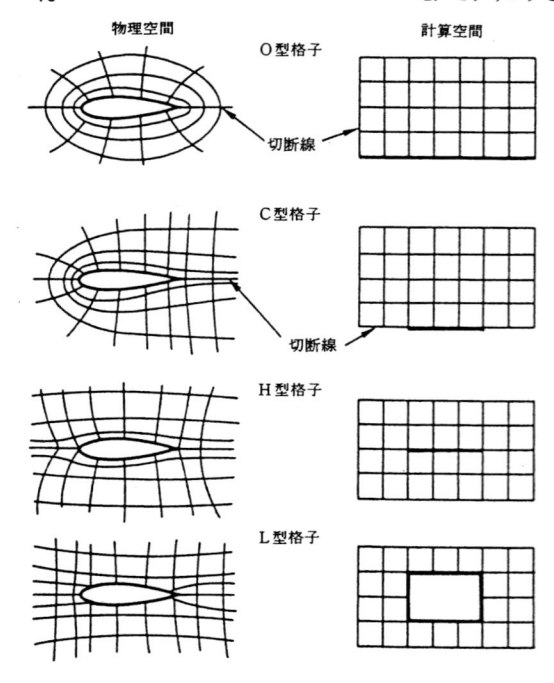

図 2.37　種々の曲線座標系の格子[30]

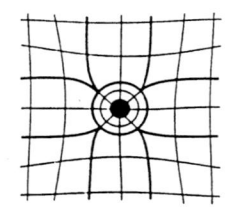

図 2.38　複合格子の簡単な例[29]

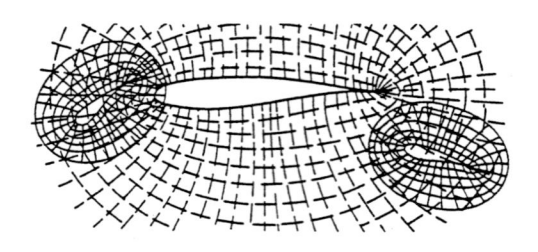

図 2.39　重合格子の簡単な例[29]

2.37[30]に示すように，その格子点の並び方によりC，O，H，L型と分類され，解こうとする領域の形状に応じて使い分けられている．格子点分布の効率は非常によく，CやO型を用いれば，物体表面の境界層に容易に格子点を集中できる．このためはく離点の位置を求めるような流れの問題でも，計算精度と効率のよい格子が構成できる．

曲線座標系の格子の難点は複雑な形状への適応性が低いことである．前述した格子型は基本的に二次元では2方向，三次元では3方向に規則正しく並べられた格子点を変形させたものであるから，それらでタイヤやスポイラまでついた実際の車体形状やヒータダクトなどの部品内部を表現するには限界がある．このような複雑な問題の格子生成によく用いられるのが，計算領域を複数の格子に分解[29,31]したり，あるいは複数の格子を重ね合わせる[29,32]手法である．前者の簡単な例を図 2.38[29]に示す．この例では円柱近傍でO型，その周りでH型格子を用い，これらを組み合わせて計算領域を再現している．さらにこの方法でH型のみを用いるのがマルチブロック法[33]である．この手法は後ほど解説するが，領域の分解が容易なこと，最終的には一つの格子系となり計算も単純になることから，自動車分野[34]で汎用的に用いられている．

一方，複数の格子を重ねる方法は重合格子と呼ばれ，航空機関連の分野[32]ではよく用いられる手法である．図 2.39にこの重合格子の簡単な例[29]を示す．ここに示したように重合格子の場合，各格子ごとの生成の型，分布などの自由度が大きいため，効率よく格子を分布させることができる．ただし，オーバラップした部分に関しては，解析プログラム側で情報の受渡し，内挿計算が必要である．

これらのマルチブロックや重合格子を用いることでほとんどの複雑形状の対応でき，格子生成は容易となる．しかしながら空間をどのように分割するか，あるいはどう重ねるかが問題によって異なるので，その自動化が課題である．

b．直交の格子生成

直交の格子生成は，まず先に物体を取り囲む領域全体で格子を生成する．直交であるから格子点の座標は格子間隔や構成点数で簡単に定まる．そしてその後，その格子点各点が物体内部に含まれるか否かを判別し，たとえば物体内部に含まれるものには1，空間部分には0というように属性を割り振ることで格子生成を行う．

物体内部に含まれるか，否かの判別方法はその物体の表面が多様体，つまり包み囲まれたような形状で定義されていれば簡単に行える．図 2.40に示すように物体外部の任意参照点からある任意の格子点に線分を引いた場合，物体の外にあれば物体表面との交差回数は偶数となり，また内にあれば奇数となる．ただし，

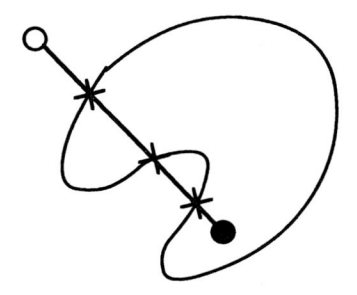

自動車のパネル部品などが混在する場合は非多様体となるため，この方法では計算できない．その場合にはパネル部品とソリッド部品の格子を別々に求め，最後に重ね合わせるなどの方法で解決できる．

c．曲線座標系の格子生成

曲線座標系の格子生成は代数的に内挿計算で求めるものと，ラプラスやポアソン方程式などの偏微分方程式を利用するものに大別できる．前者の場合，格子生成が高速で，なおかつ分布がコントロールしやすい．一方，後者の場合，生成時間は多少長めになり，分布のコントロールもむずかしいが，格子形状は非常に滑らかなものになる．

ここでは最も基礎的な代数的生成手法であるトランスファイナイトの内挿を示そう．

図2.41に示すように二次元の4曲線に囲まれた領域を考え，この中の格子点の座標ベクトルを f とすると，f は以下の内挿式で表現される．

$$f_{0i,j} = (1-\alpha_i)f_{1,j} + \alpha_i f_{i\max,j}$$
$$f_{i,j} = f_{0i,j} + (1-\beta_j)(f_{i,1} - f_{0i,1}) \quad (2.15)$$
$$+ \beta_j(f_{i,j\max} - f_{0i,j\max})$$

ここで，α, β は単調な増加関数で以下の条件を満す．

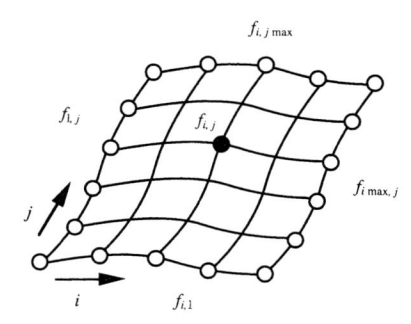

$$\alpha_1 = 0, \quad \alpha_{i\max} = 1$$
$$\beta_1 = 0, \quad \beta_{j\max} = 1 \quad (2.16)$$

外側境界の格子分布を表す $f_{1,j}, f_{i\max,j}, f_{i,1}, f_{i,j\max}$ は境界曲線上にあらかじめ設定されることになる．たとえば，格子分布を等分布にしたければ等分割とすればよいし，等比級数や tanh 関数を利用することで片方向への集中も可能である．また，ここで用いた α, β によっても生成される格子は変化する．たとえば，境界線の格子間隔より与える場合には下式のように α, β を求める．

$$\alpha_i = \sum_{m=2}^{i}|f_{m,1}-f_{m-1,1}| / \sum_{m=2}^{i\max}|f_{m,1}-f_{m-1,1}|,$$
$$\beta_j = \sum_{n=2}^{j}|f_{1,n}-f_{1,n-1}| / \sum_{n=2}^{j\max}|f_{1,n}-f_{1,n-1}| \quad (2.17)$$

ここに示したトランスファイナイトの内挿の場合，格子の直交性は与えられないから，領域を囲む曲線を直交するように構成したり，また代数的に格子を動かしたりすることで直交性を考慮することになる．

さらに三次元の格子生成では周囲6面から内挿できて，以下のような2ステップの計算式で格子点の座標を求めることができる．

$$f_{0,i,j,k} = (1-\alpha_i)f_{1,j,k} + \alpha_i f_{i\max,j,k}$$
$$f_{1i,j,k} = f_{0i,j,k} + (1-\beta_j)(f_{i,1,k} - f_{0i,1,k})$$
$$+ \beta_j(f_{i,j\max,k} - f_{0i,j\max,k})$$
$$f_{i,j,k} = f_{1i,j,k} + (1-\gamma_k)(f_{i,j,1} - f_{1i,j,1})$$
$$+ \gamma_k(f_{i,j,k\max} - f_{1i,j,k\max}) \quad (2.18)$$

ここで，α, β, γ は式 (2.16) 同様の単調増加の関数であり，また，$f_{1,j,k}, f_{i\max,j,k}, f_{i,1,k}, f_{i,j\max,k}, f_{i,j,1}, f_{i,j,k\max}$ はたとえば式 (2.15) で求めた周囲6曲面上の格子分布である．

d．CADデータの利用方法

実際の格子生成の手順を示す前にCADデータの利用方法を示しておこう．2.1節で述べたようにCADの形状表現にはワイヤ，サーフェス，ソリッドモデルとあるが，ソリッドモデルは面モデルとして利用される場合が多いので，ここではワイヤ，サーフェスモデルからの格子生成について記す．また，サーフェスモデルにおいては構成する曲面を多角形近似して利用する場合もあるので，こちらも併せて記す．

（i）ワイヤモデルからの格子生成　線モデルからの格子生成ではその曲線上に適切な間隔で格子点を分布させ，その格子点から前述したトランスファイナイトなどの手法を用いて三次元空間内の格子を生成す

る．曲線式は以下に示すようなパラメータ t を変数とする関数である．

$$R = f_c(t) \quad (2.19)$$

したがって，適切な間隔になるよう t を定め，この関数に従い左辺を算出すれば，線モデル上に格子点を定義できる．

さまざまな CAD では異なった曲線式が使われる．そのため正確には取り込んだ CAD データに対応する B-スプライン，ベジェなどといった曲線式を用いることになるが，一般的にはデータ読込みの際単一な曲線式に近似してしまう．解析計算のメッシュ幅，精度など考慮すれば格子点の座標値は多少の誤差を含んでもよい．

（ii）サーフェスモデルからの格子生成　この場合大きく分けて二つの方法がある．一つはワイヤモデル同様，パラメータ空間で値を先に計算し，そこから曲面の表現式で物理空間に変換する方法である．図 2.42(a) に示すように先にパラメータ空間で格子を生成し，そのパラメータ値，ここでは u, v を用いて，図 2.42(b) の物理空間に変換する．このとき，その変換式は次の曲面式に基づく．

$$S = f_s(u, v) \quad (2.20)$$

この手法の難点は，格子生成自体はパラメータ空間で行うため，物理空間に変換した際その分布がひずみやすいこと，あるいはサーフェスモデルが多数のトリミング曲線を含んでいるから構造格子を生成しにくいことである．これをうまく処理するにはもとの曲面を再構成するなどの工夫が必要となる．

もう一つのサーフェスモデルの取扱い方法は先に物理空間で格子を生成してしまい，そこから曲面上に投影する方法である．この簡単な例を図 2.43 に示す．投影方向は曲面の垂線方向に行うのが一般的である．この場合の投影式は以下のようになり，これをニュー

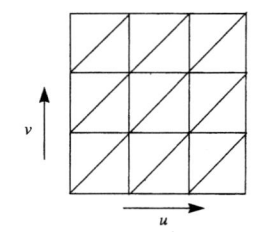

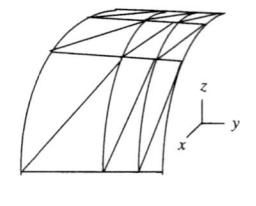

(a) パラメータ空間の格子　(b) 物理空間の格子

図 2.42　格子のパラメータ空間から物理空間への変換

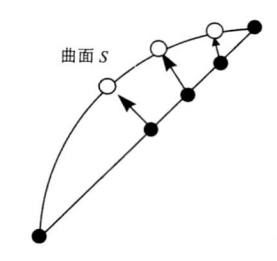

図 2.43　格子点の曲面への投影

トン-ラフソンの収束計算で解けば結果が得られる．

$$S = P + Nt \quad (2.21)$$

ここで，

$$N = \frac{\partial s}{\partial u} \times \frac{\partial s}{\partial v}$$

P は格子点の座標値である．

この方法は格子点を物理空間で生成するためその分布がコントロールしやすいこと，また，たとえ CAD データに抜けがあってもとりあえず格子を生成できることが長所となる．

両手法とも格子生成側に曲面式の演算機能は必要となる．ただワイヤモデル同様，多少の誤差は含んでよいから単一の曲面式が取り扱えればよい．

（iii）多角形モデルからの格子生成　この手法は CAD 側で先に表面を多数の平面多角形に近似し，その平面多角形を形状データとして格子を生成する手法である．この場合，曲面のパラメトリック空間は存在しないから，空間の格子をとりあえず生成し，それを多角形平面に投影することになる．また直交格子に用いる場合には空間格子点の内外判定の交差面として平面多角形を用いる．図 2.44 に例を示す．この例では図 2.44(a) に示すような平面多角形を CAD データとして受け取り，これをもとに格子点の内外判定に行い，図 2.44(b) に示す直交格子を生成している．

この手法の長所は CAD データの処理が，平面と直線の交点計算や平面上への格子点の投影ですので，特別な曲線，曲面式を格子生成側に実装せずにすむことである．一方，課題は CAD からいかに高品質な平面多角形を出力させるかであるが，最近ではステレオリソグラフィ用に近似精度の高いデータを出力できるようになっており，これを利用することでうまくいく場合が多い．

e．マルチブロック法による自動車周囲格子生成例[36]

マルチブロック法による車体周囲の格子生成例のフ

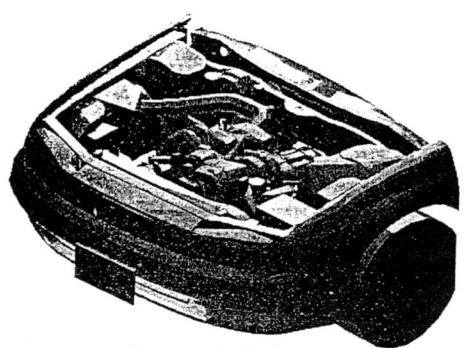

(a) Triangular Panels

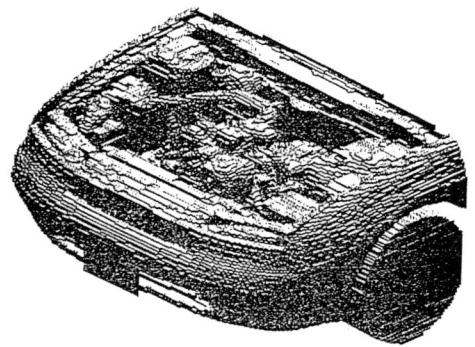

(b) Rectangular Prism Grids (Mask Data=0)

図 2.44　直交格子の生成例[35]

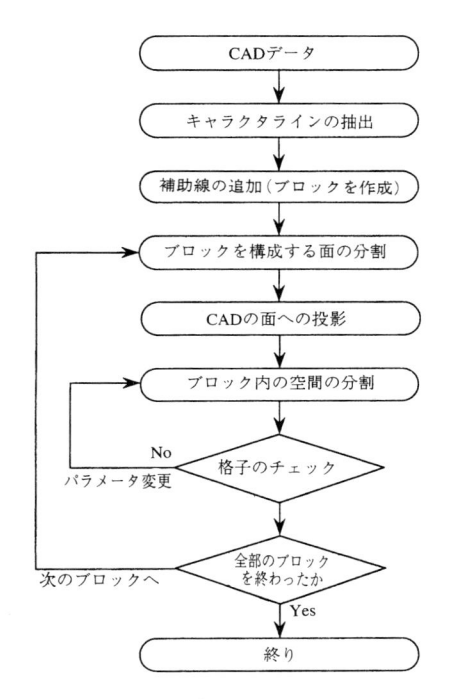

図 2.45　格子生成のフローチャート

ローチャートを図 2.45 に載せた.

　まず，CAD データから，空間をブロック分けするときの物体上の稜線になるようなキャラクタライン（特徴線）を抽出，作成する（図 2.46）．さらに，空間内をブロック分けするのに必要な補助線をつくる（図 2.47）．これで空間のブロック化ができたことになる．なおこれらの特徴線，補助線は曲線データとして取り扱う.

　そして，これらの曲線に分割（格子）点をセットしていく．この分割点は後につくる格子の点の分布を決めるものなので，表面への集中や直交性を考慮して作成する．したがって，直交性のため曲線自体を修正する場合もある.

　これらの曲線を用いて各ブロック周囲の六つの表面を分割する（図 2.48）．分割には前述したトランスファイナイトの内挿を用いる．ブレンディング関数はここでも境界線の間隔を用いている．物体表面の格子となる部分についてはこの境界線からの内装では面上にのらないから，格子点をもともとの CAD の面上に投影する.

　さらにこれから内部の格子を周囲 6 面の格子点から内挿する．この内挿には前述した多段のトランスファイナイトを用いる．そしてこの作業を全ブロックにつ

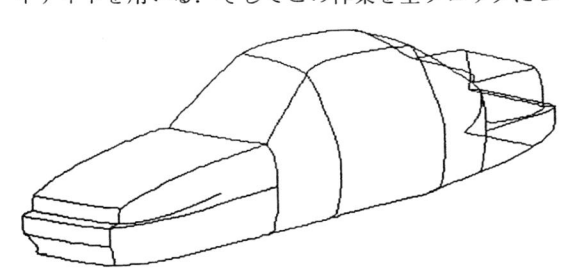

図 2.46　格子生成用キャラクタライン

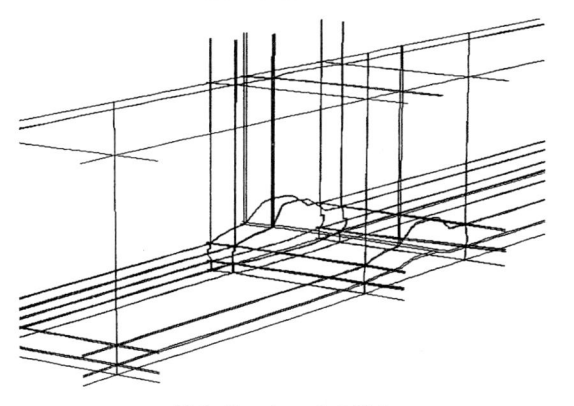

図 2.47　ブロックの構成

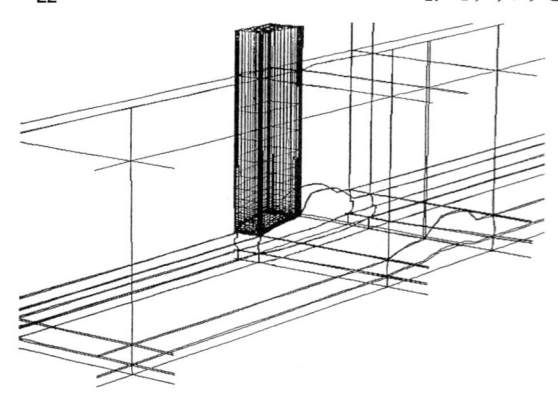

図 2.48 ブロック表面の分割点

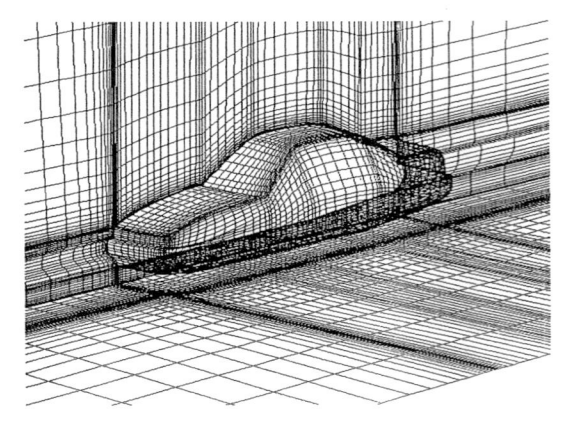

図 2.49 全体の格子分布

いて行い最後にすべてのブロックをつなぎ合わせ，格子線が滑らかになるように平滑化をかける（図2.49）．この平滑化にはどのようなものを用いてもよいが，この例では表面への集中が緩まないよう代数的な最小限のスムージングを行っている．

2.2.3 自動要素分割法に求められる機能

最近の計算力学の進展は著しく，超並列コンピュータやスーパコンピュータのネットワーク環境を利用して 100 万自由度を超える超大規模問題の有限要素解析が可能となっている[37～40]．このような解析規模の巨大化，対象形状の複雑化はプレ・ポスト処理への負荷の著しい増大を招く．なかでも要素分割作業は解の精度や収束性，信頼性，計算時間に大きく影響する反面，完全な自動化がむずかしく，その負荷は年々増大している．このため，その低減が計算力学解析全体の効率化にとって最もクリティカルな課題となる．

一般に自動要素分割法に課せられる要件は以下のようにまとめられる[41～44]．

① 任意形状が分割可能であること．
② 細かい要素と粗い要素を適宜配置できること．
③ 要素のゆがみをできるだけ排除できること．
④ 総要素数を制御できること．
⑤ 入力データが少なく簡便であること．
⑥ データの入力作業は対話的環境で行えること．

このうち，①は要素分割の基本的要求であり，②～④は計算精度の向上と計算時間の短縮という要素分割にとって相反する要求を最適化するうえで重要となる．また，⑤，⑥は操作性向上とユーザーのかかわる処理時間の短縮のために重要となる．

一方，最適な要素分割（すなわち最適な要素サイズ分布を有する分割）を自動的に作成する試みとして，事後誤差評価と自動要素分割手法を組み合わせたアダプティブ解析法も注目を集めている．そこで，初めに最新の自動要素分割技術の動向について述べ，次にそれと事後誤差評価を組み合わせたアダプティブ解析の実例[45,46]について述べる．

2.2.4 四面体要素と六面体要素

二次元平面や三次元シェル構造の場合，任意形状を自動的に三角形あるいは四角形要素に分割することが可能である[43,44]．しかしながら，任意形状の三次元ソリッドの場合，完全な自動要素分割を可能とするシステムのほとんどが四面体要素を対象としている．ほとんどすべての汎用システムが六面体要素分割の機能を実装しているものの，必ずしもつねに要素分割できるわけではなく，幸いにして要素分割できたとしてもユーザーにかなりの量のデータ入力操作を要求する．

差分法で用いられる構造格子（これも六面体である）を作成する際にも同様のことがいえる[30]．なお，図 2.50 に示すように四面体要素を重心を通る平面で四つの六面体要素に分割できるので，初めに完全に四面体要素分割を行い，各要素を 4 分割して完全な六面体要素分割を作成することは可能である．しかし，このようなゆがみの多い六面体要素分割では精度の高い解析を行うことができない．また，この要素分割を構造格子のようなきれいに並ぶ六面体要素分割と結合することができない．このような状況の中で，最近，任意形状を完全自動で六面体要素に分割可能なシステム HEXAR[47] が報告された．図 2.51 のその要素分割の一例を示す．このシステムが用いている手法の詳細は文

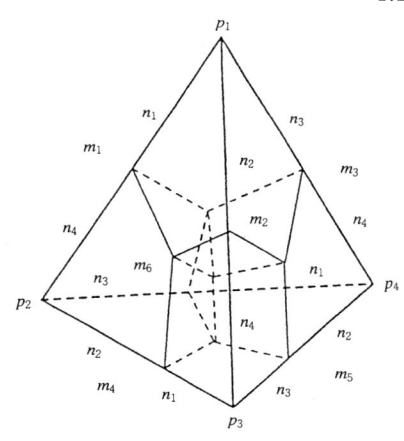

図 2.50 四面体の六面体への分割

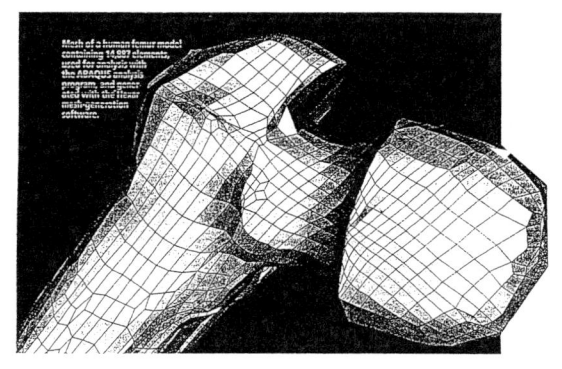

図 2.51 六面体自動要素分割例[47]

献からは定かではないが，HEXAR による六面体要素分割の作成手順は，次のとおりである．

① CAD のサーフェスデータを三角形サーフェスパッチに変換する．その際に，CAD のサーフェスデータは解析対象の全表面を覆うことが必要である．
② 三角形サーフェスパッチから四辺形要素を作成する．この時点で表面の要素寸法の変化率を制御することが可能である．
③ 全表面の四辺形要素から内部を六面体要素に分割する．すなわち，内部に関する要素粗密情報は必要としない．

③の六面体に分割するプロセスの詳細は文献からは定かではないが，次のようにしているものと想像される．初めに解析領域内部に六面体の要素を可能な限り詰め込む．次に，その六面体の塊の表面上の頂点を領域境界へ射影する．最後に頂点と射影を結んで領域境界との間隙を六面体で埋める．このシステムの特徴は，全表面の要素分割情報から内部の分割を一意に決めることにある．これはユーザーのデータ入力作業を低減する効果がある半面，内部の要素の粗密の制御に制約を課すことになる．また，最大の課題として，角張った形状では角点や稜線近傍で射影を決めるのがむずかしく，良好な要素分割が困難である．このため，図 2.51 に示されるような丸みを帯びた形状の要素分割に比べて，角張った形状の要素分割が困難であり，後者の場合には要素分割が細かく大規模になる傾向がある．また，このアルゴリズムにより六面体要素特有の細長い要素を含む分割が可能かどうか定かではない．

現状では，解析者は四面体要素よりも六面体要素を好む傾向にある．その理由として次のいくつかの要因が考えられる．

① 構造格子形の六面体要素では特別なポスト処理技術を用いなくても平面で表現される評価断面を容易に取り出せる．
② 一次の六面体要素と比較して，一次の四面体要素の精度が悪い．
③ 高次の四面体要素では，精度のよい線形解析が可能である．しかし，非線形解析では，同じ次数の六面体要素と比較すると精度が出ない場合がある．
④ 六面体要素よりも四面体要素のほうが同領域を分割する際により多くの節点数を必要とする．

①については，現在は使い勝手のよいポスト処理技術が利用可能になってきたので，ほとんど問題にはならないと考えられる．②は事実である．④については，計算機の記憶容量や計算速度の向上につれて，しだいに制約は緩和されていくものと考えられる．したがって，要素選択の際に最もクリティカルとなる項目は，③ということになる．しかしながら，この点については，単純に四面体要素か六面体要素かを論ずる前に，次の事実を認識する必要がある．

③-1 ゆがみの少ない二次要素では，四面体も六面体も精度的に遜色ないという報告も多くなされている．
③-2 六面体要素は物理変化の少ない方向に長いアスペクト比の要素を用いても精度が落ちない．しかし，二次の四面体要素は，アスペクト比の長い要素を用いると精度が急速に落ちる．
③-3 現在市販されている汎用自動要素分割システ

ムのほとんどは，完全自動で四面体要素に分割する機能を含んでいるが，対象形状によっては局所的に大きくゆがんだ要素や長アスペクト比の要素が生成されてしまう．このような要素分割を用いた場合には，当然高精度の解析は期待できない．

③-4 任意形状を六面体に分割できる手法[47]では，分割そのものに大きな計算時間を必要とする．また，従来の半自動化六面体要素分割技術と比べるとゆがみの大きな要素が生成されやすい．

つまり，任意形状をゆがみが少ない四面体要素（ただし高次要素）で分割できるのであれば，計算精度に関する問題はほとんど生じないことになる．事実，文献[48]においても，二次の三角形要素/四面体要素が一次の四角形/六面体要素より優位であり，二次の四辺形/六面体要素に比べても遜色ない精度を有することが示されている．後に述べるように，三次元線形/非線形き裂解析[49〜51]や非圧縮性流体解析[46]でも良好な精度を有することが確認されている．

以上のことを念頭において，以下では任意形状の任意分割を可能とする四面体要素に基づく自動要素分割法を中心に述べる．

2.2.5 三次元任意形状の自動要素分割法の分類

三次元空間の任意形状の自動要素分割法のほとんどは，四面体要素を用いたものである．従来の自動要素分割法の中でも三次元ソリッド用に焦点を絞ると3種類に分類できる．第一の方法は，8分木法（octree method）や修正8分木法（modified octree method）を用いて要素寸法を制御し，四面体要素を生成するものである[52,53]．図2.52に二次元平面の4分木法（quadtree method）による要素分割例を示す．基本的な考え方は二次元用の4分木法も，三次元用の8分木法も同じなので，図2.52を例にその流れを示す．

この手法は，反復的な領域分割による階層的なデータ構造（4分木モデル，8分木モデル）で要素分割を表現する手法である．反復的な分割が可能な立体としては，二次元であれば四角形，三次元であれば六面体であるので，四角形による4分木モデルや六面体による8分木モデルを構築し，最後にそれぞれを三角形や四面体に分割する．この手法では反復的な分割により任意の大きさの形状を表現でき，木構造の階層の深さを指定することによって要素寸法を制御できる．また，モデルデータが木構造を有しているので，要素分

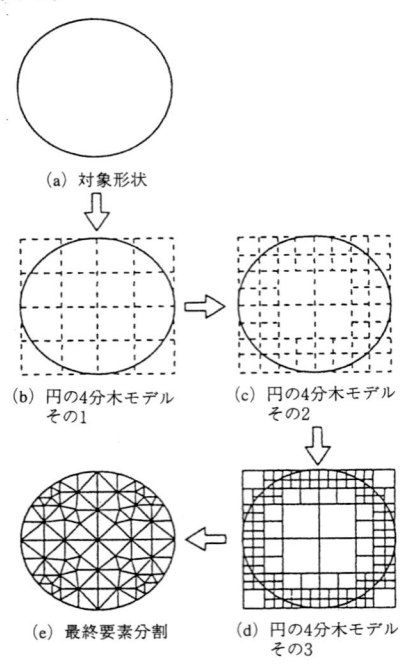

図2.52 木モデル法による要素分割例

(a) 対象形状
(b) 円の4分木モデル その1
(c) 円の4分木モデル その2
(d) 円の4分木モデル その3
(e) 最終要素分割

割の表現に必要な情報をかなり圧縮できる．一方，要素寸法の変化率は2の乗数に制限される．その結果，任意の要素寸法比の表現が困難であったり，境界形状が入り組んだ問題では，分割階層の指定が適切でないと，小さな突起が消えてしまうなど要素生成に失敗することがある．

第二の方法は節点発生法（node generation method）と呼ばれ，何らかの方法で対象領域全体に節点を発生し，その節点群からアドバンシングフロント（advancing front）法[54]やデラウニー（あるいはドローネー，Delaunay）法[55〜58]を用いて四面体を生成するものである．この方法は，第一の方法よりも要素寸法の変化をより柔軟に制御できる．しかし，任意の三次元形状の内部に節点分布をどのように指定し，節点をどのように発生させるかが最大の課題である．このため，従来は，ほとんどの場合に二次元ないし2.5次元問題への適用にとどまっていた[59〜61]．しかし，後述するように，最近になってあいまい知識処理手法の適用により，要素寸法の変化率の自在な制御が可能な自動要素分割技術が開発され，状況が大きく変わってきた[41〜45]．

第三の方法は，図2.53に示すように複雑構造を部分構造に分割し[54,62]，各部分構造を簡単な形状に写

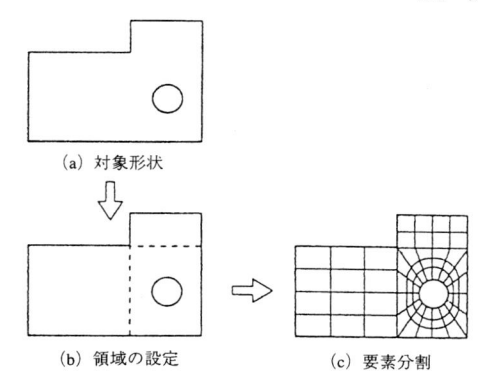

図2.53 領域分割法による要素分割例

像変換[63,64]し，そこで要素分割を行ってから，もとの形状へ写像し直したり，あらかじめ用意しておいた要素分割パターンをはめ込むものである．市販の六面体要素分割システムは，多かれ少なかれこの方法を採用している．複雑形状内に構造格子を生成する際にもこの手法がよく用いられる[30]．この手法の最大の欠点は，任意領域を必ずしも要素分割できないことや領域分割のためにユーザーが入力しなければならない情報が増えることである．また，少し複雑な構造や，複数の応力集中部が近接して存在する場合には，要素生成そのものが不可能となる．

2.2.6 あいまい知識処理手法に基づく方法

最近になって，三次元の任意形状を任意の要素粗密分布で分割する手法が提案された[41〜44]．それは，あいまい知識処理手法を用いて，節点粗密情報を制御し，計算幾何学的手法を用いて節点発生および要素生成を節点数に比例する速度で高速に生成する手法である．この手法は後述するようにアダプティブ解析との整合性もきわめてよく，良質の解析を実行できる．この手法は，2.2.3項に掲げた自動要素分割法への要求事項①〜⑥のすべてを満足する手法であるといえる．

a．処理の流れ

この手法は2.2.5項で述べた節点発生法に分類でき，処理の流れは以下のようになる．

① 実用CADシステムの形状定義機能[65,66]を用いて解析対象の幾何モデルを作成する．
② 幾何モデルの頂点，稜線，境界面上，および領域内部の順に節点を発生させる．このとき，あいまい知識処理手法[67,68]を用いて節点密度の粗密を制御し，節点の高速生成には計算幾何学的手法の

一つであるバケット（Bucket）法[69]を用いる．
③ 計算幾何学手法の一つであるアドバンシングフロント法[54]やデラウニー法[55〜58]を用いて要素生成を行う．
④ 節点パターン接続部などの要素のゆがみを修正するためにラプラシアン平滑化[59]を行う．

以下に，各プロセスの要点について述べる．

b．形状定義

形状定義部分には，自由曲面を扱える実用CADシステムを用いる．これらのCADシステムは，三次元形状を領域―境界面（有理グレゴリーパッチなどの自由曲面）―稜線（B-スプラインやベジェ関数などの自由曲線）―頂点というデータ構造で保持する．なお，三次元シェル構造の場合には，全体の形状データを小領域（有界曲面）の集合として保持する．各小領域は全体座標系と局所座標系（小領域の定義座標ともいう）で定義される．

c．節点密度制御

2.2.5項で述べたように，節点発生法の性能を決定づけるのは，三次元任意形状内の節点分布関数の定義法とそれに適合する節点の生成アルゴリズムである．ここに述べる手法は，要素分割が本来有する「あいまいさ」―たとえば，要素サイズを粗く，細かく，き裂に近い，遠いなど―をあいまい知識処理手法を用いて処理するものである．

この手法は解析の熟練者の思考方法を取り込んだものとなっている．その原理を説明するために，図2.54(a)に示されるようなき裂と円孔を含む矩形平板（対称性を考慮した1/2部分）の要素分割を考えよう．熟練者であれば，き裂や円孔などの特徴的部分に対しては，理論的知識や過去の豊富な解析経験に基づき，応力が集中しやすいことを熟知している．このため，き裂先端場や円孔周辺では要素を細かくし，そこから離れるに従って徐々に粗くなる要素分割を行えばよいと考える．これらの要素分割イメージは，局所的には最適に近いものと考えられる．したがって，これらを連続的につながるように組み合わせられれば，最適に近い要素分割を先験的に生成できるであろう．ところが，そのような分割イメージを解析領域に当てはめると，図2.54(a)に示すように両パターンの重なり部分において余分な節点が生じ，その除去が必要となる．この処理を自動化するために，あいまい知識処理手法を適用する．

(a) 節点パターンの重なり

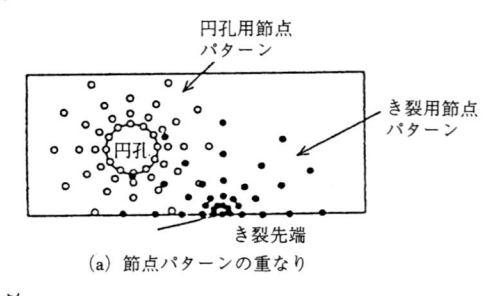

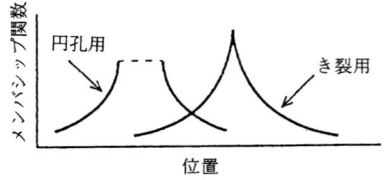

(b) メンバシップ関数の重なり

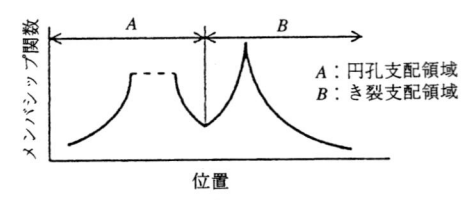

(c) メンバシップ関数の和集合処理

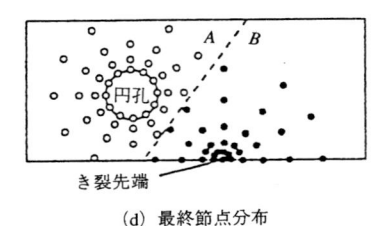

A：円孔支配領域
B：き裂支配領域

(d) 最終節点分布

図 2.54 あいまい知識処理手法を用いた節点密度制御の原理

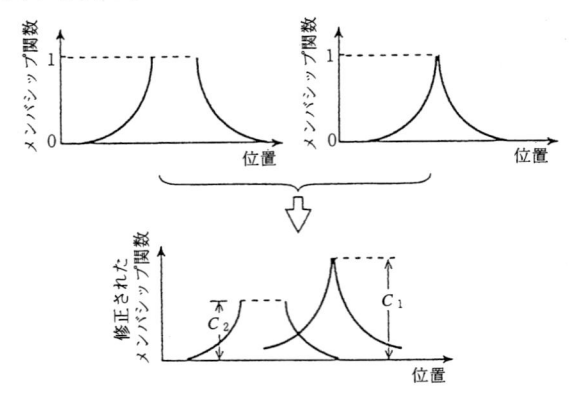

図 2.55 重要度係数

まず，それぞれの局所的な節点パターンにメンバシップ関数（membership function）[67,68]を定義する．この関数は特徴点（き裂先端や円孔縁など）への節点の"近さの度合い"を表すと同時に，"その位置での節点密度"を表すこととする．これは応力解析などでは，特徴点は応力集中点であることが多いので，"特徴点に近いほど密な節点配置が望ましい"という経験則を表現したものである．図2.54(b)にき裂先端近傍と円孔近傍用の二つの節点パターンに対応するメンバシップ関数を模式的に示す．いま，図2.54(b)のように二つのパターンが重なる場合には，図2.54(b)において，それぞれの位置でメンバシップ関数値を比較し，どちらか値が高いほうの節点パターンを採用すること

にする（和集合をとるファジィ推論[67,68]）と，図2.54(c)に示すようなメンバシップ関数の包絡線が得られる．同時に，全解析領域を自動的にき裂先端近傍領域と円孔近傍領域に分離できる．それぞれの領域に対応する節点パターンが配置されると，図2.54(b)のように節点を解析者のイメージどおりにごく自然に配置できる．

き裂や円孔のような特徴形状用の節点パターンは特殊節点パターンと呼ばれる．これらは解析の熟練者の経験や固体力学理論などから導き出される最適要素分割に関する一種の知識である．この手法では，適用分野に応じてこのような局所的な最適パターンを整理し，データベースに蓄える．たとえば，流体解析では，境界層付近や流速の急変点，電磁場解析では，ソース点近傍などでは細かな要素分割パターンが利用される．なお，特殊節点パターンのほかに，対象形状全体を覆う均一格子状の節点パターン（基本節点パターンと呼ぶ．メンバシップ関数は一定値となる）も用意される．

メンバシップ関数は，通常0から1の値をとる関数である．ここでも節点パターンのメンバシップ関数値を最大値が1となるように規格化してデータベースに保持する．それらをデータベースから選択し重ね合わせる際に，図2.55に示すように解析者の指定する係数 C_i（各パターンの相対的な重要度を表す係数：重要度係数（importance factor）と呼ぶ）を乗ずることにより，相互の高さを調整する．したがって，この手法では，三次元解析領域内の節点密度は，データベースからの節点パターンの選択とその配置位置および重要度係数の指定によって制御されることになる．

d. 節点発生

節点発生は要素生成とともに，自動要素分割プロセスの中で大きな処理時間を占める．このため，その効率の向上が重要な課題となる．この手法で用いる節点発生方法には，以下の二つの手順が考えられる．

第一の方法は本項c.で述べた節点密度制御の原理から直接導かれるものである．まず，節点パターンデータベースに，局所的に最適な節点パターンの密度分布関数（メンバシップ関数）とそれに従う節点配置手続きを登録する．次に，節点パターンの組合せと節点配置を同時に行う．すなわち，パターンごとに節点を発生した後に，節点位置で全メンバシップ関数を比較し，自身のパターンのメンバシップ関数が最も大きい場合にはその節点を採用し，そうでない場合には節点を除去する．この手順をすべてのパターンのすべての節点について順次行う．

第二の方法では，データベースに節点パターンの密度分布関数のみを登録する．そして，すべての節点パターンを重ね合わせて解析領域全体の節点密度分布を求めた後に，その分布に従う節点を発生する．

第一の方法は，パターンごとに個々の節点の配置位置を精密に制御できる半面，パターンごとに節点配置手続きのプログラミングが必要となる．第二の方法では，節点配置手続きをプログラミングする必要がない．このため，データベース登録作業が容易になるばかりでなく，システム使用時にユーザーが対話的に節点パターンを登録することも可能であり，よりユーザーフレンドリーなシステムを構築できる．

従来の節点発生法の一つの大きな欠点は，総節点数をnとするとき，節点発生に$O(n^2)$の時間を要することであった．これは，数千節点規模の二次元問題ではまだしも，数万から数十万節点規模の大規模な三次元ソリッドの問題では致命的な欠点となる．この問題は，計算幾何学の手法の一つであるバケット法[69]を適用することにより解決できる．

図 2.56 に，図 2.54 に示した二次元問題を例としてバケット法の原理を示す．まず，図 2.56(a)に示されるように解析対象領域内の節点密度分布が与えられたとする．次に，図 2.56(b)に示されるように解析対象領域を完全に内包する長方形（三次元の場合には直方体）で覆い，それを多数の小さな長方形（あるいは直方体）に分割する．その一つ一つをバケットと呼び，バケットごとに節点発生を行う．一つのバケットを例

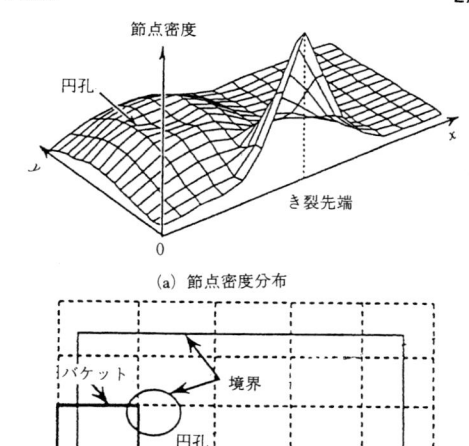

図 2.56 バケット法による節点発生

(a) 節点密度分布
(b) バケット分割
(c) バケット内の節点生成

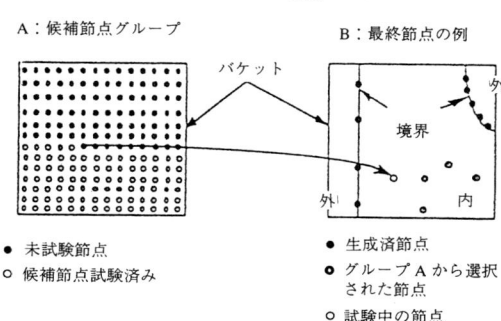

A：候補節点グループ　　B：最終節点の例

● 未試験節点　　● 生成済節点
○ 候補節点試験済み　　◎ グループAから選択された節点
　　　　　　　　　　○ 試験中の節点

にとり，その内部に節点を発生させることを考える．はじめに図 2.56(c)の左図に示すように十分小さな間隔（そのバケットに発生予定の節点間隔の最小値よりもある程度小さく設定すれば十分であり，ここでは1/5 程度に設定する）で多数の候補点を用意する．左下の角の候補点から順次解析領域（右図）へ当てはめ，次の二つの判定基準を満足するとき，その点を採用する．

① 候補点（白丸）が解析領域内部に存在する（内外判定［IN/OUT チェック］）．
② 候補点と配置ずみの点（黒丸）の内の最近接点との距離がその場の節点密度にほぼ等しい．

①の IN/OUT チェックには，いくつかのアルゴリズムが存在するが，ここでは形状定義データ（境界データ）と節点位置の情報をもとに，"閉じた領域の内部にある点から伸びる半直線は，その領域の境界と

奇数回交わる"という原理を用いて判定する．当該のバケットの境界近傍点の採否の判定では，基準②の判定の際に，すでに節点を配置ずみの隣接バケット内の点も調べる．①の判定条件は，まずバケットごとに行い，境界をまたぐバケットについてのみ候補点ごとにも評価する．バケット法の採用により，近接点探索の回数を著しく軽減でき，節点発生に要する演算時間は$O(n)$となる．これは，三次元ソリッド問題のような大規模節点の生成に特に効果を発揮する．

e．要素生成

多数の節点が与えられたとき，節点を結びゆがみの少ない三角形（二次元）や四面体（三次元）を得るアルゴリズムとしては，アドバンシングフロント法[54]とデラウニー法[55〜58]が有名である．これらについては，文献[30,58]に詳述されているので，その詳細はそちらを参照していただきたい．ここには，その要点と若干の注意点を述べる．

アドバンシングフロント法は，一つの三角形ないし四面体を出発点として，順次，それに接する次の三角形ないし四面体をみつけていく手法である．生成速度はデラウニー法と比較すると1オーダ程度遅いが，ある境界面で要素分割パターンを指定することが容易であり，手法として柔軟である．

後者の方法は，ボロノイ図形を利用して三角形ないし四面体分割を繰り返すものである．生成速度が節点数nに対して$O(n)$であるので，最近の要素生成法の主流となっている．この方法では，節点の情報のみから要素を生成するので，凹形状の領域を要素分割すると，くぼみ部分にも要素を生成してしまう．しかし，これは，要素生成後に要素の重心などについてIN/OUTチェックを行えば解決できる．また，凹な部分には境界をまたぐような要素が生成されやすい．これについては，あいまい知識処理手法を用いて節点密度分布を制御するこの手法では，境界面に発生させる節点密度を境界の近傍領域の節点密度よりもやや高くなるように設定することにより，自動的に回避できる[44]．

アドバンシングフロント法とデラウニー法は直接的には二次元では三角形しか生成できないが，次のような四角形生成アルゴリズムにより，最終的には完全な四角形要素分割を得ることができる．まず，デラウニー法などで三角形に分割した後に，隣り合う二つの三角形の結合を繰り返すことにより四角形を得る．この段階では，少数ではあるが三角形が混在する．そこで，残った三角形と生成された四角形について重心と各辺の中点を結び，それぞれ3ないし4分割する．この結果，すべての解析領域を四角形に分割できる．この手法を用いてゆがみの少ない四角形を得るには，あらかじめ四角形生成に適した節点配置を行うことが望ましい．

三次元ソリッドの場合には，アドバンシングフロント法やデラウニー法を用いて四面体要素を生成してから，各要素の重心を通る面で4分割することにより六面体要素をつくりだすことが可能である．しかし，このようにして生成される六面体要素はゆがみが大きく，精度が期待できないといわれている．また，構造格子のような整然とした六面体要素分割とこの分割を接続することもできず，実用には適さない．

f．平滑化

c．〜e．項のアルゴリズムによって，特徴形状の十分近傍ではオリジナルの節点パターンが残り，形状の良好な要素を生成できる．しかし，節点パターンの結合部や境界近傍では，時にはゆがみの大きい要素が生成されることもありうる．そこで，ラプラシアン平滑化処理[59]を適用し，要素形状のゆがみを修正する．この方法は，ある節点の座標をそれに隣接する節点で構成される多面体（二次元では多角形）の重心の座標に更新するものである．平滑化処理は通常，数回の反復で十分である．

g．要素分割事例

あいまい知識処理手法を用いた自動要素分割法では，次の3過程で要素分割を制御する．

① データベースからの節点パターンの選択．
② 各パターンの配置位置の指定．
③ 各パターンの重要度係数C_iの指定．

このうち，①と②が確定した段階で，各節点パターンの重要度係数C_iの相対関係を保ったまま，すべての重要度係数を同じ比率で変化させると，相対的な節点粗密分布を保ったまま総節点数（これは重要度係数に比例する）を制御できる．図2.57(b)，(c)に，図2.57(a)の三次元シェル構造（自動車のホイールエプロンの例：小領域数34）の要素分割（二つの特殊パターンと一つの基本パターン）を対象とした総節点制御（約2000節点から約1300節点）の例を示す．総節点数は解析時間や使用メモリに直接影響するので，コンピュータ環境に応じて適宜制御することが望まし

い．この手法では，これが容易に実現される．

図2.57(d)には，同一の解析形状に対して異なる節点パターンを配置した例（特殊パターンを一つ変更した）を示す．図2.58(b)，(d)の比較からわかるように，わずかなデータ操作で一見全く異なる要素分割を行えるのが，本手法の特徴である．

2.2.7 アダプティブ法（事後誤差評価と要素再分割）
a．従来のアダプティブ法

2.2.6項では，要素分割にかかわる先験的情報を積極的に用いて良好な要素分割を自動的に得る手法について述べた．一方，先験的情報に頼らず最適な要素分割を目指す方法がアダプティブ法である．有限要素法解析における解析誤差には，解析モデルの構築の際に生じるモデル化誤差，および支配方程式の有限要素近似の際に生じる有限要素誤差の2種類がある．さらに，有限要素誤差には，解析前に誤差評価を行う事前誤差評価，および解析後に解析結果を用いて誤差評価を行う事後誤差評価，の2種類の評価方法がある．定量的な誤差評価のためには事後誤差評価を行う必要がある．アダプティブ法では，厳密な意味で要素分割を最適化するために，適当に作成した初期要素分割（一様分割がしばしば用いられる）を用いて一度解析を行い，その結果をもとに解の誤差を推測する．この誤差分布をもとに要素分割を変更し，再度解析を行う．これらの処理を解析誤差が許容範囲内に収まるまで繰り返す．以上のように，アダプティブ法は事後誤差評価過程と要素再分割過程からなる．

事後誤差評価手法には解析分野や注目する物理量の違いによって種々の手法が存在する[70]．たとえば，しばしば用いられるZienkiewicz and Zhuによって提案された簡易誤差評価手法[71~74]の考え方は次のとおりである．関数値の連続性のみを要求されるC_0要素（たとえば一次の三角形要素や四面体要素）で得られる有限要素解は，図2.58に示されるように変位の連続性は保たれるものの，その微分量である応力解には大きな誤差を生じる．一般に，真の応力は要素境界上でも連続となるため，得られた有限要素法の応力解をもとに要素境界上で連続になるように平均化された応力分布を導く．これを真の応力に近いと仮定して応力解の誤差を近似し，それを用いて誤差のエネルギーノルムを推定する．このエネルギーノルムは真の値より低い値を与えることが経験的に知られているために，

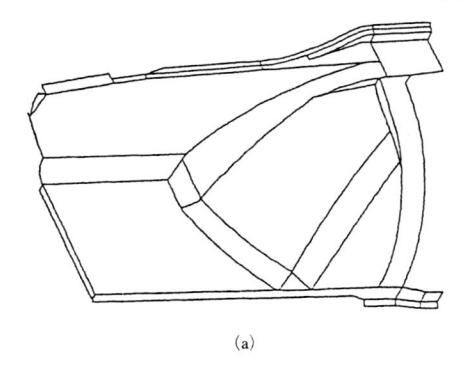

(a)

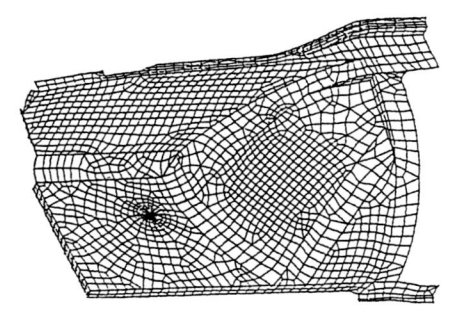

(b) 四角形要素分割1
（節点数=1 979，要素数=1 889，CPU=65s）

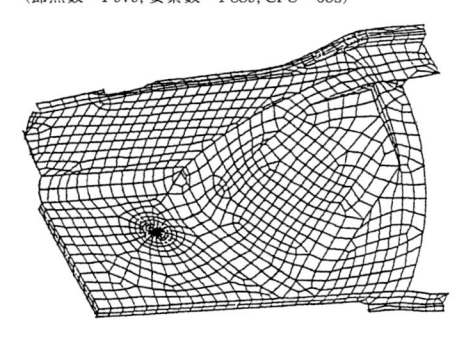

(c) 四角形要素分割2
（節点数=1 323，要素数=1 252，CPU=42s）

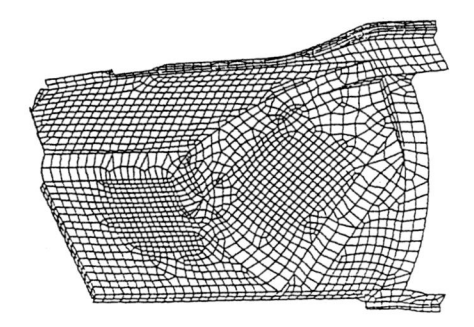

(d) 四角形要素分割3
（節点数=1 996，要素数=1 904，CPU=66s）

図2.57 三次元シェル構造の要素分割例

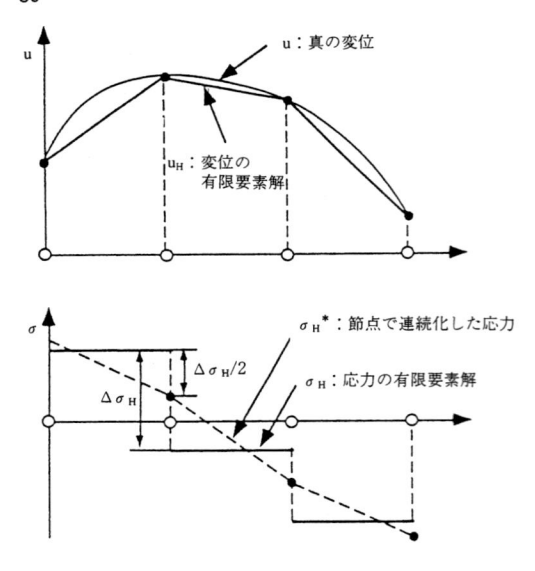

図 2.58 変位解と応力解の連続性

修正パラメータを用いて補正する[71]．解析領域全体の誤差ノルムの大きさは解の良否の判定に用いられ，要素ごとの誤差ノルムは，要素再分割時の局所的な要素サイズ（h）や内挿関数の次数（p）の推定に用いられる．これに対して，Ohtsubo and Kitamura[75]，Oden ら[76]，Babuska and Rheinboldt[77] の誤差指標は，誤差の満たすべき境界値問題を支配方程式から導出しその近似解を用いるものである．これらは先に述べた Zienkiewicz and Zhu の方法よりも数学的に厳密な手法ではあるが非常に計算コストがかかるうえに，非線形問題においてはその数学的厳密性が失われる．

一方，事後誤差評価を受けて行われる要素再分割の手法は，大きく p 法，h 法，r 法に分類される．

p 法では要素分割を変更せず，要素の次数のみを上げる．次数の上げ方には，すべての要素で上げるものと，要素の各稜線ごとに個別に指定して上げるものの2種類の手法が存在する．後者では，形状定義とほぼ同程度の労力で要素分割を行うことができる．しかし，初期要素分割を定義する必要があることに変わりはない．き裂や角点などの特異点では要素の次数が無限に上昇するため，その部分では上限を設けるなどの特別な扱いが必要とされる．結局，より効率的な解析を行うためには，特異点付近で要素の再分割が必要となる．これは，hp 法と呼ばれる．また，p 法や hp 法を利用するためには，解析コードそのものの変更が必要となる．

h 法や r 法では，要素分割そのものを変更する．r 法は要素分割のトポロジーを変更せずに，節点の移動のみを行うものである．このため，容易に適用できるものの，要素最適化には限界がある．h 法には，初期要素分割の節点位置を変更せずに，一部の要素を規則的に細分割（そこに節点を追加）するもの（局所 h 法，要素付加法）と，初期要素分割とは無関係に，新たに要素分割をつくり直すもの（大域 h 法，再分割法）の2種類があり，その組合せもありうる．局所 h 法は比較的容易に実行でき，高速性も期待できる．しかし，誤差評価精度が初期要素分割に大きく依存し，また要素を規則的に分割するため，不必要に多くの節点を生成するので，不経済でもある．また，四角形要素や六面体要素で簡便に局所 h 法を利用するためには，ある要素の角節点が隣の要素の中間節点と接続する必要がある．大域 h 法では，初期要素分割とは無関係に節点が生成され，細かくも粗くもなるため，効率的な解析が期待できる．ただし，三次元の任意の誤差分布を反映できる高速な自動要素分割手法の利用が必要不可欠である．次項には，2.2.6 項 d.～f. で述べた手法を用いて，事後誤差評価によって生成された最適要素サイズ分布（節点密度分布）を忠実に反映した要素再分割を高速に行う手法について述べる．

b．三次元誤差分布を反映した節点密度分布情報の表現

従来は，誤差評価から求められた要素粗密分布（節点密度分布）を表現するために，直前の要素分割のデータ構造がしばしば利用される[74]．あるいは，要素粗密分布情報が滑らかであると仮定し，いったんそれを等高線図に変えてから用いる方法もある[61]．これらの手法は初期要素分割の生成には用いることができないため，初期要素分割としては粗く均等なものが用いられる．初期要素分割が粗すぎる場合には，誤差評価の精度が悪化し，過剰な細分割を要求したり，収束が遅れる可能性がある．2.2.6 項の d. で述べたバケットに基づく節点発生法を用いると，先験的な知識を利用した初期要素分割と事後誤差評価に基づく要素再分割を統一的に行うことができる．

バケット法に基づく節点発生手法では，任意座標における節点密度分布情報を高速に取り出すことが必要となる．一方，一般のアダプティブ法では要素ごとに要素再分割指標が評価される．そのため，要素再分割時の節点密度/要素寸法値は文献[74]にみられるよう

に，直前に利用された要素分割の要素ごとに保持されるか，あるいは要素ごとの要素再分割指標を各節点に振り分け，有限要素補間により任意座標で取り出されることが多い．どちらの手法も，アクセス速度が遅くなる．一方，初期要素分割を行う際には，要素分割が実際に得られる前に，節点密度分布情報を自由に編集・可視化できなければならない．

以上の事情を考慮し，要素分割とは独立に三次元空間上の直交差分格子を設定し，それを用いて先験情報や要素再分割指標を反映した複雑な節点密度分布を近似する．すなわち，解析領域全体を覆うように直交差分格子を設定し，各格子点において節点密度値を保持する．ある座標での節点密度値を求めるには，その座標を含む直方体格子をみつけ，次にその直方体格子の八角の格子点での節点密度値から，線形補間によりその座標での節点密度値を求めればよい．この計算手法により，節点密度場の複雑さに関係なくつねに一定の処理時間で高速に節点密度/要素寸法値を計算できる．

c．アダプティブ解析の手順

アダプティブ解析の流れを図2.59に示す．最初に要素分割する際には，先験的情報が利用可能かどうかを確認し，利用可能であれば，それを利用して節点密度分布を作成し，要素分割を行う．それ以降は，解析の結果得られる誤差指標をもとに節点密度分布を変更し，毎回新たに要素分割を行う．事後誤差評価手法としては，どのような手法も適用可能であるが，ここではZienkiewicz and Zhuの簡易誤差評価法（Z-Z誤差指標）[72,73]を用いた事例を示す．

まず，M を全要素数とする．許容誤差精度 η が与えられたとして，要素再分割指標 ξ は要素ごとに以下の式で求められる．

$$\xi = \|e\|_m / \{\eta(\|u\|^2 + \|e\|^2)^{1/2} / \sqrt{M}\} \quad (2.22)$$

ここで，$\|e\|$，$\|u\|$：誤差および解の全体領域におけるエネルギーノルムであり，$\|e\|_m$：誤差の要素ごとのエネルギーノルムである．

誤差のエネルギーノルムを求めるには，真の解の微分量が必要となる．図2.58に示したように，要素の積分点ごとに求められる解析解の微分量を節点に投影すると，一般によりよい解の微分量が求まる．Z-Z誤差指標では，これを真の解の微分量の代わりとして用いる．

さらに，h 法による要素再分割を行う場合には，p を要素の次数とし，再分割前後での各要素サイズをそれぞれ h_{old}，h_{new} とすると，次の関係がある．

$$h_{new} = h_{old} / \xi^{1/p} \quad (2.23)$$

要素ごとの要素再分割指標（要素寸法の変更率）を用いて，解析モデルの節点密度分布を修正する．解析モデルの節点密度分布は，b.項で述べたように解析領域全体を覆う三次元直交差分格子によって近似されている．各格子点における要素再分割指標は，有限要素モデルに対する任意座標での物理量の抽出技術を用いて，各要素の要素再分割指標から計算される．

本来，要素再分割指標や節点密度分布は，解析モデルに関して滑らかで大域的な情報であるべきである．一方，要素再分割指標は要素ごとに独立に評価される．要素再分割指標の計算過程で要素単位での積分が用いられているため，再分割指標は要素ごとの寸法値の局所的な乱れによる影響を受けやすい．この問題は，複雑形状の境界付近や，粗密が急変する箇所で生じる可能性が高い．そこで，以下の3段階で要素再分割指標の値の乱れを補正する．

① 各要素位置の節点密度分布から推測される体積と，各要素の実際の体積を比較し，補正する．
② 周囲に比べ大きすぎる/小さすぎる要素再分割指標について，要素隣接関係を用いて補正する．
③ 節点密度分布を近似する直交差分格子の格子点ごとに隣接格子点での値を用いてスムージングを行う．

d．実行結果と考察

このアダプティブ手法の実用性を検証するため，図2.60に示す複雑形状内の熱伝導問題に適用した．後方左側の突起上部に0度，前方右側の突起上部に100度の温度境界条件を設定し，四面体一次要素を用いて解析した．2回目の解析で目標誤差10％を下回る

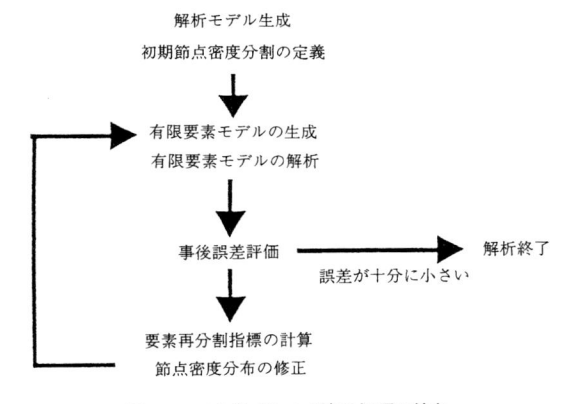

図2.59 アダプティブ法の処理の流れ

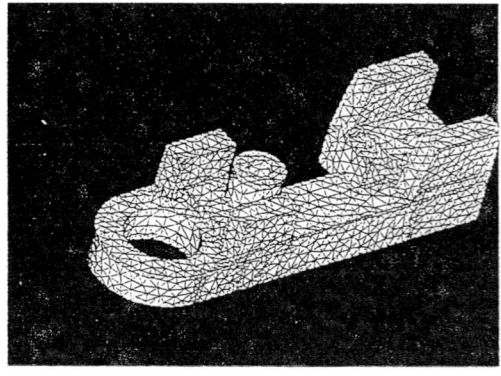

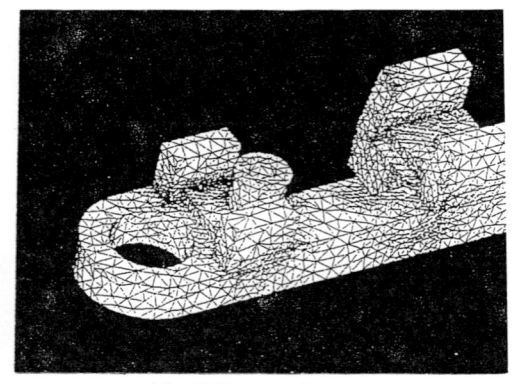

(a) 初期メッシュ　　　　　　　　　　　　　(b) 最終ステップでのメッシュ

図 2.60　三次元熱伝導問題における初期要素分割と適応要素分割

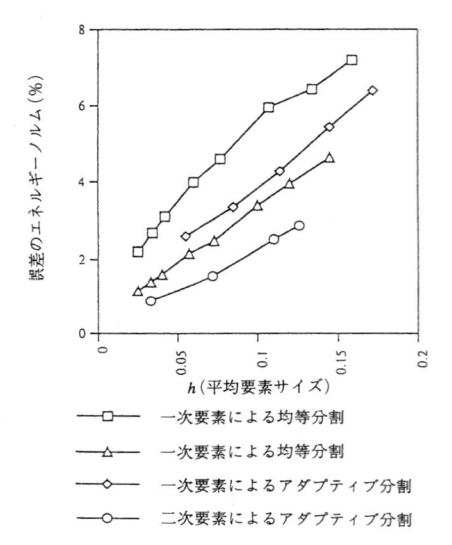

図 2.61　誤差の収束の様子

- □ 一次要素による均等分割
- △ 一次要素による均等分割
- ◇ 一次要素によるアダプティブ分割
- ○ 二次要素によるアダプティブ分割

9.1％に達したので終了した．このとき，節点数は 12,798，要素数は 68,078 となった．図 2.60(a)，(b) はそれぞれ初期要素分割と最終要素分割である．

また，これより少し簡単な形状に対して，一次要素および二次要素を用いて得られた誤差と平均要素サイズの関係を図 2.61 に示す．どちらの要素を用いた場合もアダプティブ解析により自由度を 1/3〜1/4 程度削減できることが示されている．

2.2.8　プレ処理の自動化と熟練過程

究極のプレ処理は解析対象形状と境界条件が与えられたときに，"ボタン一つの操作"で最適化された有限要素モデルを自動的に作成し，高精度の解析を行うことである．この場合，解析者は要素分割を一切意識する必要がなくなる．2.2.7 項で述べた事後誤差評価と要素再分割に基づくアダプティブ法は，そのような自動化を目指した研究といえる．この研究の行き着くところは，CAE の完全ブラックボックス化である．ブラックボックス化はだれにでも利用できるようにする点で魅力的である．しかしながら，なぜそのような結果が得られたのかについて考察する手掛かりがないために，ユーザーの現象理解能力や計算結果の真偽を判定する能力を向上させるうえでは役に立たない．すなわち，いつまでたってもユーザーは初心者のままである．このような能力を失ったユーザーがシステムの適用範囲を越える問題に遭遇すると，そのことを認識することさえできず，一切対処することもできない．

一方，現在の研究状況を眺めてみると，事後誤差評価が可能な問題には限りがあり，とくに実用的な複雑な対象の解析においては，ブラックボックス的に解析を行うことは不可能といってよい．むしろ解析の良否は，今後もしばらくの間は解析者の熟練度に大きく依存することになろう．多くの場合それはモデリング，なかでも要素分割の熟練度に依存する．したがって，2.2.6 項で述べたように要素分割に関する先験的知識を積極的に利用できる自動要素分割システムが，現実問題においてとくに効力を発揮する．

2.2.6 項で述べたシステムが唯一ユーザーに要求するのは，応力解析であれば，どこに応力集中部が存在しそうかという判断である．これは CAE の問題というよりも，力学現象の把握力の問題である．実際，解析の熟練者は，多くの事例の解析を通して力学現象の把握力を身につけている．問題は，そのようにして身につけた能力を文書や言葉を通じてほかの人間に伝え

ることがなかなか困難であるという点である．結局，CAEの現場では，初心者からスタートし，解析経験を積んで熟練者になっても，その人が配置転換などでいなくなると，その熟練知識も消え，初心者は全く同じ過程を繰り返すことになる．ここでは，そうした現実問題の解決のための一つのアプローチとして，応力集中部の判定を支援するシステム[78]について述べる．

a．支援の目的

2.2.6項で述べたあいまい知識処理手法と計算幾何学手法に基づく自動要素分割手法を使いこなすことは，解析の熟練者にとってはきわめて簡単なことである．しかし，初心者にとっては，依然として"解析対象の中から，応力集中の予想されそうな場所を予測する"という作業が障害となる．

応力集中箇所は，解析対象の形状によってある程度予測できるものの，実際にはそこがすべて工学的に意味のある応力集中箇所となるわけではなく，付与されている境界条件に大きく依存する．いわゆる誤差評価理論の研究や事後誤差評価に基づくアダプティブ法の研究は，そもそも"応力集中や誤差が累積しやすい箇所の推測は不可能である"という前提のもとに研究が進められているきらいがある．しかし，現実には，解析に熟練した人であれば，変形挙動あるいは力の流れを定性的に推論することによって応力集中部や応力勾配が大きくなる場所をある程度正確に予測できる．そこで，先験的知識を使用する自動要素分割手法の補助システムとして解析事例データベースを用いて解析の初心者の応力集中部判定能力の向上を図る手法が考えられる．

b．基本的な考え方

応力集中部の判定作業を支援するには，一つの方法として，IF・THENルールに基づくエキスパートシステムを構築することが考えられる．しかし，この種の知識は比較的浅く，あいまいであることから，ルールベース型のエキスパートシステムにはなかなか適さない[79]．別の方法としては，形状認識のための一手法として研究が進められているCBR（Coded Boundary Representation）[80]を用いることが考えられる．しかしCBRでは領域そのものに関する情報が欠落するために，連続体領域中に発生する応力集中部の判定に利用することはむずかしい．また，解析対象を等間隔の格子に分割し，格子点どうしの衝突プロセスを記号化し，定性的に解を求める試みなどもなされている[81]

が，有限要素法の要素分割作業のプレ処理としては負荷が大きすぎる．

そこで，ここでは，応力集中部や応力勾配が高くなる領域を含むいくつかの典型的な解析事例を次の二つの形式でデータベースとして蓄積することを考える．

① 詳細な解析結果（応力集中箇所や力の流れが定量的にわかるように相当応力分布や主応力分布を表示したもの）

② その解析において，なぜ応力集中が生じるのかについての定性的な説明

解析の初心者は，実際の有限要素法解析に携わる前に，本補助システムを利用することにより，応力集中などが生じる代表的な解析事例に触れることができ，同時に応力集中部判定のための定性的な推論技術を学習できる．これは解析経験の蓄積プロセスの高速化といいかえることもできる．

c．処理の流れ

本システムの処理の流れは次に示すとおりである．

① ユーザーが画面上に表示される複数の解析形状から一つを選ぶと，次にその解析形状に対してシステムに登録されているさまざまな境界条件が提示されるので，その中から好きなものを一つ選ぶ．

② 解析対象（形状＋境界条件）が選択されると，その詳細モデルを表示し，それに対する詳細解析結果（相当応力分布や主応力分布）が提示される．

③ 詳細解析結果は，特定された問題に対しては正確な情報を示すものの，そのままでは応力集中部判定能力の育成には役立たない．そこで，なぜ応力集中部などがそこに存在するのかに関する定性的な説明を提示する．

その基本的な考え方は次のとおりである．

③-1 解析対象について，細かな形状を省略し抽象化して，材料力学の基礎知識に基づき推論される主変形モードを推論理由とともに提示する．

③-2 次に，特徴形状を有する部分領域を取り出し，その変形モード（副変形モード）を同時に提示する．

③-3 以上の主変形モード，副変形モードをもとに応力集中箇所や応力勾配が大きくなる場所を説明する．なお，定量的な応力集中度についても，形状や力学条件との関連において可能な限り説明す

d．データ事例

基本的な応力集中部は，均質材料においては円孔，ノッチ，フィレットの3種類であり，非均質材料では，さらに異材界面の自由境界端面や溶接部などが加わる．また，過大な曲げ変形を受けるはりのように形状的には滑らかであっても，局所的に応力勾配が大きくなる場合もある．これらが単体で存在する問題では，そこに応力集中が生じるかどうかについて判断を誤ることはほとんどないが，それらが組み合わさると，しだいに困難となる．

たとえば，図2.62の場合，点Aはコーナ部であり形状的には応力集中可能箇所ではあるが，この境界条件では有意な応力集中は生じない．これは，図2.63のようにはりで近似して，主変形モードを推定することにより定性的に説明できる．また，E点付近は滑らかであるが，図2.64のように部分領域の変形モードを推定すると，圧縮応力勾配がやや高くなることが予想される．

本システムでは，応力集中部が単独に存在するもの

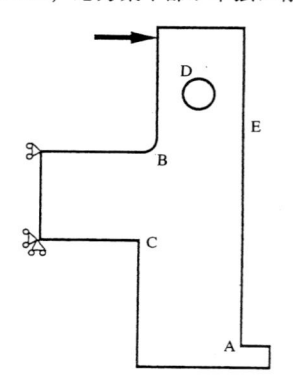

図2.62 複数の応力集中部を有する解析対象の例

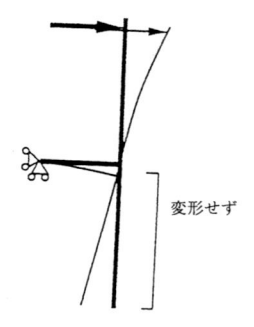

図2.63 解析対象の主変形モード

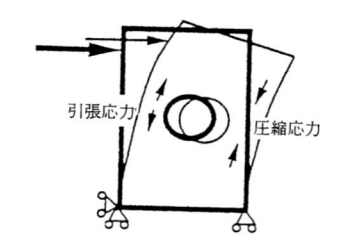

図2.64 解析対象の一部の変形モード

から混在するものまで10～20種類の形状データを用意し，それぞれについて，引張荷重，曲げ荷重，せん断荷重，強制変位などを組み合わせた5～10種類程度の境界条件を用意し，合計50～200程度の解析データを蓄積することとする．

お わ り に

本章ではモデリングとプリプロセッシングの基礎技術と最新動向を述べてきた．モデリングではワイヤフレームモデル，サーフェスモデル，ソリッドモデルの基礎技術とその適用状況を，プリプロセッシングでは構造格子と非構造格子の要素分割と格子生成の自動化の各種取組み内容を紹介している．

モデリングとプリプロセッシング双方における最新の動向について多少補足する．自動車開発における形状モデルは自由曲面を用いた位相つき形状モデルに移行している．この形状モデルは幾何と位相や幾何要素間の関係において矛盾を含み，形状構築の過程で非線形演算が伴うため，システムの頑健性を確保することがむずかしい．この点を改善する形状モデルとして多面体モデルや空間を微小な領域に細分化し，その集合体として表現する方式もあるが，この方式の実現には高速なCPUや膨大なメモリを有するコンピュータハードウェアが必要であり，今後のコンピュータハードウェアの進歩が待たれるところである．また，現状の形状モデラは設計変更などによる形状変更に対する柔軟性がまだ十分とはいえない．最近この課題に対してパラメトリックモデリングやフィーチャーモデリングが注目されているが，この手法は変更の前後で形状モデルの位相が変化すると十分対応できないほか，変更したい部分が明らかであってもどこのパラメータを変更すれば意図した形状に変更できるかわかりやすいユーザーインタフェースの開発など，まだ多くの解決しなければならない課題が残されている．

要素分割，格子生成の自動化においては，最近，任

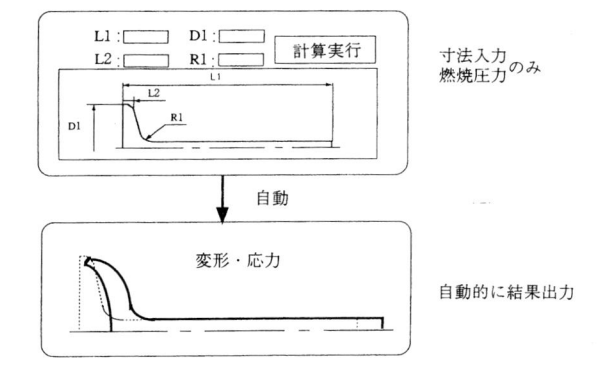

図 2.65 自動設計の例

意の三次元形状を自動的に六面体分割できるシステムも登場したが，処理時間や要素の質の向上，完全性という点で開発課題が残されており，実現に向けて，いっそうの進展が望まれている．

一方，このような要素分割技術の研究開発の流れに対して，最近，節点―要素のコネクティビティを必要としない計算力学手法の開発がいくつかスタートした．グリッドレス法，メッシュレス法や EFGM (Element Free Galerkin Method) と呼ばれる手法[82〜85]が研究され始めている．この手法は数値積分の際に背景格子が必要であったり，最小2乗法を適用する範囲の指定が必要であるほか，解析精度の検証も一つ一つ確認しなければならないなど，実用に至るまでには多くの開発項目が残されている．

このような個々の領域における研究に対して，双方を一体としてとらえた試み CAD データをうまく活用して解析用モデルに流用することで解析シミュレーションに要するトータル時間の短縮化を目標としたコンピュータソフトウェアの開発や図 2.65 に示されるように四面体要素が完全に自動的に分割できる特徴を利用して，設計的な条件を与えるだけで自動的に解析シミュレーションを行ってしまうコンピュータソフトウェアを構築することも始められている．

このようなモデリング，プリプロセッシング個々の技術開発や双方を一体化した試みが，早く実用化または進歩することで，本章の初めに述べたようなモデリングとプリプロセッシングの課題が解決されることを期待したい．

［稲荷泰明・長田一夫・吉村　忍・藤谷克郎］

参 考 文 献

1) 矢川元基ほか：あいまい知識処理手法に基づくシェル構造物の自動要素分割システムの開発，自動車技術会学術講演会前刷集，No.912, p.217-220 (1991)
2) 後藤輝正：失敗しない CAE 導入法と技術者育成，型技術，Vol.6, No.7, p.37-40 (1991)
3) 瀬山士郎：トポロジー：柔らかい幾何学，日本評論社 (1991)
4) P. Bezier：Numerical Control：Mathematics and Applications, London, John Wiley & Sons (1972)
5) W. J. Gordon, et al.：B-spline curve and surface, Computer Aided Geometric Design, New York, Academic Press, p.95-126 (1974)
6) L. Piegl, et al.：Curve and surface construction using rational B-splines, Computer-aided design, Vol.19, No.9, p.485-498 (1987)
7) 越川和忠：Topology/Shape Model：実現へ向けて第一歩を踏み出した CAD データ交換国際規格 STEP, 日本コンピュータ・グラフィックス協会, p.39-63 (1989)
8) 近藤幹夫ほか：データ一元化方式による車体開発及び型治工具準備システム，日産技報, No.16, p.194-200 (1980)
9) 東　正毅ほか：外形スタイル CAD システムの開発，トヨタ技術, Vol.33, No.2, p.83-91 (1983)
10) 笠井則義ほか：スタイル CAD システム (STYLO) の開発，日産技報, No.29, p.139-145 (1991)
11) 中村　康ほか：設計電算化システム CAD-II, 日産技報, No.14, p.175-187 (1979)
12) 蔵永泰彦ほか：対話型ボデー設計援助システムの開発，トヨタ技術, Vol.31, No.1, p.84-94 (1983)
13) 長谷川栄ほか：新モデリングシステム "SPURT" の開発，日産技報, No.30, p.113-119 (1991)
14) 沢田晃二：プレス金型の工程計画のための CAD/CAE システム，日産技報, No.31, p.39-43 (1979)
15) 平松辰夫ほか：プレス成形途中の伸びと材料移動の CAD 評価，トヨタ技術, Vol.36, No.2, p.16-26 (1986)
16) 近藤幹夫ほか：αCAD-II のプレス金型への適用，型技術，Vol.8, No.9, p.20-25 (1993)
17) 池田秀樹ほか：プレス金型複合自由曲面 NC 加工システム開発，トヨタ技術, Vol.38, No.1, p.64-75 (1988)
18) A. A. G. Requicha：Representation for Rigid Solid：Theory, method and system, ACM Computing Surveys, Vol.12, No.4, p.437-464 (1980)
19) C. L. Jackins, et al.：Oct-trees and their use in representing three dimensional object, Computer Graphics and Image Processing, Vol.4, p.143-150 (1980)
20) 沖野教郎：自動設計の方法論，養賢堂 (1982)
21) H. B. Voelcker, et al.：Geometric modelling of mechanical parts and processes, IEEE Computer, Vol.10, No.12, p.48-57 (1977)
22) M. Mantyla：An Introduction to Solid Modeling, Maryland, Computer Science Press, p.29-57 (1988)
23) I. C. Braid, et al.：Computer-Aided Design of Mechanical Components with Volume Building Blocks, In Proceedings of PROLAMAT '73 (1973)
24) B. G. Baumgart：A Polyhedron Representation for Computer Vision, In National Computer Conference, In AFIPS Proceedings, p.589-596 (1975)
25) I. C. Braid, et al.：Stepwise construction of polyhedra in

geometric modeling. Mathematical Methods in Computer Graphics and Design, New York, Academic Press, p.123-141 (1980)
26) M. Mantyla : An Introduction to Solid Modeling, Maryland, Computer Science Press, p.139-160 (1988)
27) 鈴木建彦ほか：鋳鍛造金型用「曲面立体共存モデラ」の開発と実用化，日産技報, No.26, p.205-213 (1989)
28) R. Tsuboi, et al. : Proceedings of the 3rd International Conference on Numerical Grid Generation in C.F.D. and related Fields (1991)
29) J. F. Tompson, et al. : Numerical Grid Generation : Foundations and Applications, North-Holland (1985)
30) 中橋和博ほか：格子形成法とコンピュータグラフィックス，数値流体力学シリーズ第6巻，数値流体力学編集委員会編，東京大学出版会 (1987)
31) J. P. Steinbrenner, et al. : Multiple Block Grid Generation in the Interactive Environment, AIAA paper, No.90-1602 (1990)
32) P. G. Buning, et al. : Numerical simulation of the integrated space shuttle vehicle in ascent, AIAA paper, No.88-4359-CP (1988)
33) K. Sawada, et al. : A Numerical Investigation on Wing/Nacelle Interfaces of USB Configuration, AIAA paper, No.87-0455 (1987)
34) K. Fujitani, et al. : A CAD Data Oriented Grid Generation System and its Application to Automotive Aerodynamics, Proceedings of the 3rd International Conference on Numerical Grid Generation in C.F.D. and related Fields (1991)
35) 佐藤和浩ほか：エンジン房内流れの解析，自動車技術会学術講演会前刷集, No.956, p.121-124 (1995)
36) 藤谷克郎：複雑形状と計算格子，機械の研究, Vol.45, No.1, p.122-125 (1993)
37) 吉岡 顕ほか：大規模・超高速計算力学のためのネットワーク・コンピューティング手法の開発，日本機械学会論文集（A編），Vol.57, p.1964-1972 (1991)
38) G. Yagawa, et al. : A Parallel Finite Element Method with Supercomputer Network, Computers and Structures, Vol.47, p.407-418 (1993)
39) 矢川元基ほか：データ分散管理型超並列有限要素法，シミュレーション，Vol.14, p.232-239 (1995)
40) G. Yagawa, et al. : Parallel Finite Elements on a Massively Parallel Computer with Domain Decomposition, Computing Systems in Engineering, Vol.4, p.495-503 (1993)
41) 矢川元基ほか：あいまい知識処理手法による自動要素分割システムの開発，日本機械学会論文集（A編），Vol.56, p.2593-2600 (1990)
42) G. Yagawa, et al. : Automatic Two- and Three-Dimensional Mesh Generation Based on Fuzzy Knowledge Processing, Computational Mechanics, Vol.9, p.333-346 (1992)
43) 矢川元基ほか：あいまい知識処理手法と計算幾何学に基づく大規模自動要素分割法：二次元平面，三次元ソリッドおよび三次元シェルへの応用，日本機械学会論文集（A編），Vol.58, p.1245-1253 (1992)
44) G. Yagawa, et al. : Automatic Mesh Generation of Complex Geometries Based on Fuzzy Knowledge Processing and Computational Geometry, Integrated Computer-Aided Engineering, Vol.2, p.265-280 (1995)
45) 矢川元基ほか：あいまい知識処理手法と計算幾何学に基づく大規模自動要素分割法：三次元アダプティブ解析に関して，日本機械学会論文集（A編），Vol.61, p.652-659 (1995)
46) 矢敷達朗ほか：非圧縮性粘性流れのアダプティブ有限要素法：事後誤差評価と節点分布密度制御に基づく方法，日本原子力学会誌, Vol.37, p.228-237 (1995)
47) HEXAR1.0概要説明，日本クレイ (1994)
48) Y. C. Liu, et al. : Assessment of Discretized Errors and Adaptive Refinement with Quadrilateral Finite Elements, International Journal for Numerical Methods in Engineering, Vol.33, p.781-798 (1992)
49) S. Yoshimura, et al. : Finite Element Analysis of Three-Dimensional Fully Plastic Solutions Using Quasi-Nonsteady Algorithm and Tetrahedral Elements, Computational Mechanics, Vol.14, p.128-139 (1994)
50) 吉村 忍ほか：3次元き裂の応力拡大係数解析の自動化，日本機械学会論文集（A編），Vol.61, p.1580-1586 (1995)
51) S. Yoshimura, et al. : Automated System for Analyzing Stress Intensity Factors of Three Dimensional Cracks : Its Application to Analyses of Two Dissimilar Semi-Elliptical Surface Cracks in Plate, Trans. ASME, Journal of Pressure Vessel Technology, Vol.119, p.18-26 (1996)
52) M. A. Yerry, et al. : Automatic Three-Dimensional Mesh Generation by the Modified-Octtree Technique, International Journal for Numerical Methods in Engineering, Vol.20, p.1965-1990 (1984)
53) W. J. Schroeder, et al. : A Combined Octtree/Delaunay Method for Fully Automatic 3-D Mesh Generation, International Journal for Numerical Methods in Engineering, Vol.29, p.37-55 (1990)
54) S. H. Lo : A New Mesh Generation Scheme for Arbitrary Planar Domains, International Journal for Numerical Methods in Engineering, Vol.21, p.1403-1426 (1985)
55) A. Bowyer : Computing Dirichlet Tessellations, The Computer Journal, Vol.24, p.162-166 (1981)
56) D. F. Watson : Computing the n-Dimensional Delaunay Tessellation with Application to Voronoi Polytopes, The Computer Journal, Vol.24, p.167-172 (1981)
57) R. Sibson : Locally Equiangular Triangulations, The Computer Journal, Vol.21, p.243-245 (1987)
58) 谷口健男：FEMのための要素自動分割，森北出版 (1992)
59) J. C. Cavendish : Automatic Triangulation of Arbitrary Planar Domains for the Finite Element Method, International Journal for Numerical Methods in Engineering, Vol.8, p.679-696 (1974)
60) W. H. Frey : Selective Refinement : A New Strategy for Automatic Node Placement in Graded Triangular Meshes, International Journal for Numerical Methods in Engineering, Vol.24, p.2183-2200 (1987)
61) S. H. Lo : Automatic Mesh Generation and Adaptation by Using Contours, International Journal for Numerical Methods in Engineering, Vol.31, p.689-707 (1991)
62) I. Imafuku, et al. : Generalized Automatic Mesh Generation Scheme for Finite Element Method, International Journal for Numerical Methods in Engineering, Vol.15, p.713-731 (1980)
63) O. C. Zienkiewicz, et al. : An Automatic Mesh Generation Scheme for Plane and Curved Surfaces by Isoparametric Co-ordinates, International Journal for Numerical Methods in Engineering, Vol.3, p.519-528 (1971)
64) R. Haber, et al. : A General Two-Dimensional, Graphical Finite Element Preprocessor Utilizing Discrete Transfinite Mappings, International Journal for Numerical Methods in Engineering, Vol.17, p.1015-1044 (1981)

65) 千代倉弘明：ソリッドモデリング，工業調査会 (1985)
66) H. Chiyokura：Solid Modeling with DESIGNBASE：Theory and Implementation, Addison-Wesley (1988)
67) L. A. Zadeh：Fuzzy Algorithms, Information and Control, Vol.12, p.94-102 (1968)
68) L. A. Zadeh：Outline of a New Approach to the Analysis of Complex Systems and Decision Process, IEEE Transactions on Systems, Man and Cybernetics, SMC-3, p.28-44 (1973)
69) 浅野哲夫：計算幾何学，朝倉書店 (1990)
70) 大坪英臣：有限要素法における事後誤差評価とアダプティブメッシュ，応用数理，Vol.2, p.249-263 (1992)
71) O. C. Zienkiewicz, et al.：A Simple Error Estimator and Adaptive Procedure for Practical Engineering Analysis, International Journal for Numerical Methods in Engineering, Vol.24, p.337-357 (1987)
72) O. C. Zienkiewicz, et al.：Error Estimation and Adaptivity in Flow Formulation for Forming Problems, International Journal for Numerical Methods in Engineering, Vol.25, p.23-42 (1988)
73) O. C. Zienkiewicz, et al.：Effective and Practical h-p-Version Adaptive Analysis Procedures for the Finite Element Method, International Journal for Numerical Methods in Engineering, Vol.28, p.879-891 (1989)
74) O. C. Zienkiewicz, et al.：Adaptivity and Mesh Generation, International Journal for Numerical Methods in Engineering, Vol.32, p.783-810 (1991)
75) H. Ohtsubo, et al.：Element by Element a Posteriori Error Estimation and Improvement of Stress Solutions for Two-dimensional Elastic Problems, International Journal for Numerical Methods in Engineering, Vol.29, p.223-244 (1990)
76) J. T. Oden, et al.：Toward a Universal h-p Adaptive Finite Element Strategy, Part 2, A Posteriori Error Estimation, Computer Methods in Applied Mechanics and Engineering, Vol.77, p.113-180 (1989)
77) I. Babuska, et al.：Error Estimations for Adaptive Finite Element Computations, SIAM Journal of Numerical Analysis, Vol.15, p.736-753 (1978)
78) 矢川元基ほか：有限要素法へのニューロ・ファジィの応用，シミュレーション，Vol.13, p.34-46 (1994)
79) 吉村 忍ほか：FEM モデリングへの AI 応用，日本機械学会講演論文集，No.900-14A, p.472-474 (1990)
80) 福田収一：信頼性設計エキスパートシステム（形態の処理とその応用），丸善 (1991)
81) 村松寿晴：熱流動解析コードの運用効率化，ファジィ推論（矢川元基（編）），培風館，p.53-104 (1991)
82) B. Nayroles, et al.：Generating the Finite Element Method：Diffuse Approximation and Diffuse Elements, Computational Mechanics, Vol.10, p.307-318 (1992)
83) T. Belytschko, et al.：Element-Free Galerkin Methods, International Journal for Numerical Methods in Engineering, Vol.37, p.339-356 (1994)
84) 森西晃嗣：グリッドレス法による高レイノルズ流れの数値計算の検討，第7回数値流体力学シンポジウム講演論文集，p.511-514 (1993)
85) 奥田洋司ほか：エレメントフリーガラーキン法に関する基礎的検討（第1報，常微分方程式への適用），日本機械学会論文集（A編），Vol.61, p.2302-2308 (1995)
86) 矢川元基ほか：Free Mesh 法（一種の Meshless 法）の精度について，第19回構造工学における数値解析法シンポジウム講演論文集，p.315-320 (1995.7)

3

有 限 要 素 法

　本章では，解析技術の中でも最も汎用性が高く最もよく利用されている有限要素法（FEM）について述べる．連続体力学は，一般的に偏微分方程式と境界条件，初期条件によって記述される．差分法（FDM）においては，解析空間および時間方向を有限の寸法の格子に分割し，格子点で定義される変数を用いて，これらの式の中に現れる微分演算を直接差分で近似する．これに対して，FEMや境界要素法（BEM）では，これらの式に等価な積分方程式を導出し，解析領域内あるいは領域境界面を小さな多面体あるいは多角形に分割し，その節点で定義される変数を用いて積分方程式を近似的に評価する．

　FEMが初めて工学上の問題に用いられたのは，1950年代のアメリカの航空機械設計技術者たちによってである．その後，FEMが，変分法の近似解法，すなわちリッツ（Ritz）法の考え方と結合されるに至ってFEMの固体力学・構造力学への応用が大きな飛躍を遂げた．1960年代の後半からはさらに，重み付き残差法を基本とする近似解法，すなわちガラーキン（Galerkin）法を代表とする近似解法と結合されたことにより，その適用範囲は大きな広がりをみせ，電磁気学のマクスウェルの方程式，汎関数が存在しない流体力学の代表的な支配方程式であるナビエ-ストークス方程式へもFEMが適用されるようになった．そこで，本章ではこれらに共通するFEMの基礎理論をまず述べ，次にこれらの性能に固有の，FEMを使った解析技術と解析適用事例について述べる．その際，性能解析と同じFEMが使用される，板成形やフロントバンパ外観不良対策など，製造にかかわる解析事例も述べる．

3.1 有限要素法基礎

3.1.1 試験関数を用いる近似解法

　場の問題の近似解法として，まず試験関数（試行関数ともいう）を用いる方法について述べる．いま，簡単のために一つの独立関数$u(x_i)$を未知数とする場の問題を考えよう．

　領域vと境界sに対する支配方程式はともに，

$$P(u) = Q(u) \tag{3.1}$$

の形で書ける．ここに，P, Qはuの関数である．式(3.1)を満足するような解$u(x_i)$を求めることを考える．ここで，uが次のような関数列u_Mで近似的に表されるものとする．

$$u_M = \sum_{r=1}^{M} a_r \phi_r \tag{3.2}$$

ここに，ϕ_r：領域v内や境界s上で定義される互いに独立なx_iの関数であり，a_r：未知定数である．

　必要があれば，式(3.2)にϕ_0という定数項を加えることもできる．これから述べる近似解法は，結局のところ未知定数a_rを求めることに帰着される．

a．重み付き残差法

　重み付き残差法においては，近似解u_Mに対して

$$R = P(u_M) - Q(u_M) \tag{3.3}$$

で定義される残差Rが，$f(R)$を何か適当なRの関数として，

$$\int_v wf(R)dv = 0 \quad \text{あるいは} \quad \int_s wf(R)ds = 0 \tag{3.4}$$

を満足するような条件を考える．ここで$w(x_i)$は重み関数と呼ばれる．式(3.3)によって表現される式としては場の方程式，境界条件式の2種類がある．ここで，積分は方程式の種類によって内部領域vあるいは境界上sで計算される．式(3.4)に式(3.2)および(3.3)を代入し，得られた式を未知定数a_rについ

て解くことにより近似解 u_M が決定される．

重み関数の選び方によって，選点法，部分領域法，直交法，ガラーキン法，最小2乗法など種々の方法がある．このうち，とくに試験関数式（3.2）の基底関数 ϕ_r を重み関数として用いるガラーキン法がFEMにおいてはよく用いられる．

b．変分原理直接法

多くの物理学上の問題においては支配方程式に等価な汎関数 $I(u)$ が存在し，厳密解 $u(x_i)$ が $I(u)$ を極値にすることが知られている．そこで，試験関数式（3.2）を $I(u)$ に代入し，それが未知定数 a_r に関して極値になるようにすれば，a_r に関する方程式が得られ，これを解くことにより a_r が求まり，近似関数 u_M が決定される．

以上のように，重み付き残差法や変分原理直接法を用いると，もとの微分方程式や偏微分方程式が試験関数に含まれる未知定数 a_r に関する連立の代数方程式に変換される．このような変換を一般に離散化と呼ぶ．

3.1.2 ポアソン方程式への応用

本項においては，ポテンシャル流れや熱伝導問題，静電場，静磁場問題の基本的な方程式であるポアソン方程式を例として，FEMについて解説する．変分原理直接法の一種であるリッツ法および重み付き残差法の一種であるガラーキン法に基づく定式化について述べる．

a．ポアソン方程式の境界値問題

図3.1のような領域 v で次のような境界値問題を考える．

場の方程式：$\kappa\left(\dfrac{\partial^2 u}{\partial x^2}+\dfrac{\partial^2 u}{\partial y^2}\right)+Q=0$ 内において

(3.5a)

基本境界条件：$u=u_0$, s 上において (3.5b)

この境界値問題は次の変分問題と等価であることは容易に確かめられる．

汎関数：$I(u)=\displaystyle\int_v\left[\dfrac{1}{2}\kappa\left\{\left(\dfrac{\partial u}{\partial x}\right)^2+\left(\dfrac{\partial u}{\partial y}\right)^2\right\}-Qu\right]dv$

(3.6a)

を，

基本境界条件：$u=u_0$, s 上において (3.6b)

のもとに最小にせよ．

ここでは，式（3.5）あるいは式（3.6）を有限要素法により解くことを考えよう．

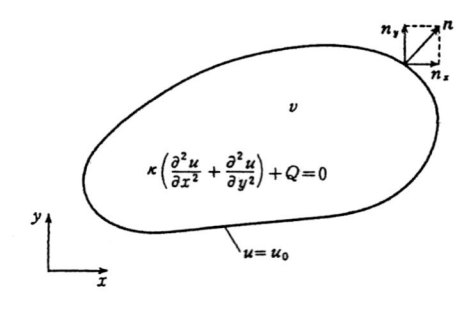

図3.1 二次元領域と支配方程式

b．要素分割と内挿関数

上述の問題はこれまで述べてきたように，原理的には，試行関数を適当に定義して，重み付き残差法や変分原理直接法を適用することにより解くことができる．しかし，一般の問題においては，解析領域全体を良好に近似できる試行関数を，適当な多項式で設定することはむずかしい．そこで解析領域を要素と呼ばれる小領域に分割し，各小領域内で適当な試行関数を定義することを考える．

説明のために，図3.2に示されるような一次元領域が解析対象であるとする場合に，与えられた解析領域を有限個の部分領域に分割することを考える．この部分領域を要素と呼ぶ．要素の分割においては要素と要素が重なり合ったり要素間に隙間ができたりしないようにする．分割した要素に対しては順番に番号をつける．これを要素番号と呼ぶ．要素と要素の接する点を節点と呼ぶ．図3.2の場合には，各要素の両端に節点が配置される．節点に対しても順番に番号をつけ，これを節点番号と呼ぶ．また，要素ごとに節点番号をつけ，これを要素節点番号と呼ぶ．

FEMでは，e 番目の要素の各節点に未知数 U_i^e ($i=1,2$) を対応させ，これを用いて要素内部の未知量 U^e

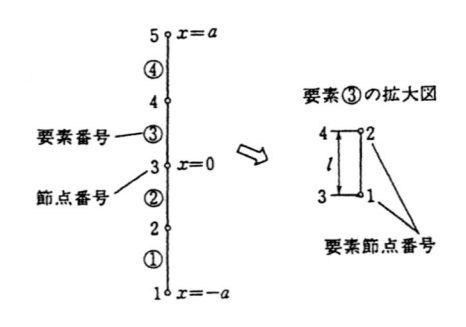

図3.2 一次元問題の要素分割

(x) を内挿することを考える．2 節点要素の内挿式は一般には次のように書くことができる．

$$U^e(x) = N_1(x)U_1^e + N_2(x)U_2^e \qquad (3.7)$$

ここに，$N_1(x)$，$N_2(x)$：内挿関数あるいは形状関数と呼ばれる．

内挿関数は一般に対応する節点において 1 をとり，それ以外の節点で 0 をとる性質を有する．また，

$$N_1(x) + N_2(x) = 1 \qquad (3.8)$$

の性質をもつ．

式 (3.7) は，要素内で定義される未知関数 $U^e(x)$ の試行関数となっており，節点値 U_1^e，U_2^e が決定すべき未知定数となる．

二次元解析領域の要素分割の形状としては三角形，四角形などが考えられる．領域 v を三角形要素に分割する様子を図 3.3 に示す．この分割の際にもやはり要素の間に隙間ができたり，要素どうしが重なり合ったりしないようにすることが必要である．3 節点三角形要素の場合の内挿も式 (3.7) と同様に次式で定義される．

$$U^e(x,y) = N_1(x,y)U_1^e + N_2(x,y)U_2^e \\ + N_3(x,y)U_3^e \qquad (3.9)$$

ここで，$N_i(x,y)$ は次の性質を満足する．

$$\sum_{i=1}^{3} N_i(x,y) = 1 \qquad (3.10)$$

$$N_i(x_j, y_j) = \delta_{ij} \quad (i,j = 1 \sim 3) \qquad (3.11)$$

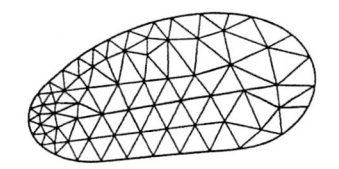

図 3.3　二次元問題の要素分割

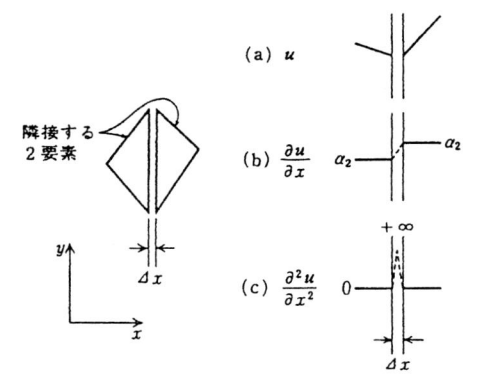

図 3.4　要素間の関数の連続性

式 (3.11) の δ_{ij} はクロネッカー（Kronecker）のデルタ記号を表し，$i = j$ のとき 1，$i \neq j$ のとき 0 となる．

c．リッツ法に基づく有限要素法

式 (3.9) の内挿関数を用いて，式 (3.6) の汎関数を評価してみる．

解析領域全体の積分量である汎関数を要素上の積分量の和で表す．すなわち，

$$I(u) = \sum_{e=1}^{m} I^e(u) \qquad (3.12)$$

と定義する．ここで m は全要素の数を示し，$I^e(u)$ は式 (3.6) に基づいて次式で定義される．

$$I^e(u) = \int_{v^e} \left[\frac{1}{2}\kappa \left\{ \left(\frac{\partial u}{\partial x}\right)^2 + \left(\frac{\partial u}{\partial y}\right)^2 \right\} - Qu \right] dv \qquad (3.13)$$

上式において積分は各要素領域 v^e で実行されることに注意する．

ここで問題となるのは，未知数 $u(x,y)$ の要素間における連続性の問題である．まず，線形の内挿関数 N_i ($i = 1 \sim 3$) を用いた場合には，式 (3.9) で与えられる近似関数 u は隣接する要素間での連続条件を自動的に満足している．これはどの辺に沿っても関数 u が直線的に変化するので，三角形の頂点（隣接する要素の共通節点になる）においてその値が一致すれば要素に沿って同じ関数値を与えるからである．

次に，関数 u の微分の連続性について考えよう．まず，式 (3.9) で与えられる関数 u を x で 1 回偏微分すると要素境界で不連続性が生ずる（図 3.4 (b) 参照）．しかしなから，その値は有限値にとどまる．図 3.4 のように Δx だけの微小幅を要素間に考え，その間の積分量の極限値（$\Delta x \to 0$）を考える場合には，u，$\partial u/\partial x$，$\partial u/\partial y$ しか含まない汎関数では要素境界からの汎関数 $I(u)$ への寄与はない．

これに対して汎関数が 2 階微分を含む場合には図 3.4 (c) に示すように 2 階微分が無限大になり，要素間の積分値は（無限大×0）となって，境界から汎関数値 $I(u)$ に不定の寄与が加えられる可能性が生じる．このような場合には，未知関数 u の内挿関数 N_i に関数 u のみの連続性をもたせても式 (3.12) は一般に成立しない．

ここで対象とする問題では，汎関数内に含まれる関数の微分階数がたかだか一次なので，要素間において関数 u の連続性をもたせるのみで十分である．

さて，式 (3.13) に式 (3.9) を代入して $I^e(u)$ を

計算する．すなわち，

$$I^e = \int_{v^e} \left[\frac{1}{2}\kappa\left\{\left(\frac{\partial U^e}{\partial x}\right)^2 + \left(\frac{\partial U^e}{\partial y}\right)^2\right\} - QU^e\right] dv$$

$$= \int_{v^e} \left[\frac{1}{2}\kappa\left\{\left(\frac{\partial N_1}{\partial x}U_1^e + \frac{\partial N_2}{\partial x}U_2^e + \frac{\partial N_3}{\partial x}U_3^e\right)^2 \right.\right.$$

$$\left.\left. + \left(\frac{\partial N_1}{\partial y}U_1^e + \frac{\partial N_2}{\partial y}U_2^e + \frac{\partial N_3}{\partial y}U_3^e\right)^2\right\}\right.$$

$$\left. - Q(N_1 U_1^e + N_2 U_2^e + N_3 U_3^e)\right] dv \quad (3.14)$$

ここで，式 (3.14) においては，e 番目の要素に関する積分値 $I^e(u)$ に対しては要素 e に属する節点値 U_i^e ($i=1\sim3$) のみが関与することに注意されたい．

上式を節点量 U_i^e に関して偏微分をとりマトリックス表示すると，次式を得る．

$$\left\{\frac{\partial I^e}{\partial U^e}\right\} = [k]\{U^e\} - \{f\} \quad (3.15)$$

ここに，$[k]$ と $\{f\}$ の成分はそれぞれ，

$$k_{ij} = \kappa \int_{v^e} \left(\frac{\partial N_i}{\partial x}\frac{\partial N_j}{\partial x} + \frac{\partial N_i}{\partial y}\frac{\partial N_j}{\partial y}\right) dv \quad (3.16\text{a})$$

$$f_i = \kappa \int_{v^e} QN_i dv \quad (3.16\text{b})$$

である．式 (3.15) の右辺第 1 項の行列を要素の係数マトリックス，右辺第 2 項のベクトルの符号を変えたものを要素の右辺ベクトルという．次に式 (3.16a)，(3.16b) を集めて全体の係数マトリックスおよび全体の右辺ベクトルをつくる．このことは，節点番号 β （全体の番号）の関数値を u_β，n を節点の総数とするとき，

$$\frac{\partial I}{\partial u_\beta} = \frac{\partial}{\partial u_\beta}\left(\sum_{e=1}^m I^e\right) = 0 \quad (\beta = 1\sim n) \quad (3.17)$$

がリッツ法の意味であることに対応している．なお，式 (3.17) においてすべての要素の総和をとるときに，実際には次式が成立するので，すべての要素について総和をとる必要がないことに注意する．

$$u_\beta = U_i^e \text{ のとき } \frac{\partial I^e}{\partial u_\beta} = \frac{\partial I^e}{\partial U_i^e} \quad (3.18\text{a})$$

$$u_\beta \text{ が要素 } e \text{ に属さないとき } \frac{\partial I^e}{\partial u_\beta} = 0 \quad (3.18\text{b})$$

これから最終的な方程式が次のように得られる．

$$[K]\{u\} = \{F\} \quad (3.19)$$

ここに，$[K]$：$n \times n$ の全体の係数マトリックスであり，$\{F\}$：全体の右辺ベクトルである．また，$\{u\}$：u_β ($\beta=1\sim n$) を順に並べた全体節点ベクトルを表す．

式 (3.19) に式 (3.6b) の境界条件を考慮し，連立一次方程式を解くことにより解が得られる．

境界条件の導入の方法は境界 s 上において $u=u_0$ と与えられるので，境界の節点において与えられた値を u_0 に置き換えればよい．すなわち，節点 γ が境界上にある場合，行列の γ 番目の行を消去し（0 とおき），対角成分 (γ, γ) に 1 を代入するとともに，右辺ベクトルの γ 番目の値を節点 γ の座標値で既知の境界値に変更する．

d．ガラーキン法に基づく有限要素法

次に重み付き残差法により式 (3.5) で与えられる境界値問題を扱う．式 (3.5) に重み関数 $(-w_i)$ ($i=1\sim n$) を乗じ領域 v に関して積分を実行すると，次の方程式系が得られる．

$$\int_v (-w_i)\left\{\kappa\left(\frac{\partial^2 u}{\partial x^2} + \frac{\partial^2 u}{\partial y^2}\right) + Q\right\} dv = 0 \quad (i=1\sim n) \quad (3.20)$$

次に式 (3.20) の左辺を要素上の積分量の和で表す．すなわち，

$$G_i(u) = \sum_{e=1}^m G_i^e(u) \quad (i=1\sim n) \quad (3.21)$$

ここで，

$$G_i^e(u) = \int_{v^e} (-w_i)\left\{\kappa\left(\frac{\partial^2 u}{\partial x^2} + \frac{\partial^2 u}{\partial y^2}\right) + Q\right\} dv \quad (i=1\sim n) \quad (3.22)$$

である．本項 c.の議論と同様に，式 (3.21) を評価しようとすると，未知関数 u の連続性の条件から，隣接する要素間で u の 2 階微分が無限大になる場合には要素間から式 (3.21) の積分へ不定の量の寄与が生じる．したがって，このままでは，1 次の内挿関数 N_i を用いることができない．このことを避けるために，式 (3.20) の 2 階微分に関する項をグリーン-ガウスの定理により部分積分することを考える．すなわち，

$$G_i(u) = \sum_{e=1}^m \int_{v^e} \left\{\kappa\left(\frac{\partial w_i}{\partial x}\frac{\partial u}{\partial x} + \frac{\partial w_i}{\partial y}\frac{\partial u}{\partial y}\right) - w_i Q\right\} dv$$

$$- \sum_{e=1}^m \int_{s^e} w_i \kappa \frac{\partial u}{\partial n} ds = 0 \quad (i=1\sim n) \quad (3.23)$$

ただし，

$$\frac{\partial u}{\partial n} = \frac{\partial u}{\partial x}n_x + \frac{\partial u}{\partial y}n_y \quad (3.24)$$

ここに，n_x, n_y：それぞれ x 方向，y 方向の方向余弦である．式 (3.23) においては未知関数 u の連続条

件が緩和されているので，一次の内挿関数 N_i を用いても積分量に対し要素間からの寄与を生じることはない．ただし，この場合には，重み関数 w_i が1回微分可能でなければならない．ガラーキン法のように重み関数 w_i が試行関数と同じ連続性を有する場合には問題を生じない．

ガラーキン法においては各要素において式 (3.9) の内挿関数を用いる場合には重み関数 w_i は，

$$w_i = \begin{cases} N_i & (e \text{ 番目の要素において}) \\ 0 & (\text{それ以外の要素において}) \end{cases} \quad (3.25)$$

であり，上式を式 (3.23) の左辺に代入し，e 番目の要素のみの積分の寄与を計算すると次のようになる．

$$G_i^e = \sum_{j=1}^{3} \int_{v^e} \kappa \left(\frac{\partial N_i}{\partial x} \frac{\partial N_j}{\partial x} + \frac{\partial N_i}{\partial y} \frac{\partial N_j}{\partial y} \right) dv \cdot U_j^e$$
$$- \int_{v^e} Q N_i dv - \int_{s^e} N_i \kappa \frac{\partial u}{\partial n} ds \quad (3.26)$$

上式を簡単にマトリックス表示で次のように書く．

$$\{G^e\} = [k]\{U^e\} - \{f\} - \left\{ \int_{s^e} N_i \kappa \frac{\partial u}{\partial n} ds \right\} \quad (3.27)$$

ここに，$[k]$，$\{f\}$ の成分はそれぞれ式 (3.16a)，(3.16b) と一致する．このようにして得られた各要素ごとの G_i^e を全要素について加え合わせたものは，式 (3.23) より 0 となる．

ところで，式 (3.27) をすべての要素について加え合わせるとき，要素間境界の境界積分の寄与は隣接する要素どうしで互いに打ち消し合う．これは被積分量の絶対値が等しいとともに，積分を反時計回りに定義したとき，隣接する要素の共有する辺を互いに逆方向に積分することによる．これは，隣接する要素の共有する辺に立てた外向き法線ベクトルの向きが正反対であるといいかえることもでき，要素境界において $\kappa(\partial u/\partial n)$ の連続性が要素境界における平均的な意味において課されることを意味する．さて，一般的には，式 (3.27) の境界積分項は，全領域 v の外側境界 s 上に関する積分項のみが残り，これを用いて自然境界条件を処理することができる．しかし，この問題の場合は境界 s におけるすべての境界条件が式 (3.6b) で与えられる基本境界条件であるため，境界積分項はやはり消えることになる．この結果として最終的な方程式は

$$[K]\{u\} = \{F\} \quad (3.28)$$

となる．基本境界条件の導入の方式は式 (3.19) のところで述べたとおりである．このようにガラーキン法とリッツ法に基づく FEM はしばしば同一の結果を与える．

e．実際の手順

FEM における標準的な手順をまとめると次のようになる．

① 連続体の解析領域 v を有限個の要素に分割し，全体要素番号，全体節点番号，要素節点番号をつける．
② 要素の係数マトリックスおよび右辺ベクトルを作成する．
③ 全体の係数マトリックスおよび右辺ベクトルを作成する．これは，節点の全体節点番号と要素節点番号の対応をつけながら要素のマトリックスやベクトルを加え合わせていくことにより行う．
④ 基本境界条件の導入に伴い，全体の係数マトリックスと右辺ベクトルの変更を行う．
⑤ 最終的なマトリックス方程式（連立一次方程式）を解く．

3.1.3 要素の種類と数値積分

a．要素選択の基本

要素の選択に当たっては次の2点を考慮する必要がある．まず，未知数 $u(x)$ は，一般に内挿関数 $f_i(x)$ と一般化座標 q_i を用いて，次式のように近似される．

$$u(x) = \sum_{i=1}^{m} f_i(x) q_i \quad (3.29)$$

ここに，一般化座標 q_i は節点における u の値，すなわち節点値 U_i^e とその導関数の値である．有限要素法の定式化では，$f_i(x)$ は一般に多項式である．内挿の精度は用いる多項式の最高次数に依存しており，一般に要素内の節点数と密接に関係している．一方，3.1.2 項 c., d. でみてきたように，係数マトリックスや右辺ベクトルの評価には，多くの積分計算が必要となる．これらの作業に種々の数値積分を利用することができる．

以下では，まず内挿関数の考え方について述べ，次に FEM で用いられる数値積分法について述べる．

b．内挿関数の考え方

有限要素は一般に二次元問題であれば三角形や四角形，三次元問題であれば四面体や六面体で表される．しかし，内挿関数や数値積分について一般的に考える場合には，正規化された局所座標 ξ を用いて $-1 \leq \xi \leq 1$ の範囲で考えると考えやすい．実際の体系は x 座

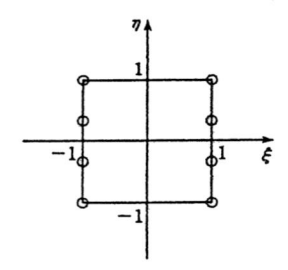

図 3.5 正規化された二次元座標と 8 節点要素の例

標で表されている場合にも，適当な座標変換により，ξ 座標系における内挿関数と x 座標系における内挿関数を関連づけることができる．

いま，最も考えやすい例題として，$-1 \leq \xi \leq 1$, $-1 \leq \eta \leq 1$ の二次元の正方形領域を考える．この要素にたとえば図 3.5 に示すように 1 から 8 までの節点があるとすると，これらの節点における節点値 U_i^e を用いて，未知関数 $u(\xi, \eta)$ が次式のように表される．

$$u(\xi, \eta) = \sum_{i=1}^{8} N_i(\xi, \eta) U_i^e \tag{3.30}$$

この要素に適した内挿関数 $N_i(\xi, \eta)$ をどのように決定すればよいかについて考えてみよう．

内挿関数が ξ, η の多項式で表されるものとすると，上辺 ($\eta=1$) および下辺 ($\eta=-1$) に沿っては，要素間で u の連続性を保証するために，u の変化が線形でなければならない．一方，左右の鉛直両辺 ($\xi=\pm 1$) については三次の変化を仮定すれば，各辺上の 4 点での節点値がこの三次式を一義的に定めるから，やはり要素間での連続性が保証されることになる．式 (3.30) が以上の条件を満足できれば，要素間で未知関数 u の連続性が保たれることになる．

一方，u の ξ や η に関する一次微係数が任意の値をとれるようにするためには，ξ, η の一次項を式 (3.30) にすべて導入しておけばよい．また，8 個の節点値を用いて関数を一義的に定めるのであるから，式 (3.30) を多項式展開したときの係数は 8 個に限られる．これらのことから未知関数 $u(\xi, \eta)$ を次のように書くことができる．

$$\begin{aligned} u(\xi, \eta) = & a_1 + a_2 \xi + a_3 \eta + a_4 \xi \eta + a_5 \eta^2 + a_6 \xi \eta^2 \\ & + a_7 \eta^3 + a_8 \xi \eta^3 \end{aligned} \tag{3.31}$$

このように近似式の形が決まると，これに各節点の座標値 (ξ_i, η_i) を代入して，それが節点値 U_i^e になるという条件から次の 1 組の連立方程式が得られる．

$$\begin{Bmatrix} U_1^e \\ U_2^e \\ \vdots \\ U_8^e \end{Bmatrix} = \begin{bmatrix} 1 & \xi_1 & \eta_1 & \xi_1\eta_1 & \xi_1^2 & \eta_1^2 & \xi_1^3 & \eta_1^3 \\ & & & \cdots\cdots\cdots & & & & \\ & & & \cdots\cdots\cdots & & & & \\ & & & \cdots\cdots\cdots & & & & \end{bmatrix} \begin{Bmatrix} a_1 \\ a_2 \\ \vdots \\ a_8 \end{Bmatrix} \tag{3.32}$$

あるいは，簡単にマトリックス表示で次のようになる．

$$\{U^e\} = [c]\{a\} \tag{3.33}$$

式 (3.33) を形式的に解いて，

$$\{a\} = [c]^{-1}\{U^e\} \tag{3.34}$$

これを式 (3.31) に代入すれば，未知関数 u は次のように書ける．

$$\begin{aligned} u(\xi, \eta) &= \lfloor 1\ \xi\ \eta\ \xi\eta\ \eta^2\ \xi\eta^2\ \eta^3\ \xi\eta^3 \rfloor [c]^{-1}\{U^e\} \\ &= \sum_{i=1}^{m} N_i(\xi, \eta) U_i^e \end{aligned} \tag{3.35}$$

ここに，N_i は内挿関数あるいは形状関数である．

ここに示した方法は，直接的であり実際にもしばしば用いられるが，$[c]$ の逆マトリックスが存在しないか，あるいは存在するとしても代数的困難に合うことが多い場合には用いることができない．したがって，何らかの直接的に内挿関数 N_i を求める方法が必要となる．この点について述べる前に，内挿関数 N_i の一般的な性質について述べておく．

式 (3.35) から明らかなように，この式はすべての節点において節点値 U_i^e と一致するために，

$$N_i(\xi_j, \eta_j) = \delta_{ij} \quad (i, j = 1 \sim 8) \tag{3.36}$$

でなければならない．ここで δ_{ij} はクロネッカーのデルタ記号である．さらに，要素間で連続性を保つように，節点値で一意に決まる内挿関数でなくてはいけない．

以上の用件を満足する要素として，セレンディピティ要素やラグランジュ要素がよく用いられる．これらの要素については，文献[1,2] を参照されたい．また，自動車工学の分野でよく用いられる要素については，後述する応用に関する章で具体的に述べられる．

c. 座標変換とアイソパラメトリック要素

実際の FEM では不規則な形状の要素，たとえば長方形要素の代わりに一般的な四角形要素を用いることが多い．その際，曲率を有する境界では曲率を有する要素を用いることになる．このような場合には，不規則形状の要素に対して内挿関数を直接構成するのではなく，そのような要素を正方形や直角三角形などの規則的な形状に写像し，それに対して内挿関数を用いるほうが便利である．

座標変換則を与える最も簡単な方法は, 未知関数 u の変化を表すために用いた内挿関数 N_i を用いることである. いま, (ξ, η, ζ) の局所座標系から (x, y, z) の全体座標系への座標変換を考えると, これは次のように表される.

$$
\begin{aligned}
x(\xi, \eta, \zeta) &= N_i'(\xi, \eta, \zeta) x_i \\
y(\xi, \eta, \zeta) &= N_i'(\xi, \eta, \zeta) y_i \\
z(\xi, \eta, \zeta) &= N_i'(\xi, \eta, \zeta) z_i
\end{aligned} \quad (3.37)
$$

ここで, $-1 \leqq \xi, \eta, \zeta \leqq 1$ の規格化された座標系で定義される i 番目の要素節点の全体座標系における節点を (x_i, y_i, z_i) とおく. 座標変換と未知関数を定義する内挿関数が同じ場合に, すなわち,

$$N_i = N_i' \quad (3.38)$$

これをアイソパラメトリック要素と呼ぶ.

d. 数値積分

座標変換により積分範囲は簡単となるが, ほとんどの場合に被積分項に座標変換に伴うヤコビ (Jacobi) 行列が含まれることになるので, 厳密に積分することは非常にむずかしい. したがって, 現実には次に述べるような数値積分が利用される. 関数近似の座標点を任意に選ぶことなく, 最もよい精度が得られるように選べば, 点の数を同一として積分の精度は向上すると考えられる. ここで,

$$I = \int_{-1}^{1} f(\xi) d\xi = \sum_{i=1}^{n} H_i f(\xi_i) \quad (3.39)$$

とおき, 多項式表示を仮定すると, n 個の積分点に対して H_i と ξ_i の $2n$ 個の未知数が存在し, $(2n-1)$ 次の多項式が形成される. この多項式の係数を一般に解くことは困難であるが, 数学的操作により, ルジャンドル (Legendre) の多項式によって求めることができる. その結果求められた, 積分点座標 ξ_i と重み係数 H_i の値を表3.1 に示す. これをガウス (Gauss) の積分公式と呼ぶ. ガウスの積分公式では n 個の積分点に対して $2n-1$ 次の多項式まで厳密に積分できることから, FEM 解析においてはよくこれが用いられる. ガウスの積分公式は, 二次元, 三次元領域の問題に容易に拡張できる.

3.1.4 方程式の解法

FEM の解析は, 最終的には大規模な連立一次方程式を解くことに帰着される. FEM における方程式の特徴は非ゼロ成分が対角付近に集まる疎行列 (スパースマトリックス) であることである. FEM では, 精度を上げるために細かく多数の要素分割を用いるほどマトリックスのサイズが大きくなり, とくに三次元問題においては大規模な問題では数万元の方程式を解く必要もある. したがって, 実際の解析という観点から眺めると, 大規模疎行列のマトリックス方程式をある限られたコンピュータ性能 (記憶容量と演算速度) のもとでいかに高速に解くかということが重要な課題となる.

a. 有限要素法における連立一次方程式

未知変数ベクトルを $\{u\}$, 基本境界条件を考慮した全体剛性マトリックスおよび荷重ベクトルをそれぞれ $[K], \{F\}$ と書くことにすると, 次に示すマトリックス方程式 (全体剛性方程式) が解くべき式となる.

$$[K]\{u\} = \{F\} \quad (3.40)$$

この方程式のサイズは, 対象とする問題の総自由度数 (=総節点数×1節点当たりの未知量の数) となるが, 通常は小さいものでも数百から数千, 大きな問題では数万から数十万と大次元となる. また, マトリックス $[K]$ は特異ではなく必ず逆行列が存在するもの, 図3.6 に示すようにスパース性があり非ゼロ項は対角項を中心に帯状となっている. 構造問題の多くは $[K]$ は正値対称となるが, 一般の流体問題では非対称となる. いずれにしても, 有限要素法の解析は最終的に大次元のマトリックス方程式を解くことに帰着される.

大次元の方程式系を解くには, 通常 2 種類の方法, すなわち, ① 直接法と ② 反復法がある. 直接法にお

表3.1 ガウス数値積分 (一次元) の積分点座標と重み係数

	±a			H	
		$n=2$			
0.57735	02691	89626	1.00000	00000	00000
		$n=3$			
0.77459	66692	41483	0.55555	55555	55556
0.00000	00000	00000	0.88888	88888	88889
		$n=4$			
0.86113	63115	94053	0.34785	48451	37454
0.33998	10435	84856	0.65214	51548	62546

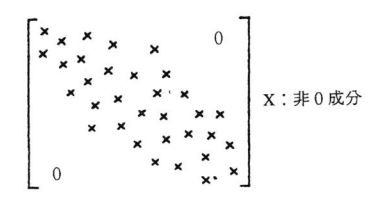

図3.6 スパースマトリックス (疎行列) の例 (×: 非0成分)

いては，丸め誤差が生じなければ有限回の演算を行うことにより正解が得られる．その代わり，マトリックスの成分を記憶するために大きな記憶容量を必要とする．一方，反復法では直接法と比べて少ない記憶容量で計算ができる反面，正解に収束させるには，無限回の演算を繰り返さなければならない．とくに，マトリックスの性質がよくない場合には解が収束しないこともある．

式 (3.40) の方程式系をある許容誤差の範囲内で解くとき，どの方法がよいかは，対象とする問題の性質と，必要な記憶容量，計算速度など用いるコンピュータの性能とも関連するので吟味が必要である．

b. 直接法

直接法の基本は，順次変数を消去していく，ガウスの消去法である．まず 1 番目の方程式を用いて，ほかの $n-1$ 個の方程式から 1 番目の変数を消去する．次に 2 番目の方程式を用いて，$n-2$ 個の方程式から 2 番目の変数を消去する．このようにして，$u_1, u_2, \cdots, u_n$ までを消去した方程式系の係数マトリックスは，図 3.7(c) のように上三角マトリックスとなる．以上の操作は前進消去と呼ばれる．次に，まず，n 番目の式から u_n が求まり，これを $n-1$ 番目の式に代入して u_{n-1} が求まる．これを繰り返す．この操作は後退代入と呼ばれる．

ガウスの消去法は直接法の基本であるが，ここで述べた計算には，係数マトリックス $[K]$ のスパース性が考慮されていない．これを考慮するとかなりの計算をスキップできる．実際の計算プログラムは，$[K]$ のゼロ成分の判別方法とゼロ成分との乗算をスキップする方法の違いによって，種々の方法がある．その代表的な手法がバンドマトリックス法とスカイライン法である．前者は，$[K]$ が帯（バンド）状になっていることを利用して，バンド部分のみを記憶する手法であり，後者は，各行ごとに非ゼロ成分をチェックしスキップする方法である．

一方，直接法では，$[K]$ を次の形に書き表すことが多い．

$$[K] = [L][U] \qquad (3.41)$$

ここで，$[L]$ は下三角マトリックス，$[U]$ は上三角マトリックスである．K をこのようなマトリックスの積で表すことを分解法と呼ぶ．以上から式 (3.40) は次のように書ける．

$$[K]\{u\} = [L][U]\{u\} = \{F\} \qquad (3.42)$$

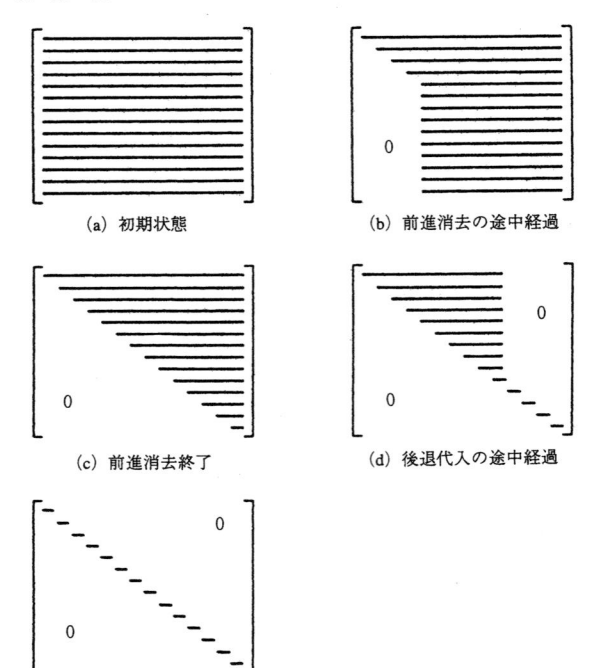

図 3.7 ガウスの消去法における係数マトリックスの変化の様子

(a) 初期状態
(b) 前進消去の途中経過
(c) 前進消去終了
(d) 後退代入の途中経過
(e) 後退代入終了

$\{u\}$ の解は二つのステップによって容易に求まる．第一のステップでは，

$$[L]\{g\} = \{F\} \qquad (3.43)$$

を前進代入によって解く．すなわち，式 (3.43) の第 1 式の唯一の未知数 g_1 は直ちに求まり，第 2 式から g_2 が求まる．

第二のステップでは，

$$[U]\{u\} = \{g\} \qquad (3.44)$$

を後退代入によって解く．以上のように，式 (3.41) のように分解されたマトリックスは，前進代入と後退代入によって求めることができる．

c. 反復法

反復法では，ある与えられた初期値 $\{u^{(0)}\}$ から出発し，次々と正解へと収束する近似解 $\{u^{(1)}\}$, $\{u^{(2)}\}$, $\cdots$ を求める．この手法の特徴の一つは，計算の過程で丸め誤差がしだいに減少することである．しかしながら，有限回の反復で打ち切らざるをえないため，いわゆる打切り誤差が生じる．

反復法の一般的な手順を以下に示す．式 (3.40) を解くことを考え，まずマトリックス $[K]$ を，$[N]$ と $[P]$ の二つに分ける．すなわち

ここで，$\det[N] \neq 0$ であり，$[N]$ の逆行列が存在するとする．次に，ある適当な初期値 $\{u^{(0)}\}$ から始めて

$$[N]\{u^{(r)}\} = [P]\{u^{(r-1)}\} + \{F\} \quad (3.46)$$

のように $\{u^{(r)}\}$ を定義する．解が収束し，$\{u^{(r)}\}$ が $\{u^{(r-1)}\}$ と等しくなれば，式 (3.46) が式 (3.40) と一致することは容易にわかる．反復法には，式 (3.45) の定義の方法によってさまざまな方法がある．ヤコビの反復法，ガウス-ザイデル法がある．これらの方法は，すでに得られている $\{u^{(r-1)}\}$ を代入すれば $\{u^{(r)}\}$ が直ちに求まるので，陽解法と呼ばれている．これらの方法はアルゴリズムは単純であるが一般に収束が遅い．

よく用いられる手法の一つである逐次過剰緩和法 (SOR 法) とは次のようなものである．ガウス-ザイデル法の各段階の反復計算において，直接 r ステップの結果を計算するのではなく，次のような補正計算を追加する．

$$\tilde{u}_i = \frac{1}{K_{ii}} \left(F_i - \sum_{j=1}^{i-1} K_{ij} u_j^{(r)} - \sum_{j=i+1}^{n} K_{ij} u_j^{(r-1)} \right) \quad (3.47\text{a})$$

$$u_i^{(r)} = (1-\omega) u_i^{(r-1)} + \omega \tilde{u}_i^{(r)} \quad (3.47\text{b})$$

すなわち，反復計算によって求めた $\{u^{(r)\prime}\}$ と前段階の $\{u^{(r-1)}\}$ の荷重平均によって $\{u^{(r)}\}$ を計算する．この方法では $\omega > 1$ のとき過大緩和，$\omega < 1$ のときを過小緩和と呼び，$\omega = 1$ のときガウス-ザイデル法と一致する．

一方，式 (3.40) の解はマトリックス $[K]$ が正値であるとき

$$\Pi(u) = \frac{1}{2}\{u\}^T [K]\{u\} - \{u\}^T \{F\} \quad (3.48)$$

を $\{u\}$ に関して最小化することと等価となる．したがって $\{u^{(r-1)}\}$ を使って汎関数 $\Pi(\{u^{(r)}\})$ を最小化することにより $\{u^{(r)}\}$ を決めていく反復法を考えることができる．これらの手法は，基本的に第 $r-1$ ステップの $(\{u^{(r-1)}\}, \alpha^{(r-1)}, \{p^{(r-1)}\})$ を用いて第 r ステップの値 $\{u^{(r)}\}$ を次式により求めていく．

$$\{u^{(r)}\} = \{u^{(r-1)}\} + \alpha^{(r-1)}\{p^{(r-1)}\} \quad (3.49)$$

ここで，$\alpha^{(r-1)}$, $\{p^{(r-1)}\}$：それぞれスカラーとベクトル量である．個々の反復法は $\alpha^{(r-1)}$ と $\{p^{(r-1)}\}$ の選び方によって決まる．最もよく用いられる共役勾配法では，式 (3.48) を $\alpha^{(r-1)}$ に関して最小化することを考える．また，ベクトル $\{p^{(r)}\}$ を，各ベクトルが次式を満足するように選ぶ．

$$\{p^{(i)}\}^T [K]\{p^{(j)}\} = 0 \quad (i \neq j) \quad (3.50)$$

この条件は K-直交性と呼ばれる．

勾配法においては，未知数の数 n とすると，n 回の反復後に解 $\{u\}$ が求まることが理論的にいえる．実際には，n よりはるかに少ない回数ではぼ収束する．

この方法のもう一つの利点は，マトリックス $[K]$ を直接つくったり，使用したりする必要がないことである．すなわち反復計算を行う際には，要素のマトリックスおよびベクトル $\{u^{(r)}\}$, $\{p^{(r)}\}$ を記憶しておくだけでよい．したがって，この方法で必要とされる記憶容量はきわめて少なくなる．またすべてベクトル演算であるため，スーパコンピュータとの整合性もよい．

なお，勾配法を利用する際には，収束性を高めるために，事前にマトリックス $[K]$ の性質を改善する種々の前処理が施されることが多い．そのような手法の代表例に，不完全コレスキー分解付き共役勾配法がある．

3.2 静的構造解析への応用

本節では，有限要素法の静的構造解析への応用について述べる．線形弾性構造物を対象とした線形構造解析については，前節までの記述でほぼ明らかと思われるので，ここではこれまでに触れなかった熱応力問題などの初期応力問題の解析法および構造設計の最適化において重要な設計感度解析について述べる．さらに，弾塑性，有限変形，座屈問題などを扱うための増分理論による非線形構造解析法の概要といくつかの解析例を紹介し，非線形感度解析法についても触れる．

3.2.1 線形構造解析

熱膨張などによる見掛けの応力 $\{\sigma_a\}$ を考慮すると，線形弾性体の構成方程式は次式のように表せる．

$$\{\sigma\} = [D^e]\{\varepsilon\} - \{\sigma_a\} \quad (3.51)$$

この式を仮想仕事の原理において用いることにより，次のような形の要素剛性方程式が得られる．

$$[k]\{d\} = \{f\} + \{f_a\} \quad (3.52)$$

ここに，$[k]$：要素の剛性マトリックス，$\{d\}$：節点変位ベクトル，$\{f\}$：外力ベクトル，$\{f_a\}$：初期応力の存在による見掛けの外力ベクトルである．

このような要素剛性方程式を用いることにより，温度上昇（あるいは低下）を受ける線形弾性構造物に生ずる熱応力を計算することができる．また，上式を増

分形で記述すれば，塑性などの材料非線形問題を初期応力法で解析する際の基礎式となることを付言しておく[3,4]．

続いて，構造物の最適設計過程において必要とされる，制約条件関数の設計変数に関する微係数である設計感度微分を計算する手法である設計感度解析手法について説明しておく[5,6]．以下では，境界において拘束される自由度をあらかじめ消去した次の全体系剛性方程式を考える．

$$[K(x)]\{u\} = \{F(x)\} \quad (3.53)$$

ここに，$[K]$ と $\{F\}$：全体系の剛性マトリックスと外力ベクトルであり，それぞれ構造寸法などの設計変数 $\{x\}^T = \lfloor x_1 x_2 \cdots x_s \rfloor$ の関数である．また，$\{u\}$：全体系の変位ベクトルである．

構造設計における応力あるいは変位の制限を表すような制約条件は，一般的に次のように表現される．

$$\phi = \phi(x, u(x)) \geq 0 \quad (3.54)$$

ϕ は制約条件関数と呼ばれ，$\{x\}$ に陽な形で依存するとともに，変位ベクトル $\{u\}$ を介して，設計変数に陰な形でも依存している．制約条件はたとえば，

応力については　　$\sigma_a - |\sigma_i| \geq 0$
ひずみについては　$\varepsilon_{ia} - |\varepsilon_i| \geq 0$
変位については　　$u_{ia} - |u_i| \geq 0$

などのように表現することができる．ここに，σ_i は点 i における応力，σ_a は限界応力，ε_i は点 i におけるひずみ，ε_{ai} は点 i における限界ひずみ，u_i は点 i における変位，u_{ia} は点 i における限界変位である．設計感度解析の目標は，ϕ の $\{x\}$ に関する全体的な依存度を決定することである．すなわち，$d\phi/dx$ を計算することが目的となる．

微分鎖則を用いれば，ϕ の x に関する全微分は次のように計算される．

$$d\phi/dx = \partial\phi/\partial x + [\partial\phi/\partial u](d/dx)\{u\} \quad (3.55)$$

一方，式 (3.53) の両辺を x で微分すると

$$[K(x)](d/dx)\{u\} = -(\partial/\partial x)([K(x)]\{u^*\}) + (\partial/\partial x)\{F(x)\} \quad (3.56)$$

ここで，u^* は偏微分の際に u を定数として扱うことを意味する．剛性マトリックス $[K(x)]$ は非特異なので，式 (3.56) を $(d/dx)\{u\}$ について解くことができる．すなわち

$$(d/dx)\{u\} = [K(x)]^{-1}((\partial/\partial x)\{F(x)\} - (\partial/\partial x)([K(x)]\{u^*\})) \quad (3.57)$$

この結果を式 (3.55) に代入すると，次式を得る．

$$d\phi/dx = \partial\phi/\partial x + [\partial\phi/\partial u][K(x)]^{-1}(\partial/\partial x)\{F(x)\} - [K(x)]\{u^*\}) \quad (3.58)$$

ここで，u^* は偏微分の際に u を定数として扱うことを意味する．式中の $[K(x)]^{-1}$ を式の形で算定することは，現状では不可能に近い．そこで実際の計算においては，次の2種類の方法が使われている．

第一の方法では，特定の設計変数値 $\{x\}$ を定めたうえで式 (3.56) を解いて，数値的に $(d/dx)\{u\}$ を求め，これを式 (3.55) に代入して，$d\phi/dx$ を算定する．この方法は直接微分法として知られている．

第二の方法ではまず，次式の随伴変数 λ を定義する．

$$\{\lambda\} = ([\partial\phi/\partial u][K(x)]^{-1})^T = [K(x)]^{-1}\{\partial\phi/\partial u\} \quad (3.59)$$

ここで，剛性マトリックス $[K(x)]$ が対称であることを利用している．式 (3.59) の両辺に $[K(x)]$ を乗ずると，次の随伴方程式を得る．

$$[K(x)]\{\lambda\} = \{\partial\phi/\partial u\} \quad (3.60)$$

式 (3.60) を解いて $\{\lambda\}$ を求め，式 (3.59) の関係を利用して，式 (3.58) に代入すれば，次式を得る．

$$d\phi/dx = \partial\phi/\partial x + \{\lambda\}^T((\partial/\partial x)\{f(x)\}) - (\partial/\partial x)([K(x)]\{u^*\}) \quad (3.61)$$

さらに，計算に便利なように，次のように書き換える．

$$d\phi/dx = \partial\phi/\partial x + (\partial/\partial x)(\{\lambda^*\}^T\{f(x)\}) - \{\lambda^*\}^T[K(x)]\{u^*\}) \quad (3.62)$$

この方法は，感度解析の分野で随伴変数法と呼ばれている．

これらの2手法の演算量を比較すると，制約条件数が（設計変数の数×荷重条件数）を上回る場合には直接微分法が，逆の場合は随伴変数法が有利となる．通常は制約条件数が設計変数の数を上回ることはないので随伴変数法のほうが効率的であるが，初期設計段階においては，設計変数が少なく逆に多くの制約条件を考慮しなければならない場合もある．そのような場合には直接微分法の使用が望ましい．

3.2.2　非線形構造解析

a．静的非線形構造解析法

固体力学の基礎式は，①応力成分の平衡方程式，②応力-ひずみ関係式，③ひずみ-変位関係式である．これらの基礎式からなる偏微分方程式（あるいは変分原理）を与えられた④力学的境界条件，⑤幾何学的

3.2 静的構造解析への応用

境界条件のもとで解くことにより，固体の変形あるいは応力分布などが計算される．このとき，これらの基礎式あるいは境界条件の非線形性に起因してさまざまな非線形問題が発生する．たとえば，相当応力が降伏点を超え塑性変形を伴うと，応力-ひずみ関係式は非線形となり，このような非線形問題は材料非線形問題と呼ばれている．また，大たわみ問題（有限変形問題）あるいは座屈問題（構造安定問題）のようにひずみ-変位関係として非線形式が仮定される問題を幾何学的非線形問題と呼んでいる．さらに，接触問題などのように境界条件が変形に依存して変化することに起因する非線形問題もある．

本項では，弾塑性有限変形問題を念頭に非線形構造解析法の概要を紹介したい．

非線形問題の中で一部の構造安定問題，たとえば完全に真直な柱の弾性座屈荷重を求める問題などは固有値問題として定式化され解かれるが（後述），一般的には増分理論に基づく解法（いわゆる荷重増分法）が用いられる．非線形問題とはいえ，微小荷重増分に対しては固体はほぼ線形的に挙動すると仮定することができる．したがって，徐々に荷重を受けて変形する固体の平衡状態を

$$\Omega^{(0)}, \cdots, \Omega^{(n)}, \Omega^{(n+1)}, \cdots, \Omega^{(f)}$$

のように分割し，微小荷重増分に対する固体の応答を線形解析により計算しながら，初期平衡状態 $\Omega^{(0)}$ から最終平衡状態 $\Omega^{(f)}$ に至る各平衡状態を逐次求めていく方法が増分理論に基づく解法である[7,8]．すなわち，区分的線形化を施して折れ線近似により非線形平衡経路を追跡するのが増分解法である．

増分理論の定式化には，大きく分けた場合 Total Lagrangian Formulation （TLFと略称）と Updated Lagrangian Formulation （ULFと略称）の2種類があり，両者においては使用される応力とひずみの定義が異なっている．ここでは，一般の最終耐力解析によく用いられる TLF の概要について述べる[7,8]．TLF では，キルヒホフ（Kirchhoff）の応力とグリーン（Green）のひずみが用いられており，両者ともに固体の初期の形状を参照して定義されている．定式化の目的は，任意の平衡状態 $\Omega^{(n)}$ におけるすべての状態量が既知であるとして，わずかに離れた次の平衡状態 $\Omega^{(n+1)}$ における状態量（あるいは $\Omega^{(n)}$ から $\Omega^{(n+1)}$ の間の増分量）を求めることである．この手順（一種の漸化式）が確立されれば，これを初期平衡状態 $\Omega^{(0)}$ から逐次適用することにより最終平衡状態 $\Omega^{(f)}$ に到達することができる．

定式化の出発点は，平衡状態 $\Omega^{(n+1)}$ に対する次の仮想仕事の原理である．

$$\int_{V^{(0)}} \delta(\{e\}^t + \{\Delta e\}^t)(\{\sigma\} + \{\Delta \sigma\})dV^{(0)}$$

$$= \int_{V^{(0)}} \delta\{\Delta u\}^t(\{P\} + \{\Delta P\})dV^{(0)}$$

$$+ \int_{S^{(0)}} \delta\{\Delta u\}^t(\{T\} + \{\Delta T\})dS^{(0)} \quad (3.63a)$$

ここに，

$$\{\Delta u\} = \overline{\{\Delta u\}} \quad \text{on} \quad S_u \quad (3.63b)$$

式中，$\{u\}$，$\{e\}$，$\{\sigma\}$，$\{P\}$，$\{T\}$：それぞれ，変位，ひずみ，応力，体積力，表面力の各ベクトルであり，平衡状態 $\Omega^{(n)}$ における既知量を表す．Δ：$\Omega^{(n)}$ から $\Omega^{(n+1)}$ の間の増分量を，また δ：変分を表す．$V^{(0)}$ および $S^{(0)}$：それぞれ，初期形状に対する内部領域および表面を表し，式（3.63b）は表面 S_u 上で与えられた幾何学的境界条件である（$\bar{u}$ は既知変位を表す）．

式（3.63a）の左辺および右辺の第1項，第2項はそれぞれ，$\Omega^{(n+1)}$ における応力，体積力，表面力のなす仮想仕事であり，この式には何らの近似も含まれていないことに注意されたい．

幾何学的非線形問題においては，ひずみと変位の関係は非線形である．すなわち，ひずみ増分ベクトル $\{\Delta e\}$ は変位増分に関する二次項を含む．すなわち，

$$\{\Delta e\} = \{\Delta \varepsilon(u)\} + \{\Delta \varepsilon_{NL}(\Delta u^2)\} \quad (3.64)$$

と書くことができる．ここに，$\{\Delta \varepsilon\}$ は変位増分に関する線形項であり，線形化されたひずみ増分と呼ばれるが，$\Omega^{(n)}$ における変位 $\{u\}$ に依存する．$\{\Delta \varepsilon_{NL}\}$ は変位増分に関する二次項を含む非線形のひずみ増分である．式（3.64）を式（3.63）に代入し，増分量に関する三次以上の高次項を無視すると，次の増分形仮想仕事式を得る．

$$\int_{V^{(0)}} (\delta\{\Delta \varepsilon(u)\}^t \{\Delta \sigma\} + \delta\{\Delta \varepsilon_{NL}(\Delta u^2)\}^T \{\sigma\})dV^{(0)}$$

$$= \int_{V^{(0)}} \delta\{\Delta u\}^t\{\Delta P\}dV^{(0)} + \int_{S^{(0)}} \delta\{\Delta u\}^t\{\Delta T\}dS^{(0)}$$

$$- \int_{V^{(0)}} \delta\{\Delta \varepsilon\}^t\{\sigma\}dV^{(0)} \quad (3.65)$$

ここに，左辺は応力増分と $\Omega^{(n)}$ における応力がそれぞれひずみ増分の線形，非線形成分に対してなす仮想仕事，右辺の第1項，第2項は外力増分が変位増分

に対してなす仮想仕事を表している．右辺の第3項から第5項は，$\Omega^{(n)}$ における外力と応力がそれぞれ変位およびひずみ増分に対してなす仮想仕事の差を表しており，もし $\Omega^{(n)}$ における諸量が厳密に平衡状態を満足しているならばゼロとなるはずであるが，区分的線形化による計算ではこれは期待できないため，この項を残しておく必要がある．

式（3.65）を出発点として有限要素法の定式化が行われる．まず，有限要素における変位増分を次のように仮定する．

$$\{u\} = [H]\{\Delta q\} \quad (3.66)$$

ここに，$\{\Delta q\}$：節点変位ベクトル，$[H]$：形状関数マトリックスである．この変位場から，式（3.64）のひずみ増分が計算され，線形化されたひずみ増分は次のようにマトリックス表示される．

$$\{\Delta \varepsilon\} = [\bar{B}]\{\Delta q\} = ([B_0] + [B_L(u)])\{\Delta q\} \quad (3.67)$$

ここに，$[B_0]$ と $[B_L]$ はそれぞれ，$\Omega^{(n)}$ における変位に依存しない成分と依存する成分であり，$[B_0]$ は微小変形解析に用いられる $[B]$ マトリックスと同じものである．線形化されたひずみ増分と応力増分の関係は次式のように与えられる．

$$\{\Delta \sigma\} = [D]\{\Delta \varepsilon\} \quad (3.68)$$

ここに，応力-ひずみマトリックス $[D]$ の各成分は，弾性変形時はヤング率とポアソン比により定まり，塑性変形時は材料に応じて仮定された降伏条件

$$f(\{\sigma\}) = \sigma_y \quad (3.69)$$

における降伏関数 f を塑性ポテンシャルとして塑性流れ則により求めることができる[3,4]．

式（3.66）〜（3.68）を増分形の仮想仕事の原理式（3.65）に代入して結果を整理すると，次式の増分形の剛性方程式を得る．

$$([k_0] + [k_L] + [k_G])\{\Delta q\} = \{\Delta Q\} + \{Q_R\} \quad (3.70)$$

ここに，

$$[k_0] = \int_{V^{(0)}} [B_0]^T [D] [B_0] dV^{(0)}$$

$$[k_L] = \int_{V^{(0)}} ([B_0]^T [D] [B_L] + [B_L]^T [D] [B_0]$$
$$+ [B_L]^T [D] [B_L]) dV^{(0)}$$

$$[k_G] = \int_{V^{(0)}} [G]^T [S] [G] dV^{(0)}$$

$$\{\Delta Q\} = \int_{V^{(0)}} [H]^T \{\Delta P\} dV^{(0)} + \int_{S^{(0)}} [H]^T \{\Delta T\} dS^{(0)}$$

$$\{Q_R\} = \int_{V^{(0)}} [H]^T \{P\} dV^{(0)} + \int_{S^{(0)}} [H]^T \{T\} dS^{(0)}$$
$$- \int_{V^{(0)}} ([B_0] + [B_L])^T \{\sigma\} dV^{(0)} \quad (3.71)$$

ここに，$[k_0]$ は増分剛性マトリックスと呼ばれ，幾何学的非線形性の効果は含まれない．$[k_L]$ は $[B_L]$ を介して $\Omega^{(n)}$ における変位の影響を含んでおり，初期変位マトリックスあるいは大変位マトリックスと呼ばれる．$[k_0]$ と $[k_L]$ についてはそれぞれの物理的意味を明確にするため，上のように分離して記述したが，数値計算上は

$$[k_0] + [k_L] = \int_{V^{(0)}} [\bar{B}]^T [D] [\bar{B}] dV^{(0)} \quad (3.72)$$

とまとめて計算する方が効率的である．$[k_G]$ は $\Omega^{(n)}$ における応力（マトリックス $[S]$ と表示する）と変位勾配マトリックス $[G]$ により計算され，初期応力マトリックスあるいは幾何剛性マトリックスと呼ばれる．また，以上の諸剛性マトリックスの総和である．

$$[k_T] = [k_0] + [k_L] + [k_G] \quad (3.73)$$

は接線剛性マトリックスと呼ばれている．$\{\Delta Q\}$ は外力増分ベクトルであり，$\{Q_R\}$ は $\Omega^{(n)}$ における不平衡力ベクトルである．

$\Omega^{(0)}$ からスタートし，全体系に対する式（3.70）の増分形接線剛性方程式を解いて $\{\Delta q\}$ を求めて，式（3.67）と式（3.68）から $\{\Delta \varepsilon\}$ と $\{\Delta \sigma\}$ を計算すれば，$\Omega^{(1)}$ における諸状態量が定まる．これらを用いて式（3.70）の諸剛性マトリックスと不平衡力が求まり，$\Omega^{(1)}$ における増分形接線剛性方程式が定まる．以下，同様の手順により $\Omega^{(2)}$，$\Omega^{(3)}$，…と逐次平衡状態を求め，最終平衡状態 $\Omega^{(f)}$ に至ることができる．

増分解法における各ステップの計算では，ニュートン-ラフソン法，修正ニュートン-ラフソン法，BFGS法あるいはDFP法などの擬似ニュートン法を併用して，$\{Q_R\}$ が十分に小さくなるまで反復計算を行い，各平衡状態における収束解を求めてから次のステップの計算に進むような方法がとられることが多い．ただし，ニュートン-ラフソン法に基づく増分-反復解法において単純な荷重制御あるいは変位制御を用いた場合は，種々の極限点を含む複雑な平衡経路を追跡できない場合があるため，1ステップにおける平衡経路長を一定に保つ手法（弧長増分法）であるリックス（Riks）法を修正ニュートン-ラフソン法と組み合わせ，有限要素法向きに改良した修正リックス法などが

用いられている[9]．

代表的な構造安定問題である「座屈」は，ある臨界荷重（座屈荷重）において構造物の初期変形モードが不安定になり，別の安定な変形モード（座屈モード）に急激に移行する現象である．弾性座屈問題における座屈荷重（P_{cr}）および座屈モード（$\{\Delta q_m\}$）は，次のような形の固有方程式を解くことにより求められる．

$$([K_0]+[K_G(P_{cr})])\{\Delta q_m\}=\{0\} \quad (3.74)$$

ただし，このような方法が適用できるのは初期変形モードにおいて $[K_L]=[0]$ である場合に限られる．

最後に，TLF の得失について簡単に述べておく[10]．TLF はつねに初期形状を参照しているため，定式化および計算が簡単であり，数値積分点もつねに同じ材料点を参照している．微小ひずみ問題においては応力変換演算も不要であるが，有限ひずみ問題においてはこの長所は失われる．また，ひずみ-変位関係式としてカルマン（Karman）の有限変形理論などを用いると小回転の場合しか扱えない．この問題点は連続体モデルの使用により解消されるが大規模計算となる．これらの理由から，あまり大きな変形を伴わない，構造物の最終耐力解析には TLF がよく用いられる．ULF の得失については後述する（3.4.2 項）．

さて，前節で述べた線形構造物に対する設計感度解析手法は非線形構造物に拡張することができる．本節では，静的非線形応答に対する，増分有限要素法を用いた設計感度解析手法の概要を述べたい[11,12]．

非線形構造物に対する制約条件関数は，次のように表現される．

$$\phi=\phi(x,{}^tu(x)) \quad (3.75)$$

ここに，$\{x\}$：設計変数であり，${}^tu(x)$：荷重レベル t における変位ベクトルである．

設計感度解析においては，次式のような感度微分を計算することが要求される．

$$d\phi/d\{x\}=\partial\phi/\partial\{x\}+(\partial\phi/\partial\{{}^tu\})(d\{{}^tu\}/d\{x\})$$
$$(3.76)$$

ϕ が $\{x\}$ あるいは $\{{}^tu\}$ にどのように依存するかは，ふつうは陽な形で知られているので，ϕ の偏微分係数 $\partial\phi/\partial\{x\}$ あるいは $\partial\phi/\partial\{{}^tu\}$ を計算することは比較的容易である．増分法による有限要素解析を用いている場合には，$\partial\phi/\partial\{{}^tu\}$ を数値的に計算することもまた容易である．したがって，$d\{{}^tu\}/d\{x\}$ の計算が最大の労力を要することになり，これについて細かく検討することが必要となる．線形構造物における感度解析では，直接微分法および随伴変数法の2種類の方法が用いられたが，これらは非線形構造物の感度解析においても使用可能であり，どちらを選択するかの基準も線形構造物の場合と同様である．ただし，インプリメンテーションにおいて効率的な手順が採用されているということが前提である．

$(d/dx)\{{}^tu\}$ を計算するためには，構造系に対する次の平衡方程式を考える必要がある．

$$\{{}^tQ(x,{}^tu)\}=\{{}^tR\}-\{{}^tF\}=0 \quad (3.77)$$

ここに，$\{{}^tR\}$：外荷重に対する等価節点力ベクトルであり，設計変数の陽関数である．また，$\{{}^tF\}$：計算された応力分布から求められる内部節点力ベクトルである．線形系においては $\{{}^tQ\}$ を $\{x\}$ および $\{{}^tu\}$ の陽関数として表現することができるが，非線形系においてはそのような関数はふつうは知られておらず，増分法においては不要である．

式（3.77）の全微分を計算すると

$$\partial\{{}^tQ\}/\partial\{x\}+(\partial\{{}^tQ\}/\partial\{{}^tu\})(d\{{}^tu\}/d\{x\})=0$$
$$\partial\{{}^tQ\}/\partial\{{}^tu\}=\partial\{{}^tR\}/\partial\{{}^tu\}-\partial\{{}^tF\}/\partial\{{}^tu\}$$
$$\partial\{{}^tQ\}/\partial\{x\}=\partial\{{}^tR\}/\partial\{x\}-\partial\{{}^tF\}/\partial\{x\} \quad (3.78)$$

ここに，$\partial\{{}^tQ\}/\partial\{{}^tu\}$ は接線剛性マトリックス $[K_T]$ である．$\partial\{{}^tR\}/\partial\{{}^tu\}$ は，荷重が変位に依存する場合の修正マトリックスであり，この成分を含むと接線剛性マトリックスは非対称となるが，外荷重が変位に依存せず，適合流れ則が適用できる場合は対称マトリックスとなる．後は $\partial\{{}^tR\}/\partial\{x\}$ が計算されれば，式（3.78）より，$d\{{}^tu\}/d\{x\}$ を得ることができる．$\{{}^tR\}$ と設計変数の関係は陽な形で知られているのがふつうなので，$\partial\{{}^tQ\}/\partial\{x\}$ を構成する成分中の $\partial\{{}^tR\}/\partial\{x\}$ は容易に得られる．したがって，最後に残されるのは $\partial\{{}^tF\}/\partial\{x\}$ の計算となる．詳細は省略するが，この項は次のような形で計算される．

$$\partial\{{}^tF\}/\partial\{x\}=(\partial/\partial\{x\})\int_0^{{}^tu}[{}^tk(x,{}^tu)]d{}^tu$$
$$=(\partial/\partial\{x\})([{}^tK_S(x,{}^tu)]\{{}^tu\}) \quad (3.79)$$

ここに，$[K_S(x,{}^tu)]$ はセカント剛性マトリックスである．すなわち，この計算には接線剛性マトリックスの全変位履歴に関する積分演算が必要となる．

構造物の非線形解析においては，増分法および反復法の併用により非線形の方程式を解くことが要求されるが，設計感度解析では線形方程式［式（3.78）］のみを扱えばよい．また，感度解析において必要となる諸量のうちの大部分は，通常の増分解析過程において

計算されており，新たに計算する必要がない．したがって，非線形構造物の感度解析に要求される計算労力は非線形応答解析のそれと比較するとほんのわずかであり，汎用有限要素コード ADINA による経験に基づけば，最適設計計算コスト全体の約 90 % は非線形解析そのものに費やされていたとの報告もある[11]．

b．動的方程式を解く静的非線形構造解析法

とくに座屈点近傍では，静的な非線形方程式を安定的に解くことは困難であるため，システム減衰 (system dumping) 法あるいは動的緩和 (dynamic reduction) 法とか称される手法でしばしば解析がなされている．これらのアプローチ法は若干異なるものの動的な非線形方程式に大きなダンピング項を加えるという点で共通する．以下，文献 13) をもとに整理して記述する．

まず，基礎方程式は，

$$M\ddot{x} + C\dot{x} + Q^n(x) = 0 \quad (3.80)$$

で与えられる．ここで，$Q^n(x) : Q^n(x) = F^n - P^n - H^n$ で，$\ddot{x}$：加速度ベクトル，$\dot{x}$：速度ベクトル，x：変位ベクトル，M：対角質量行列，C：減衰行列，F^n：内力ベクトル，P^n：外力ベクトル，H^n：アワーグラス抗力ベクトルである．

まず，システム減衰法では式 (3.80) を次のように変形する．

$$\ddot{x} = -M^{-1}(Q^n(x) + C\dot{x}) \quad (3.81)$$

本手法では，初速度を与え，減衰力 $C\dot{x}$ を作用させて，準静的な釣合いを求めるものである．

以下，代表して動的緩和法の場合の式の展開を行う．

タイムステップを Δt とし，中心差分法により各々のタイムステップ n における速度ベクトル，加速度ベクトルを表すと次のようになる．

$$\dot{x}^{n+1/2} = \frac{x^{n+1} - x^n}{\Delta t}, \quad \ddot{x}^n = \frac{\dot{x}^{n+1/2} - \dot{x}^{n-1/2}}{\Delta t} \quad (3.82)$$

n ステップにおける平均速度ベクトルは

$$\dot{x}^n = 1/2\{\dot{x}^{n+1/2} + \dot{x}^{n-1/2}\} \quad (3.83)$$

である．ゆえに式 (3.80) は

$$M\left\{\frac{\dot{x}^{n+1/2} - \dot{x}^{n-1/2}}{\Delta t}\right\} + C\{1/2(\dot{x}^{n+1/2} + \dot{x}^{n-1/2})\} + Q^n(x) = 0$$

となる．

よって

$$\dot{x}^{n+1/2} = \left(\frac{1}{\Delta t}M + \frac{1}{2}C\right)^{-1}\left\{\left(\frac{1}{\Delta t}M - \frac{1}{2}C\right)\dot{x}^{n-1/2} - Q^n(x)\right\}$$

$$x^{n+1} = x^n + \Delta t \dot{x}^{n+1/2} \quad (3.84)$$

M を集中質量マトリックスとし，減衰マトリックスを，$C = c \cdot M$ とする．これにより式 (3.84) は

$$\dot{x}^{n+1/2} = \frac{2 - c\Delta t}{2 + c \cdot \Delta t}\dot{x}^{n-1/2} + \frac{2\Delta t}{2 + c\Delta t} \cdot M^{-1} \cdot Q^n(x) \quad (3.85)$$

M は対角であるので，それぞれの解ベクトルは個々に式 (3.86) で計算される．

$$\dot{x}^{n+1/2} = \frac{2 - c\Delta t}{2 + c\Delta t}\dot{x}^{n-1/2} + \frac{2\Delta t}{2 + c\Delta t}\frac{Q^n(x)}{m_i} \quad (3.86)$$

初期条件は $\dot{x}^0 = 0$, $x^0 = 0$ で準静的問題では速度 0 で始まらなくてはならない．また速度の平均値 $\dot{x}$ は 0 であるから，式 (3.83) より

$$\dot{x}^{-1/2} = -\dot{x}^{1/2} \quad (3.87)$$

したがって，$+1/2$ における速度は式 (3.85) と式 (3.87) より

$$\dot{x}^{1/2} = -\frac{\Delta t}{2}M^{-1}Q^0 \quad (3.88)$$

ゆえに，以上の式をまとめると次のようになる．ただし，以下で $u = x$, $v = \dot{x}$ とする．

$$v^{n+1/2} = \frac{2 - c\Delta t}{2 + c\Delta t}v^{n-1/2} + \frac{2\Delta t}{2 + c\Delta t}M^{-1}(F^n - P^n - H^n)$$
$$(n \neq 0) \quad (3.89)$$

$$v^{1/2} = -\frac{\Delta t}{2}M^{-1}(F^0 - P^0 - H^0) \quad (3.90)$$

したがって，

$$u^{n+1} = u^n + \Delta t \cdot v^{n+1/2} \quad (3.91)$$

である．

ここで，動的緩和における減衰項 C を決定する減衰係数 c の展開を行う．

線形解析における方程式の残差（誤差）を示せば，次式 (3.92) のようになる．

$$r = F - Ku \quad (3.92)$$

式 (3.92) を式 (3.89) に代入し，

$$u^{n+1/2} = u^n + \Delta t\left\{\frac{2 - c\Delta t}{2 + c\Delta t}u^{n-1/2}\right.$$
$$\left. - \frac{2\Delta t^2}{2 + c\Delta t}M^{-1}(F^n - P^n - H^n)\right\} \quad (3.93)$$

ここで，$\alpha = 2\Delta t^2/(2 + c\Delta t)$, $\beta = (2 - \Delta t)/(2 + c\Delta t)$ とおき，

$$u^{n+1/2} = u^n + \Delta t\{\beta v^{n-1/2} - \alpha M^{-1}(F^n - P^n - H^n)\}$$
$$(3.94)$$

$$v^{n-1/2} = \frac{u^n - u^{n-1}}{\Delta t}, \quad A^n = M^{-1} \cdot K = \omega^n, \quad b^n = M^{-1} \cdot f^n$$

より，式 (3.94) は

$$u^{n+1/2} = u^n + \beta(u^n - u^{n-1}) - \alpha A^n u^n + \alpha M^{-1}(P^n + H^n)$$
$$= u^n + \beta(u^n - u^{n-1}) - \alpha A^n u^n + 2b^n \quad (3.95)$$

n 番目のステップの収束計算における誤差を式 (3.94) のように表すと，

$$e^n = u^n - u^*$$

ここで，u^* は式 (3.92) で $\gamma=0$ のときの変位ベクトルである．

式 (3.95) は式 (3.96) のように展開される．

$$e^{n+1} = e^n + \beta(e^n - e^{n-1}) - \alpha A^n \cdot e^n - \alpha \cdot A^n \cdot v^* + \alpha \cdot b^n \quad (3.96)$$

$$e^{n+1} = e^n - \alpha A^n e^n + \beta(e^n - e^{n-1}) \quad (3.97)$$

ここで，$e^{n+1} = \kappa \cdot e^n$ と仮定し，式 (3.97) に代入し，次の κ に関する二次方程式を得る．

$$\{\kappa^2 - (1+\beta-\alpha A)\kappa + \beta\} \cdot e^n = 0 \quad (3.98)$$

P. Underwood は式 (3.98) で，$|\kappa|<1$ のときが，次のステップでの誤差率が小さくなるための最適な収束計算の条件となるとし，κ が最小となる式 (3.98) の固有値を求め，減衰係数 c の定式化をしている．

すなわち，式 (3.98) より

$$(1+\beta-\alpha A) = \pm 2\beta^{1/2} \quad (3.99)$$

ここで最小の固有値 A_0 は式 (3.100) で与えられる．

$$1+\beta-\alpha A_0 = 2\beta^{1/2} \quad (3.100)$$

ここで最大の固有値 A_m は式 (3.101) で与えられる．

$$1+\beta-\alpha A_m = -2\beta^{1/2} \quad (3.101)$$

式 (3.100)，(3.101) の両辺を足し合わせて，次式 (3.102) を得る．

$$\alpha(A_0 + A_m) = 2(1+\beta) \quad (3.102)$$

また，式 (3.100) を式 (3.103) のように書き直す．

$$\alpha A_0 = (\beta^{1/2} - 1)^2 \quad (3.103)$$

式 (3.102) と式 (3.103) を組み合わせ，固有値 A_0，A_m の項を式 (3.104) のように示す．

$$\beta^{1/2} = |1 - 2\sqrt{A_0/A_m}| \quad (3.104)$$

式 (3.89)，(3.90)，(3.91) の収束計算の最適条件を決定する時間増分 Δt と減衰係数 c は，$C = cM$ の関係と，式 (3.103) を組み合わせ，式 (3.94) の α，β の式より，

$$\Delta t \leq 2/\sqrt{A_m} = 2/\omega_{\max} \quad (3.105)$$
$$c = 2/\sqrt{A_0} = 2/\omega_0 \quad (3.106)$$

Ls-DYNA[14] では上記の P. Underwood の減衰係数を使った動的緩和法による準静的非線形解析手法に加え，Papadrakakis のアルゴリズム[15] による動的緩和法による準静的非線形解析手法も利用可能になっている．

両アルゴリズムによる計算結果の差異は，式の展開からでは明らかでないが，減衰係数 c の算出式が異なる．

Papadrakakis のアルゴリズムによる動的緩和法による減衰係数 c は

$$c = \frac{4.0}{\Delta t} \frac{\sqrt{\omega_{\min}^2 \cdot \omega_{\max}^2}}{(\omega_{\min}^2 + \omega_{\max}^2)} \quad (3.107)$$

となる．その収束条件は，式 (3.108) で求められる．

$$E_{ke} < \delta \cdot E_{ke}^{\max} \quad (3.108)$$

ここで収束係数 δ は 0.001 である．

3.2.3 非線形構造解析の応用例

数値例として，車体外板張り剛性解析，シートベルトアンカー点強度解析を取り上げる．

a．車体外板張り剛性解析

近年，省資源，省エネルギーの立場から自動車の重量軽減が重要な課題になっており，各自動車メーカーでは板厚を減らしたり軽量材料を用いることによって車体パネル重量の軽減を図っている．ただし，その際，パネル剛性などについての基礎的な理解のうえで対処する必要がある．すなわち，車体外板は振動騒音上，感触としての品質上，および実用強度上，適性な強さが必要であり，張り剛性という名で評価される．

車体外板の形状は，クレイモデルの段階で決まってしまうため，設計検討段階で張り剛性不足が判明しても板厚を上げるくらいしか対策ができず，重量，コストの面で不利になる場合がある．車体外板は板厚がその広がり方向に比べて非常に小さい板殻構造である．この場合小さな荷重でも荷重の方向によっては弾性範囲内で，板厚方向の変位が板厚程度に達するなど相対的な形状変化を無視できない現象が生じる．この現象を正確に把握するには

① 変形により形状が変化するので，釣合い方程式などに形状の変化を考慮する．
② 形状が全く同じでも，内部に発生している応力に差があれば挙動も異なるので，内部に発生した応力の剛性効果を考慮する．

が必要になる．車体外板ではパネル面に垂直に荷重を加えると，パネル面に曲げ荷重と同時に圧縮力が作用する．この圧縮力で発生する応力は剛性を減少させる効果があるのでパネルは不安定な状態になる．

このような不安定現象は表 3.2 に示すような三つの

座屈現象として現れるが，車体外板の張り剛性問題では飛び移り座屈だけが問題とされる．水洗いなどで車体外板に圧縮力が負荷されると，面内方向に圧縮された部分が生じて不安定状態になり，飛び移り座屈が生じて後，引張りが支配的な安定状態になる．このようなことが生じないようクレイ段階で張り剛性解析がなされ，パネルの板厚や曲率などが決定される．その一例として，ここで，図 3.8 に示す，実際のルーフパネルに適用された解析事例[16]について述べる．

このような問題では大変形を伴うので，要素の変形に伴って生じた変位の中には，ひずみエネルギーに寄与しない剛性変位が含まれている．したがって，幾何剛性，応力の計算は，剛体変位を除いた変位によらなければならない．剛体変位分を除去した変位-回転変位はそれぞれ相対変位，相対回転変位と呼ばれる．ULF によりこれらが精度よく算出され，正確な剛性方程式が求められている．図 3.8 に示すように，解析モデルは荷重点付近は細かく，外側は粗くメッシュ分割されている．ここでは三角形の BCIZ 要素[17]が採用されている．周辺部の複雑な形状は張り剛性に影響がないので単純形状の位置でカットされている．必要な荷重-たわみ線図は，強制変位増法にニュートン-ラフソン法を併用して，逐次求められる．

図 3.8 に示す位置に，z 方向に強制変位が与えられたときの，荷重-たわみ線図を図 3.9 に示す．実験結

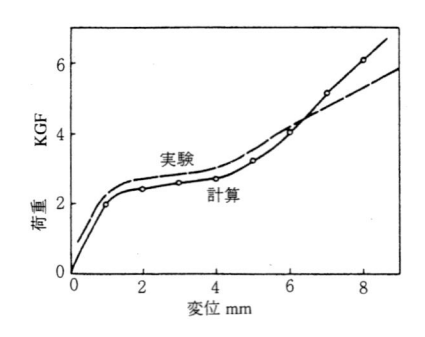

図 3.9 荷重-たわみ線図

果と解析結果はたわみ 7 mm 程度まで 10 % 以内の相対差になっており，張り剛性の評価上，問題ない精度といえる．ここで，両者の差は数値解析上の丸めの誤差や桁落ち誤差のほか，板厚が一様には設計値どおりになっていないなどの製造上の問題や実験計測の誤差も考えられる．

b．シートベルトアンカー点強度解析

シートベルトアンカー点の引張強度は，衝突時の安全対策として，国内の保安規準をはじめ FMVSS（Federal Motor Vehicle Safety Standards，米国の連邦車両安全規準）や ECE（Economic Commission for Europe，欧州経済委員会）などの安全規準によって定められ，車両開発の際，構造決定の一要因になっている．とくに，フロア中央部にあるラップベルトのアンカー点は，骨組みのないパネル構造部が面外方向に強く引張られることから条件が厳しく，その対策には多くの実験を必要とすることがある．

この強度予測をするにはパネル部の塑性域での大たわみを考慮する必要があり，代表的な ULF に基づく方法でもその解析は困難である．そこで，骨組み部材で適用されていた塑性関節点マトリックスの考え方が新たに，変位に対して寄与の大きい面内剛性に適用された[18]．すなわち，面内塑性関節点マトリックス C_{ij} は，弾性剛性マトリックス K_{ij} から塑性変形による減少分 G_{ij} を引いた式となる．

$$C_{ij} = K_{ij} - G_{ij} \quad (3.109)$$

ここで，

$$G_{ij} = B_{ik}K_{kj}, \quad B_{ij} = (a_{ik}K_{ik}\phi k)\phi_j, \quad \phi_i = \frac{\partial F_i}{\partial R_i}$$

$$(i, j, k = 1, 2, 3)$$

で F_i は降伏関数値，R_i は内力，a_{ik} は K と ϕ によって決まるパラメータである．本塑性関節点マトリック

表 3.2 座屈の様式

分類	分岐座屈	飛び移り座屈	屈服座屈
例	棒のオイラー座屈	球殻の圧縮	円筒の曲げ
様式	(外力-変位図)	(外力-変位図)	(外力-変位図)

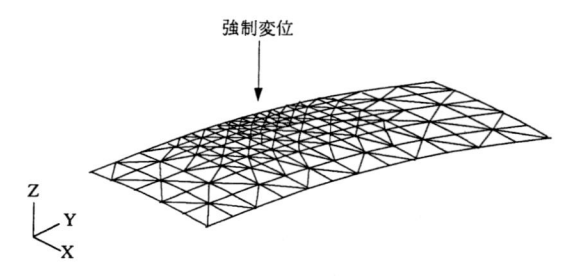

図 3.8 ルーフパネルの単品解析モデル
（左半分の 1/2 モデル）

スの有効性の確認に用いられた車体フロア解析モデルを図 3.10 に示す[18]．57 節点 87 要素のモデルである．また，ラップベルトとショルダベルトの両方から入力される場合の構造検討を行うため，図 3.10 のフロアモデルに側部構造を加えた車体解析モデルを図 3.11 に示す．解析モデルは同図に示すように上屋などの骨格系はメンバ要素で，フロアパネルは板殻要素でモデル化されている．実車実験でみられるトンネル部を中心とした特徴的な折れ曲がり変形が追跡できるか否かで解析法が適切かの判断ができる．この確認に使用された要素剛性マトリックス作成の流れを図 3.12 に示す．特徴的な点をあげると次のとおりである．

① 弾塑性の状態に入った要素のうち，塑性関節の条件が成立した要素に対しては，塑性関節点マトリックスを使用する．
② 大変形部分の板厚減少量は，要素の体積一定条件から定める．
③ 遷移マトリックスの考え方を用いて，設定された応力-ひずみ線図から逸脱しないようにする．

まず，車体フロア引張実験に対する解析では，塑性関節点マトリックス利用の効果が現れ，剛性の低下がみられる．板厚減少と遷移マトリックスだけを考慮した場合に比べ，塑性関節点マトリックスも考慮すると折れ曲がり変形が大きくなり，さらに実際の変形量に近づくことがわかる．次の点でシミュレーションと実験とはよく対応する．

① 変形モードは，両者ともアンカー点を中心にフロア全体の盛り上がりを示し，とくにトンネル後端のせり上がりが実車挙動を再現する．
② 解析で塑性の発生する要素と実験で局部変形の大きい部位とが対応する．
③ 強度評価の目安となる荷重-変位特性は，図 3.13 のように実験を実用的なレベルでシミュレートする．

シートベルトアンカー強度解析はこのほかに有吉らの研究[19]や桜井らの研究[20]などがある．文献[19]では汎用構造解析プログラムの ABAQUS[21]が用いられ，

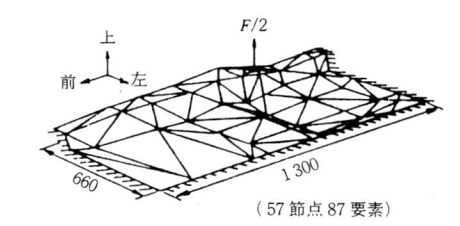

図 3.10　車体フロア解析モデル

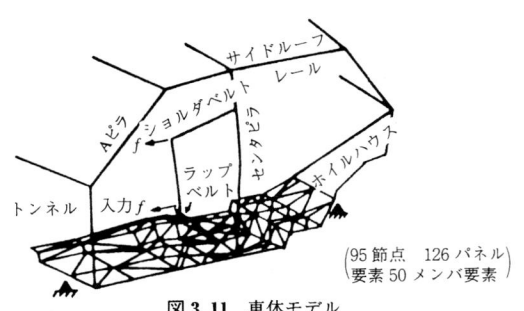

図 3.11　車体モデル

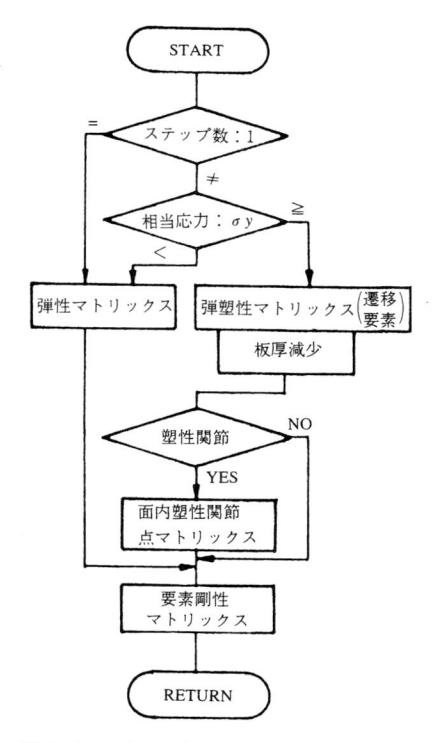

図 3.12　パネル要素剛性マトリックスの作成

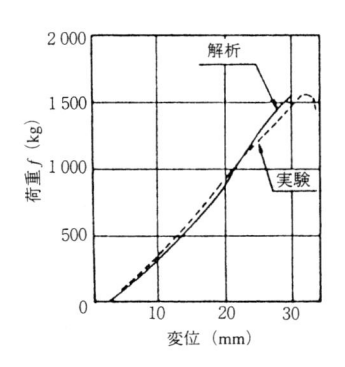

図 3.13　荷重-変位特性比較

シートベルトのフロア上のアンカー点への負荷入力に対するフロアパネルの変形モードの算出のほか，フロア上のスポット溶接の破壊発生箇所や破壊荷重に対する予測などが行われている．そして，同著者らはフロアの変形の大小により静的解析法と動的解析法の使い分けをする必要があるとしている．すなわち，フロア変形が少ない場合には静的な解法によっても計算上の不安定が生ずることなく規定荷重までの変形の計算を行うことが可能である．しかし，フロアパネル上に大規模な塑性バックリングが発生し，その結果としてフロアのスポット溶接部の破壊が生ずるような場合には安定性の高い動的解析法を用いることが有効である，としている．

そこで有吉らは陰解法による数値積分法を用いて解析を実施している．一方，熊谷らは陰解法による数値積分法では剛性マトリックスの逆行列を求めるため膨大な計算時間がかかるとして陽解法で検討している[22]．このように静的問題を動的問題で解く代表的な方法にシステム減衰法や動的緩和法がある．これらの手法の源は，Otter らの研究[23]にまでさかのぼり，文献[13,15]などがこの面での重要な仕事とされている[14]．動的緩和法の適用モデルを図 3.14[22]に示す．ここではスポット破断の検討も試みられている．その基本的な考え方は，節点間に作用する荷重が式(3.110)で示される設定荷重に達すると，節点間の結合は破断されるとするものである[22]．

$$G = \left(\frac{F_N}{A}\right)^{a_1} + \left(\frac{F_S}{B}\right)^{a_2} \quad (3.110)$$

ここに，A：軸方向破断荷重，B：せん断方向破断荷重，F_N：軸荷重，F_S：せん断荷重，a_1, a_2：定数である．これにより破断まで含む大変形領域までの解析が可能となったものの，いまなお次のような課題がある[22]．

① 荷重負荷時間を実現象のまま計算すると計算時間が膨大になるため荷重負荷時間を短縮する必要があるが，その計算条件の設定方法についての合理的な方法の提案．

② 陽解法を準静的問題に適用する場合，計算時間は材料密度の $-1/2$ 乗に比例するため，マススケーリングと称されて材料密度を上げて計算時間を短縮する．しかし材料密度を過度に上げると変形モードが異なることに対する検討．

③ 慣性力は変形特性と負荷荷重の関係で決まるため，モデルごとに最適な計算条件は異なる．したがって，計算ごとに慣性力の影響による計算精度の悪化の指標．今後，これらの課題が解決されることにより本手法の実用性はますます高くなる．

c．板成形解析

自動車の内外板部品をプレスで成形する板成形およびコンロッドなどのエンジンや足廻り部品をプレスで成形する鍛造で代表される塑性加工への FEM の適用も進められている．最近とくに FEM の応用が盛んな分野が板成形である．フェンダおよびドアなどに代表される自動車の板成形部品は，複数工程のプレス成形によって製造されている．割れ・しわなどの欠陥のない部品を成形するために，通常，部品試作－評価－金型修正を繰り返す試行錯誤によって金型を完成させている．部品試作の前に，金型形状の詳細な検討が可能であれば，試行錯誤の期間が大幅に短縮される．

部品の成形工程をシミュレートするためには，まず，金型と板材を有限要素に分割する必要がある．図3.15 にハット曲げ成形を例とした金型断面の解析モデルの構成を示す．成形前の板材は，通常単純な形状なために，要素分割は容易である．一方，金型の要素分割は，図 3.16 に示すフロントフェンダ成形用ダイの要素分割例でもわかるように，部品の形状が複雑である．そして，部品形状以外の金型の構成部分である板材を成形前に置く部分のダイフェースと板材の部品形状部分のしわ発生を抑制する効果を有する余肉と呼ばれる部分も形状データを作成し要素分割する必要がある．板成形の解析期間の短縮化の大きなポイントの一つが，部品形状部分とダイフェースおよび余肉を含

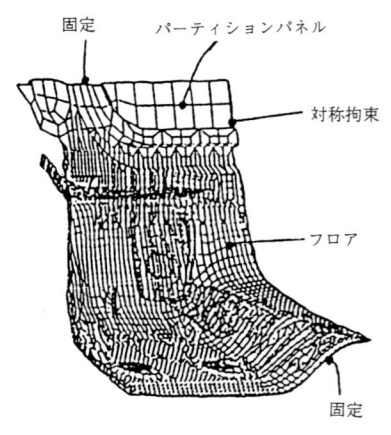

図 3.14 動的緩和法適用モデル

3.2 静的構造解析への応用

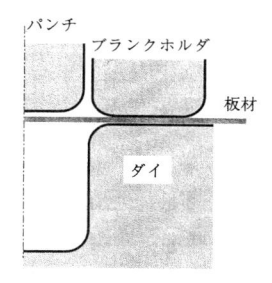

図 3.15 成形解析モデルの構成（例：ハット曲げ成形）

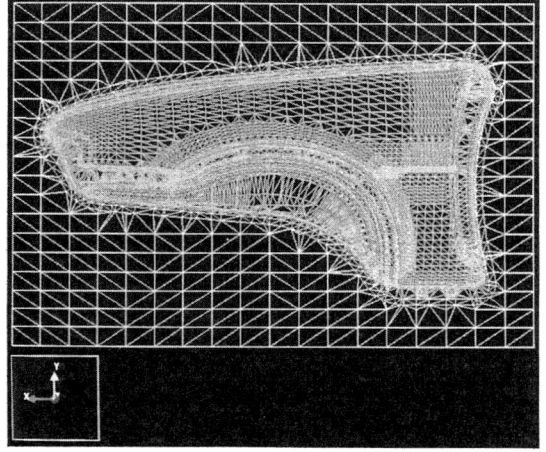

図 3.16 フロントフェンダ成形用ダイの要素分割図

めた金型の要素分割の効率化である．

FEMの板成形シミュレーションへの適用は，三次元解析が現在主流である．解析手法としては，計算時間の短縮化を考慮して，静的および動的陽解法がおもに適用されている．静的陰解法は，ドア，トランクなどの開き機能を有する部品を構成する外板および内板部品の塑性加工による締結方法であるヘム加工などに二次元解析で対応可能な部分に適用されている．静的陰解法は，計算精度はよいが，要素の数が多いと収束計算に時間がかかり実用的でないことから，三次元解析にはあまり適用されていない．成形する板材への適用要素としては，膜要素とシェル要素が一般的に用いられている．膜要素は，シェル要素に比較して計算時間が少ない特徴を有しているが，要素間の曲げに対しての抵抗力がなく実際に比較して欠陥であるしわが容易に出現してしまうために，シェル要素がよく適用されている．

板成形部品は，部品の主要部分を成形するドロー工程・板材の不要な部分を切断するトリム工程・部分的な形状を成形する曲げ/リストライク工程の複数工程で成形されている．現在は，割れ・しわなどの欠陥が最も多く現れるドロー工程のシミュレーションが中心に行われ，欠陥の生じない部品および金型形状の検討に適用されている．精度よく板成形シミュレーションを行うためには，材料特性・板材と金型の摩擦特性・しわ抑制用ビードのモデルを実際に近づける必要があり，種々の方法が提案されている．

図 3.17 にフロントフェンダの成形シミュレーション結果を示す．現在では，かなり複雑な部品形状でも成形可能なレベルに達している．部品欠陥である割れ・しわを解析結果から評価する場合は，それぞれ異なる方法を用いる．しわの場合は，グラフィックス処理により，しわの有無を判断する．図 3.18(a) にしわの発生した解析結果を示す．しわが発生した場合は，金型形状および成形条件等の変更によって対応する．この例では，ブランクホルダの加圧力を増加することによってしわの発生を抑制可能で，図 3.18(b) にその

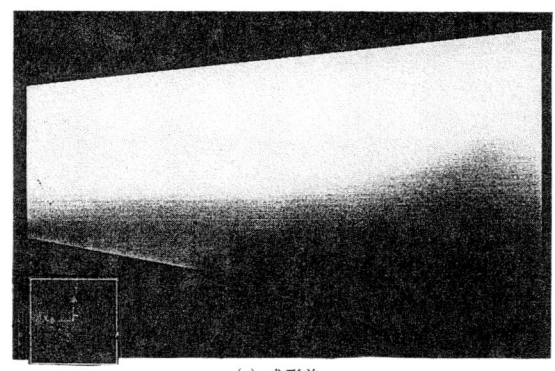

(a) 成形前

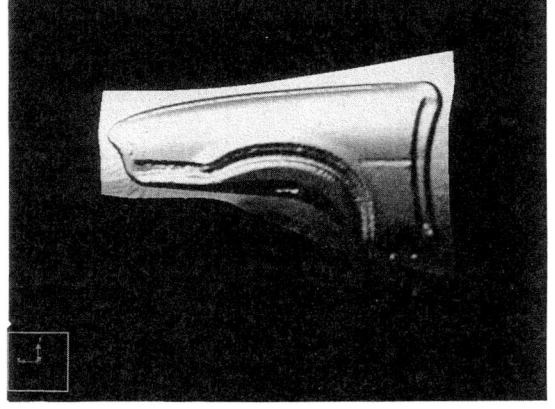

(b) 成形後

図 3.17 フロントフェンダの成形シミュレーション結果

(a) しわあり（縦壁部）

(b) しわ抑制（ブランクホルダ圧力増加）
図3.18

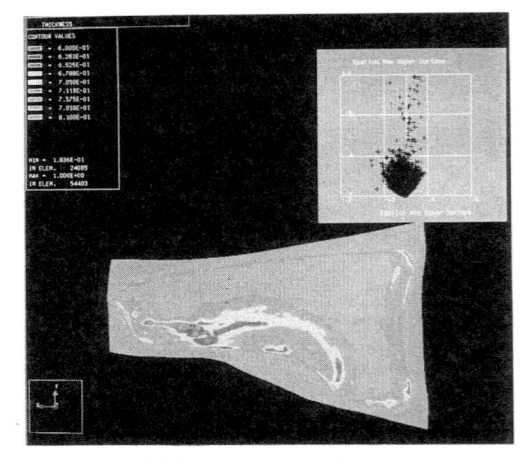

図3.19 板厚分布図（下）および成形限界線（右上：原因は赤線）とひずみの表示（右：+）

効果が現れているのがわかる．高さがミリ単位のしわの有無は，グラフィックス処理で判断可能である．しかし面ひずみと呼ばれるミクロン単位の高さのしわに対しては，解析および評価技術双方の高精度化が必要である．また，割れに関しては，図3.19に示すような解析から求めた板厚分布やひずみの分布と板材が破断するときのひずみから求めた成形限界線と比較することによって割れの有無を判断している．

解析結果の評価によって，欠陥が生じることが判明した場合は，板材の形状・ダイフェース/余肉/ビード形状の変更・ブランクホルダ加圧力の変更などを行っての再解析により欠陥のない成形条件を検討する．現在の成形解析は，ドロー工程における割れおよびしわの評価に適用されているが，今後は，金型の修正工数で大きな割合を占めている部品形状の寸法精度向上にシミュレーションが適用されると考えられる．そのためには，部品成形後の弾性回復による形状変化現象のスプリングバックが精度よく解析される必要があり，より高精度な解析手法の研究開発が進められている．

3.3 周波数応答解析への応用

車両の満たすべき性能には騒音，振動など周波数応答に関係する課題が多い．これらの検討には，マスバネ法，FEM，境界要素法（BEM），伝達マトリックス法などが用いられるが，汎用性に優れるFEMの使用が中心である．ピーク値など特定の周波数点での応答値の低減や，ある周波数域の応答値の積分値を低減する検討が代表的なものである．前者には直接周波数応答解析も適用されるが，後者の場合も含めてモード周波数応答解析の利用が主流である．モード周波数応答解析は固有値解析，モード重合法がまず基礎技術としてあるため，これらについてまず述べる．次に高周波の車室内騒音解析にとって重要な構造-音場連成解析，続いて構造検討に重要な感度解析や部分構造合成法について述べる．

3.3.1 固有値解析

FEMによる振動騒音解析に現れる固有値方程式はMCK型方程式と称される式（3.111）である．

$$\mu^2[M]z+\mu[C]z+[K]z=0 \quad (3.111)$$

減衰項が省略される場合はMK型方程式と称される式（3.112）である．

$$[K]x=\lambda[M]x \quad (3.112)$$

ここに，$[M]$：質量行列，$[K]$：剛性行列，$[C]$：減衰行列である．λ, μ：固有振動数，$\{x\}, \{z\}$：固有モードである．MK型，MCK型方程式の問題を解くには，①直接解く，②標準型（$[A]\{x\}=\lambda\{x\}$）の問題に変換して解く，の二つが考えられる．MK型の問

題を直接解く方法としては，一般化ヤコビ法，サブスペース法，デターミナントサーチ法，スツルム法，共役勾配法などがある．MCK型の問題を直接に解く方法としては，ランチョス法，ベルヌーイ法などがある．固有値問題の解法には，いろいろな種類があるが大きく分けて，

① 固有値を先に求める方法
② 固有ベクトルを先に求める方法

の2系統がある．自動車のような大規模な構造の固有値解析法として望まれるのは，興味のある周波数範囲内の固有値，固有モードだけを正確に算出できる手法である．その意味でサブスペース法の出現によって初めて自動車構造の固有値解析が現実のものとなったといっても過言ではない．現在は同様に興味のある周波数範囲内の固有値，固有モードだけを正確に算出できるランチョス法[24]の使用が主流である．ランチョス法はまた，シフト値と称されるパラメータ値を適切にスイープさせることによって，全自由度の固有ペア（固有値および固有ベクトル）を正しく求めることも可能という特徴をもつ．

3.3.2 流体関連振動/構造-音場連成解析

燃料タンクとガソリンとの間のような，液体挙動とシェル振動との連成現象はスロッシングと称され多くの研究例がある．ここで述べる音と振動の連成現象の代表的なものとしては，自動車のこもり音やロードノイズなどの車室内騒音，エンジンルーム内のビルドアップ騒音，ターボ音，排気吐出音，燃料タンク内のポチャ音，そして風切り音などをあげることができる．たとえば，ロードノイズは路面からの振動が駆動系，懸架系を経由して車体に伝えられ，車体パネルから騒音を発生する固体伝播音の現象である．この場合，音もまた，パネルの振動に影響を与える．

この連成現象を表現するマトリックス方程式は非対称となる．このことは動的現象の最も効果的な解法であるモード重合法の適用を困難にしていた．ようやく1980年のMacNealらの研究[25]によりそれが可能となったが，この方法では連成系での最適化解析のための感度係数の算出が容易でない．そこで萩原らによって左固有ベクトルと右固有ベクトルとの間の関係式（以下，左・右関係式と略す）が見出され，その解決が得られた[26]．

一方，構造振動現象の解明にはいわゆる実験モード解析[27]が威力を発揮するが，音の問題へ適用されたのはつい最近である．これは実験モード解析の基本となるカーブフィットが連成を考慮した式を用いて初めて可能となることが見出された[28]ことによる．すなわち，左・右関係式を用いて初めて音の領域での実験モード解析が可能となった．本項ではこの連成現象を表現する式の誘導とその解法について記し，連成の効果をみるため，箱モデルで音場，構造，それぞれにかかわる固有振動数が連成の影響でどのように変化するのかを調べる．

a．連成現象の数理的表現とその解法

詳細は文献[29]に譲りここでは簡単に，図3.20の流れに沿って展開すると，次式で表される2階の常微分方程式系が得られる．ここで簡単のため，減衰項を省略している．

$$\begin{bmatrix} M_{ss} & 0 \\ M_{as} & M_{aa} \end{bmatrix} \begin{Bmatrix} \ddot{u}_s \\ \ddot{u}_a \end{Bmatrix} + \begin{bmatrix} K_{ss} & K_{sa} \\ 0 & K_{aa} \end{bmatrix} \begin{Bmatrix} u_s \\ u_a \end{Bmatrix} = \begin{Bmatrix} F_s \\ F_a \end{Bmatrix}$$
(3.113)

ここに，s, a：構造系，音場系を表す添え字，$[M_{ss}], [K_{ss}]$：構造系の質量，剛性マトリックス，$[M_{aa}], [K_{aa}]$：音場系の質量，剛性マトリックス，$[M_{as}], [K_{as}]$：連成マトリックスで，$[M_{as}] = -[K_{as}]$，u_s, F_s：構造系の変位および入力，u_a, F_a：音場系の変位および入力，そして¨：時間による2階微分を表す．

式（3.113）に示すように，連成現象では非対称なマトリックスを扱うこととなり，従来の構造系のモード重合法は成立しない．すなわち，構造系のものと同じモードの直交条件式や正規化条件式は成立しない[26]．そこで，MacNealらは図3.21に示すように，自由度数を2倍にして，マトリックスの対称化を得た[25]．これにより，連成系でモード重合法の適用が

```
┌─────────────────────────────────────┐
│ 音圧 P の空間に関する2階の微分方程式 │
└─────────────────────────────────────┘
              │
┌─────────────────────────────────────┐
│ 構造系の面外振動 W の空間に関する4階の微分方程式 │
│ 外力項：車室内からの空気圧力による加振力 │
│ ＋その他の外力による外振力              │
└─────────────────────────────────────┘
              │
┌─────────────────────────────────────┐
│ 面外振動 W の積分形                     │
│ 微分方程式を積分形に変換する際           │
│ 連成条件 $\frac{\partial P}{\partial n} = -\rho \frac{\partial^2 W}{\partial t^2}$ の導入 │
│ $n$：面の法線方向ベクトル，$t$：時間，$\rho$：空気の密度 │
└─────────────────────────────────────┘
```

図3.20 式（3.113）を誘導する手順

3. 有限要素法

STEP 1 方程式 (1) をモード変換

構造系のモード変換: $u_s = \phi_s \zeta_s$, $m_s = \phi_s^T M_{ss} \phi_s$, $k_s = \phi_s^T K_{ss} \phi_s$

音場系のモード変換: $u_a = \phi_a \zeta_a$, $m_a = \phi_a^T M_{aa} \phi_a$, $k_a = \phi_a^T K_{aa} \phi_a$

また,$m_{as} = \phi_a^T M_{as} \phi_s$ ここで,ζ:モード座標 ϕ:固有モード行列

$$\begin{bmatrix} m_s & 0 \\ m_{as} & m_a \end{bmatrix} \left\{ -\begin{Bmatrix} \ddot{\zeta}_s \\ \ddot{\zeta}_a \end{Bmatrix} \right\} + \begin{bmatrix} k_s & -m_{as}^T \\ 0 & k_a \end{bmatrix} \begin{Bmatrix} \zeta_s \\ \zeta_a \end{Bmatrix} = \begin{Bmatrix} f_s \\ f_a \end{Bmatrix}$$ ここで,f:モード荷重

STEP 2 $f_a = 0$ とし,$\zeta = m_{as} \zeta_s$, $\lambda = -\zeta_a$, $m_a^{-1} \eta = m_a^{-1} \zeta - \lambda$ と新たに三つの変数を導入する.

$$\begin{bmatrix} m_s & 0 & 0 & 0 \\ 0 & 0 & 0 & 0 \\ 0 & 0 & k_a^{-1} & 0 \\ 0 & 0 & 0 & 0 \end{bmatrix} \begin{Bmatrix} \ddot{\zeta}_s \\ \ddot{\zeta} \\ \ddot{\eta} \\ \ddot{\lambda} \end{Bmatrix} + \begin{bmatrix} k_s & 0 & 0 & m_{as}^T \\ 0 & m_a^{-1} & -m_a^{-1} & -I \\ 0 & -m_a^{-1} & m_a^{-1} & 0 \\ m_{as} & -I & 0 & 0 \end{bmatrix} \begin{Bmatrix} \zeta_s \\ \zeta \\ \eta \\ \lambda \end{Bmatrix} = \begin{Bmatrix} f_s \\ 0 \\ 0 \\ 0 \end{Bmatrix}$$

図 3.21 MacNeal らのマトリックスの対称化の方法

〈命題1〉 右および左固有値問題のすべての固有値および固有ベクトルはつねに実数である.

〈命題2〉 左固有ベクトル $\bar{\phi}$ は右固有ベクトル ϕ によって求められる.

$$\bar{\phi}_i^T = \left\{ \phi_{si}^T, \frac{1}{\lambda_i} \phi_{ai}^T \right\} \quad (\text{for } \lambda_i \neq 0)$$

ここに,$\phi_i^T = \left\{ \phi_{si}^T, \phi_{ai}^T \right\}$ である.

λ_i:固有値,s:構造系を示す添字 a:音響系を示す添字

〈命題3〉 連成系の直交条件は

$$\phi_{si}^T K_{ss} \phi_{sj} + \phi_{si}^T K_{sa} \phi_{aj} + \frac{1}{\lambda_i} \phi_{ai}^T K_{aa} \phi_{aj} = 0,$$
$$\phi_{si}^T M_{ss} \phi_{sj} + \frac{1}{\lambda_i} (\phi_{ai}^T M_{as} \phi_{sj} + \phi_{ai}^T M_{aa} \phi_{aj}) = 0 \quad (\text{for } i \neq j)$$

〈命題4〉 右固有ベクトル ϕ_i の質量に関する正規化条件は

$$\phi_{si}^T M_{ss} \phi_{si} + \frac{1}{\lambda_i} (\phi_{ai}^T M_{as} \phi_{si} + \phi_{ai}^T M_{as} \phi_{si}) = 1$$

図 3.22 構造-音場連成系に関する四つの命題

可能となった.そして今日まで,各方面でこの手法が採用されている.

しかし,本手法では,① 方程式の物理的な意味が変わるので実験との対応がむずかしい,② 計算量が増えるために係数行列が特異になると対処しにくい,③ 感度を求めるのがむずかしい,という問題点がある.そこで萩原らによって,非対称の固有値問題に対し,右固有ベクトル ϕ^i のほか,左固有ベクトル $\bar{\phi}^i$ も導入して,左・右関係式を含む図 3.22 に示す四つの命題が誘導されている[26].そして,これをもとに,非対称のマトリックスのままで従来の構造系で用いられていたモード重合法を連成系で利用することが可能となり[26],連成系の感度係数の導出も可能となった[30〜32].

b.構造-音場連成系の固有振動数

車室を模擬した大きさ $160 \times 200 \times 150$ cm で板厚一様の鋼板の箱モデルで,連成の影響をみるためにまず音場系,構造系単独で固有振動数を求め,さらに連成系で固有振動数を求めて,連成項による影響が調べられている.ここで,構造モデルは 98 個の節点と 96 個の四辺形要素 (CQUAD4)[33] からなる.音場モデルは,125 個の節点と 64 個のソリッド要素 (CHEXA)[33] からなる.パネルの板厚を 4 mm とした場合の,各系の固有振動数を表 3.3(a) に示す.この表は,音場系の固有振動数は連成を考慮すると 1.0 Hz から 2.0 Hz 程度上がることを示している.一方,構造系の固有振動数は上がる場合と下がる場合があるが,その変化量は 1.0 Hz 以内がほとんどで,音場系の場合に比較して小さい.また,連成を考慮することによる固有振動数の変化は高周波数になるほど大きい.

表 3.3(b) に,パネルの板厚を 1 mm としたときの各系の固有振動数を示す.明らかに,板厚 4 mm のときと比較して,連成を考慮することによる固有振動数の変化は顕著である.その変化量は音場系固有振動数については約 5〜7 Hz,構造系の固有振動数については約 0.5〜2 Hz の範囲にあり,音場系の固有振動数に対する影響が大きい.また,固有振動数の変化はやは

表3.3 連成系固有振動数の比較
(a) 板厚4mmの場合

次数	連成系 (Hz)	構造系 (Hz)	音場系 (Hz)
1	0		4.43E-05
2	8.998	8.372	
3	9.528	9.595	
～	～	～	
33	84.64	85.21	
34	89.13		87.19
35	95.36	95.69	
36	96.25	96.21	
37	102.1	102.3	
38	109.6		109.1
39	112.1	112.5	(138.1
～	～	～	～ 145.3
52	171.1	170.8	169.5)
53	180.1		178.5
54	188.4		187.4
55	191.6	193.5	
56	192.5	193.8	
57	198.9		197.6
58	212.7		212.4

(b) 板厚1mmの場合

次数	連成系 (Hz)	構造系 (Hz)	音場系 (Hz)
1	0		4.43E-05
2	2.335	2.093	
3	2.341	2.399	
～	～	～	
50	53.54	53.94	
51	57.98	59.23	
52	58.61	59.63	
53	60.12	61.85	
54	70.92	72.41	
55	95.49		87.21
56	115.8		109.1
57	116.2	120.3	
58	144.1		138.1
59	151.5		145.3
60	174.7		169.5
61	183.7		178.5
62	191.8		187.4
63	202.2		197.6
64	216.4		212.4

り高周波数域におけるほど著しい．たとえば，自動車のこもり音が燃料タンクを満タンにすることにより悪化する場合があるが，この現象では，タンクの固有振動数を2～3Hzの間で制御して対処されることを考えると，この連成の影響はたいへん大きい．ここで，音場に関係する固有振動数がより大きな影響をなぜ受けるかなどについては，連成系の固有振動数が初めて陽な形で示された数学的なアプローチ[34]などの援用で今後解決されていくものと思われる．

3.3.3 モード重合法

モード重合法は昔から提出され，振動解析の強力な手段として，機械，構造，車両，飛行機，宇宙構造などの広い範囲にわたって，解析，実験，制御，システム同定および最適設計に用いられている．

省略されたモードの影響を補正するモード重合法としては，ハンスティーン（Hansteen）らの方法[35]がよく用いられているが，馬らは一般の減衰系を対象に，ハンスティーンらの方法は昔からのモード加速度法[36]と等価であることを証明した[37]．また，低次のモードが省略される場合には，ハンスティーンらの方法やモード加速度法を用いると，用いない場合よりかえって著しく解の精度が低下することを示すとともに，一種の新しいモード重合法の提案がなされた[37]（以下，馬-萩原のモード重合法と称す）．

馬-萩原のモード重合法を用いれば，高次のモードだけでなく低次のモードも省略することができるうえ，従来のモード重合法である，モード変位法，モード加速度法およびハンスティーンらの方法に比べて，精度および効率の点からも優れた解析方法であることが示された[37]．現在，工学で広く使用されている感度解析や区分モード合成法そして特性行列の実験同定など騒音振動にかかわる高級な技術は，すべてモード重合法が基本となっている．本項では，3.3.2項で述べた左・右固有ベクトルを使って連成系でモード重合法の定式を行う．

a. 従来のモード重合法

(i) モード変位法 (mode displacement method)
次のような運動方程式を考える．
$$M\ddot{u} + C\dot{u} + Ku = f \quad (3.114)$$
ここに，K, C, M, u と f は，それぞれシステムの剛性行列 (stiffness matrix)，減衰行列 (damping matrix)，質量行列 (mass matrix)，応答ベクトル (response vector) と入力ベクトル (exciting force vector) である．ここに，ダンピングマトリックス C については，モード座標変換によって対角化できる行列（たとえば，比例減衰行列）と仮定する．ここで，K と M は，前節で述べたように次式で表される．

$$K = \begin{bmatrix} K_{ss} & K_{sa} \\ 0 & K_{aa} \end{bmatrix}, \quad M = \begin{bmatrix} M_{ss} & 0 \\ M_{as} & M_{aa} \end{bmatrix}$$

$$u = \begin{Bmatrix} u_s \\ u_a \end{Bmatrix}, \quad f = \begin{Bmatrix} f_s \\ f_a \end{Bmatrix} \quad (3.115)$$

構造系の場合，モード変位法は次のように記され

る．すなわち，まず変位ベクトルを系の固有ベクトルに展開し，

$$u = \sum_{i=1}^{n} \phi_i q_i \quad (3.116)$$

とする．ここに，ϕ_i：系の固有ベクトルで，q_i：モード変位座標である．また，n は用いられる固有ベクトルの数で，一般に n は系の全体自由度 N よりはるかに小さい．式（3.116）を式（3.114）に代入して，それから左から ϕ_i^T を掛けて，また，$\phi_i^T C \phi_j = 0$（for $i \neq j$）の仮定を用いれば，

$$m_i \ddot{q}_i + c_i \dot{q}_i + k_i q_i = f_i \quad (i=1,2,\cdots,n) \quad (3.117)$$

が得られる．ここに，

$$m_i = \phi_i^T M \phi_i, \quad c_i = \phi_i^T C \phi_i, \quad k_i = \phi_i^T K \phi_i, \quad f_i = \phi_i^T f \quad (3.118)$$

である．

構造-音場連成系の場合では，式（3.116）を用いれば，式（3.117）と同じようにモード座標に関する方程式が得られるが，係数 m_i, c_i, k_i, f_i の表現は異なる[26]．すなわち，

$$m_i = \bar{\phi}_i^T M \phi_i, \quad c_i = \bar{\phi}_i^T C \phi_i, \quad k_i = \bar{\phi}_i^T K \phi_i, \quad f_i = \bar{\phi}_i^T f \quad (3.119)$$

となる．ここに，$\bar{\phi}_i$ は系の左固有ベクトルで ϕ_i との関係については前節で述べている．

以下では，構造系と連成系の検討を統一するために，左固有ベクトルと右固有ベクトルを用いて検討を行う．ただし，単なる構造系の場合には，$\bar{\phi}_i = \phi_i$ となる．

周波数応答解析（frequency response analysis）の場合には，$f = F e^{j\Omega t}$ と $u = U e^{j\Omega t}$ とすれば，

$$U = \sum_{i=1}^{n} \phi_i Q_i \text{ and } Q_i = \frac{\bar{\phi}_i^T F}{m_i(\omega_i^2 + 2j\xi_i \omega_i \Omega - \Omega^2)} \quad (3.120)$$

が得られる．ここに，Ω は入力 f の周波数，$\omega_i = \sqrt{k_i/m_i}$ は系の固有振動数，$\xi_i = c_i/(2m_i\omega_i)$ はモード減衰比（modal damping rate），$j = \sqrt{-1}$ である．簡単のために，以下では，$m_i = 1$ とする．

モード重合法を利用する最大の利点は，少数のモード座標で複雑かつ大規模な系の動力学的（dynamics）な特性を近似的に表すことができることにある．ところが，モード変位法の場合では，精度のよい変位応答は少数の低次モードによって得られるが，同じ数のモードを用いるとき，応力応答の精度はかなり悪くなることがある[26]．また，構造-音場連成系の場合では，モード変位法により得られた連成系の音圧レベルの誤差は，構造上の点の変位の誤差より著しく大きくなることがある[26]．そこで，精度のよい応力値および音圧値を得るには，省略されたモードに対しての補償方法を考える必要がある．

(ii) モード加速度法[36] モード変位法の精度を改善するために，1945 年から，モード加速度法が提案されてきた．よく知られるように，モード加速度法を用いれば，解の収束性が著しく改善され，より少数の固有モードを用いても，精度のよい解が得られる．ここで，このモード加速度法について簡単に述べる．

モード変位法の式（3.116）によって得られる近似解を $\bar{u}$ とする．ここに，$n+1$ から N までの高次モードの影響は完全に無視されている．モード加速度法の解は次のように得られる．

まず，式（3.114）は次のように書ける．

$$u = K^{-1}(f - C\dot{u} - M\ddot{u}) \quad (3.121)$$

もし，式（3.121）の右辺の u をモード変位法の解

$$\bar{u} = \sum_{i=1}^{n} \phi_i q_i \quad (3.122)$$

で近似すれば，式（3.121）の左辺 u は次のようになる．

$$u = K^{-1}(f - C\dot{\bar{u}} - M\ddot{\bar{u}}) \quad (3.123)$$

そして，式（3.122）を式（3.123）に代入して

$$K^{-1} M \phi_i = \frac{1}{\omega_i^2} \phi_i, \quad K^{-1} C \phi_i = \frac{2\xi_i}{\omega_i} \phi_i \quad (3.124)$$

を利用すれば

$$u = K^{-1} f - \sum_{i=1}^{n} \frac{2\xi_i}{\omega_i} \phi_i \dot{q}_i - \sum_{i=1}^{n} \frac{1}{\omega_i^2} \phi_i \ddot{q}_i \quad (3.125)$$

が得られる．

また，周波数応答解析の場合では，モード加速度法による解 U は次のように得られる．

$$U = K^{-1} F + \sum_{i=1}^{n} \frac{\Omega^2 - 2j\xi_i \omega_i \Omega}{\omega_i^2} \phi_i Q_i \quad (3.126)$$

式（3.126）に示すように，右辺の第 1 項は静力学的（statics）な解で，第 2 項はこの方法の名前を与える．すなわち，第 i 次モードが無視された場合では，モード変位法による絶対誤差（absolute error）を $e_i^s = |\phi_i Q_i|$ とすれば，同じモードが無視されたときの式（3.126）の絶対誤差は

$$e_i^a = \frac{\sqrt{\Omega^4 + 4\xi_i^2 \omega_i^2 \Omega^2}}{\omega_i^2} e_i^s \quad (3.127)$$

となる．式（3.127）により，もし

$$\omega_i > \sqrt{2\xi_i^2 + \sqrt{1+4\xi_i^4}}\,\Omega \qquad (3.128)$$

($\xi_i=0$ のときには，$\omega_i>\Omega$) であれば，モード加速度法の誤差 e_i^a はモード変位法の誤差 e_i^s より小さくなり，解の収束 (convergence) が加速される（図3.23の $\beta=0.0$ の実線を参照）．

ところが，式（3.127）に示したように，もし省略されたモードが入力周波数より低次のモードであれば，モード加速度法の誤差 e_i^a はモード変位法の誤差 e_i^s より大きくなる（図3.23）．したがって，モード加速度法は，低次モードの省略に適用できないことがわかる．

また，もし剛性行列 K が特異で，逆行列が求められない場合では，式（3.125）と式（3.126）はそのまま使えなくなる．この問題を解決するための方法は提案されているが，計算は複雑になる点が不利である．

（ⅲ）馬-萩原のモード重合法[37]　すでに述べたように，効率的にかつ精度よくモード解析を行うには，高次モード (higher modes) だけでなく低次モードも省略できる技術が要求される．考慮する入力の周波数領域を $[\omega_a,\omega_b]$ ($\omega_a<\omega_b$) とする．ここでは，周波数応答解析を例に，$[\omega_a,\omega_b]$ 領域以外のモードの省略について考察する．まず，m と n を，解析に用いられる固有モードの最小と最大の番号とする．ここに，m は $\omega_m<\omega_a$ を，n は $\omega_n<\omega_b$ を満たす．

さて，厳密な周波数応答解は次のように書ける．

$$U = \sum_{i=m}^{n} \phi_i Q_i + U_r \qquad (3.129)$$

ここに，U_r：省略されたモード ϕ_i ($i=1,\cdots,m-1,n+1,\cdots,N$) の影響を表す周波数応答の剰余成分 (residual componentes) で，

$$U_r = \left(\sum_{i=1}^{m-1} + \sum_{i=n+1}^{N}\right)\phi_i Q_i \qquad (3.130)$$

$$Q_i = \frac{\bar{\phi}_i^T F}{\omega_i^2 + 2j\xi_i\omega_i\Omega - \Omega^2} \quad (i=1,2,\cdots,N) \qquad (3.131)$$

である．ω_c をある与えられた定数の周波数とすれば，式（3.127）を $\Omega=\omega_c$ の点でテイラー展開することができる．すなわち，

$$Q_i = \frac{\bar{\phi}_i^T F}{\omega_i^2 + 2j\xi_i\omega_i\omega_c - \omega_c^2}(1+z_i+z_i^2+\cdots)$$

$$\approx \frac{\bar{\phi}_i^T F}{\omega_i^2 + 2j\xi_i\omega_i\omega_c - \omega_c^2} \qquad (3.132)$$

が得られる．ここに，

$$z_i = \frac{\Omega^2 - \omega_c^2 - 2j\xi_i\omega_i(\Omega-\omega_c)}{\omega_i^2 + 2j\xi_i\omega_i\omega_c - \omega_c^2} \qquad (3.133)$$

また，式（3.132）の収束条件 (convergence condition) は

$$|z_i| < 1 \qquad (3.134)$$

である．式（3.132）を式（3.130）に代入すれば，

$$U_r \approx GF = U_r' \qquad (3.135)$$

が得られる．ここに，G は剰余フレキシビリティ行列 (residual flexibility matrix) と呼ばれ，

$$G = \left(\sum_{i=1}^{m-1} + \sum_{i=n+1}^{N}\right)\frac{\phi_i\bar{\phi}_i^T}{\omega_i^2 + 2j\xi_i\omega_i\omega_c - \omega_c^2} \qquad (3.136)$$

である．G は負荷の周波数に依存しないので，式（3.135）に示したように，省略された低次と高次モードの影響，すなわち U_r は準静力学的な応答 (response of quasi-statics) U_r' によって近似される．ところが，一般に省略したモード ϕ_i ($i=1,\cdots,m-1,n+1,\cdots,N$) は計算されないので，式（3.135）の剰余フレキシビリティ行列 G は式（3.136）によって得られない．そこで，次に G の計算方法について検討する．

行列 $(K+j\omega_c C-\omega_c^2 M)^{-1}$ を系の固有モードに展開すれば，次の式が得られる．

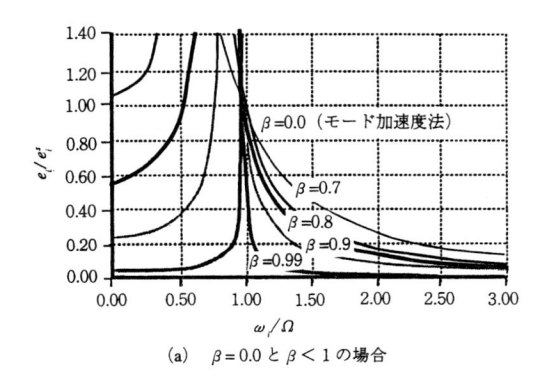

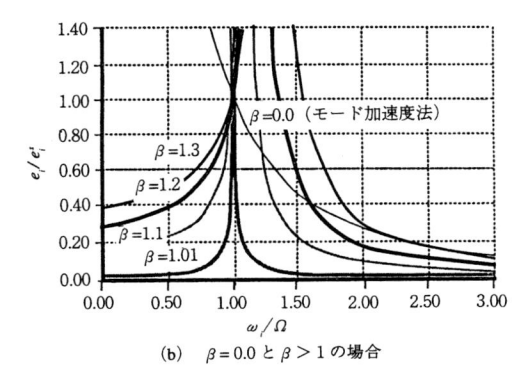

図3.23　i 次モードを無視したときの誤差解析

(a) $\beta=0.0$ と $\beta<1$ の場合

(b) $\beta=0.0$ と $\beta>1$ の場合

$$(K+j\omega_c C-\omega_c^2 M)^{-1}=\sum_{i=1}^{N}\frac{\phi_i\bar{\phi}_i^T}{\omega_i^2+2j\xi_i\omega_i\omega_c-\omega_c^2} \quad (3.137)$$

したがって，剰余フレキシビリティ行列は次のように得られる．

$$G=(K+j\omega_c C-\omega_c^2 M)^{-1}=\sum_{i=1}^{N}\frac{\phi_i\bar{\phi}_i^T}{\omega_i^2+2j\xi_i\omega_i\omega_c-\omega_c^2} \quad (3.138)$$

式 (3.138) を式 (3.135) に代入して，またその結果を式 (3.129) に代入すれば

$$U=(K+j\omega_c C-\omega_c^2 M)^{-1}F+\sum_{i=m}^{n}\phi_i Q_i^d \quad (3.139)$$

が得られる．ここに，

$$Q_i^d=Q_i-\frac{\bar{\phi}_i^T F}{\omega_i^2+2j\xi_i\omega_i\omega_c-\omega_c^2}=z_i Q_i \quad (3.140)$$

である．したがって，モード周波数応答の近似解が次の二つの部分によって合成されることになる．すなわち，$U=U_s+U_d$ である．ここに，U_s は準静力学的な応答であり，次の準静力学的な方程式：

$$(K+j\omega_c C-\omega_c^2 M)U_s=F \quad (3.141)$$

によって求められる．また，U_d は補足の動力学的 (dynamics) な応答，

$$U_d=\sum_{i=m}^{n}\phi_i Q_i^d=\sum_{i=m}^{n}z_i\phi_i Q_i \quad (3.142)$$

である．

本モード重合法の過渡応答 (transient response) 領域における表現は，次のように求められている[38]．

$$U=(K+j\omega_c C-\omega_c^2 M)^{-1}F-\sum_{i=m}^{n}\phi_i(a_i q_i+b_i\dot{q}_i+c_i\ddot{q}_i)$$
$$(3.143)$$

ここに，$a_i=(\omega_c^2-2j\xi_i\omega_i\omega_c)c_i$, $b_i=2\xi_i\omega_i c_i$

$$c_i=\frac{1}{\omega_i^2+2j\xi_i\omega_i\omega_c-\omega_c^2}$$

$$q_i=\frac{\Phi_i^T F}{\omega_i^2+2j\xi_i\omega_i\omega_c-\omega_c^2}$$

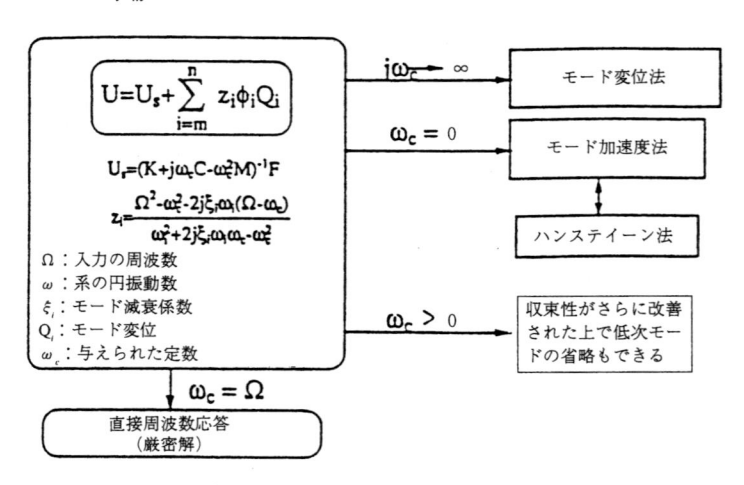

である．

b．馬-萩原のモード重合法と従来のモード重合法との関係

式 (3.143) で，もし $m=1$ と $n=N$ とすれば（N は系のトータル自由度数），馬-萩原のモード重合法によって得られる周波数応答は，モード変位法の式で，$n=N$ によって得られる結果と等しくなる．また，もし $m=1$ および $\omega_c=0$ とすれば，馬-萩原のモード重合法はモード加速度法と等しくなり，そして Hansteen らの方法と等価になる．これらの関係を図 3.24 に示す．

一般場合には，馬-萩原のモード重合法により，i 次のモードを無視することによって生じる計算誤差は

$$e_i=|Z_i|e_i^s \quad (3.144)$$

である．ここに，e_i^s はモード変位法によって生じる計算誤差である．もし収束条件式 $|Z_i|<1$ が満たされれば，馬-萩原のモード重合法による誤差 e_i はモード変位法の誤差 e_i^s より小さくなる．この考えに基づいて検討したおもな結果をまとめると次のようになる．

① 広い範囲で馬-萩原のモード重合法のほうが精度がよい．式 (3.143) で $\omega_c=\sqrt{1/2(\omega_b^2+\omega_a^2)}$ とおいたとすれば，周波数領域 [ω_a, ω_b] 以外の

図 3.24 馬-萩原モード重合法と従来のモード重合法との関係

モードが無視された場合，Fのすべての入力周波数Ωに対して，馬-萩原のモード重合法による誤差は従来のものより誤差が小さくなる．

② 省略されるモードが入力周波数より低次のモードであれば，モード加速度法の誤差はモード変位法の誤差より大きくなる．

③ 高次のモードが省略される場合でも，馬-萩原のモード重合法のほうがモード加速度法より広い範囲にわたって精度がよいが，たとえばω_cをω_aとすれば，すべての$[\omega_a, \omega_b]$に対して，馬-萩原のモード重合法により得られる周波数応答解はモード加速度法（ハンスティーンらの方法）より正確になる．

以上によって得られた検討結果の確認を図3.25のモデルで行う．図3.25は，長さ200 cm，横160 cm，高さ150 cmの鋼板からなる中空直方体の中の構造-音場連成系モデルである．構造のヤング率は2.1×10^5 Pa，密度は0.8×10^{-6} kg/cm，ポアソン比は0.3，また鋼板の板厚を0.4 cmとする．構造と音場の有限要素モデルについては，箱モデルの節点数と要素数（CQUAD4要素[33]）はそれぞれ98と96，音場の節点数と要素数（CHEXA要素[33]）は125と64である．

簡単のために，まず，構造と音場の物理座標をそれぞれモード座標系に変換して，連成系の解析を行う．構造系に53個のモード座標，音場系に17個のモード座標，全体に70個の一般座標を用いる．次に，この70個の一般座標をもつモデルを対象に検討を行う．また，加振点を箱の401番目の節点のy方向，観測点を音場の節点32とし，ダンピングの影響を無視する．図3.26には一～八次モード（0～22 Hz）を用い

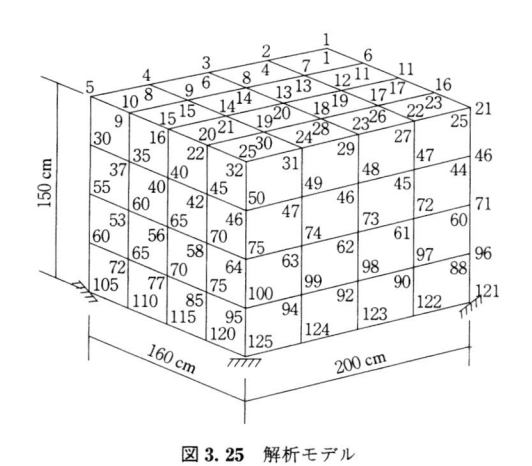

図3.26 モード周波数応答解析結果の比較
（高次のモードを省略した場合）

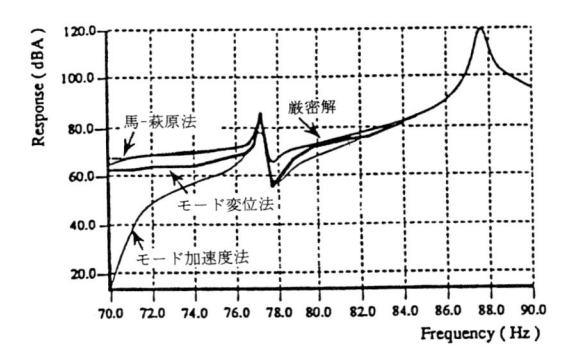

図3.27 モード周波数応答解析結果の比較
（高次と低次のモードを省略した場合）

たとき，低周波数領域（10～20 Hz）におけるモーダル周波数応答解析結果の比較を示す．ここに，$\omega_c = 15$ Hzである．同図で，実線は厳密解（$n = 70$），点線はモード変位解，破線はモード加速度解，一点鎖線は馬-萩原のモード重合法の解である．馬-萩原のモード重合法を用いる場合の精度が最もよいことがわかる．

図3.27には30～36次モード（78～106 Hz）を用いたとき，高周波数領域（70～90 Hz）におけるモード周波数応答解析結果の比較を示す．ここに，$\omega_c = 80$ Hzである．同図に示すように，低次のモードが無視された場合では，モード加速度解の精度は著しく低下することがある．これに対して，馬-萩原のモード重合法はモード変位法よりよい精度が得られることがわかる．

図3.25 解析モデル

3.3.4 固有モード感度解析

a．従来のモード重合法に基づく感度解析

次のような固有値問題を考える．

$$(K - \lambda_j M)\phi_j = 0 \quad (3.145)$$

ここに，λ_j：系の固有値，ϕ_j：固有ベクトル，K, M：それぞれ系の剛性マトリックスと質量マトリックスである．また，系は縮重固有値をもたないことを仮定する．

系の設計変数を α_k ($k=1, 2, \cdots$) とし，式 (3.145) を設計変数 α_k で偏微分すれば，

$$A_j \phi_j' = b_j \quad (3.146)$$

が得られる．ここに，$A_j = K - \lambda_j M$，$b_j = (\lambda_j' M - K' + \lambda_j M') \phi_j$ である．ここで，式 (3.146) の係数行列 A_j は特異行列なので，そのままでは解が得られない．それを解くために，従来から，次のような三つの方法が提案されてきた．

(i) **Fox らのモード法**[39]　モード合成法のモード変位法を用いれば，固有ベクトル感度 ϕ_j' は次のように展開することができる．

$$\phi_j' = \sum_{i=1}^{n} \phi_i C_{ij}^0 \quad (3.147)$$

式 (3.147) を式 (3.146) に代入すれば，$C_{ij}^0 = -E_{ij}/(\lambda_i - \lambda_j)$ ($i \neq j$) が得られる．ここに $E_{ij} = \phi_i^T(K' - \lambda_j M')\phi_j$ である．また，係数 C_{ii}^0 は，$C_{ii}^0 = -\phi_i^T M' \phi_i / 2$ である．先述したように，Fox らの感度解析手法を用いる場合には，高次モードの省略によって，得られる感度の精度が悪くなることがある[26]．そのため，Fox らの方法で，より正確な固有ベクトル感度を得るには，より多くのモードを計算してそれを感度解析に用いることが必要となる．これは，基本的には，モード変位法の欠点によって生じたことで，Fox らの方法の限界といえる．

(ii) **Nelson の方法**[40]　まず次のような非特異方程式の解 X_j^0 を求める．

$$\bar{A}_j X_j^0 = \bar{b}_j \quad (3.148)$$

ここに，$\bar{A}_j$ は係数行列 A_j の第 k 行と第 k 列のすべての要素をゼロに置き換え，そして k 番目の対角項を 1 にした行列で，$\bar{b}_j$ は b_j の k 番目の要素をゼロにしたベクトルである．また番号 k は $\bar{b}_j$ 絶対値最大の成分の番号によって決められる．そして，固有ベクトルの感度を

$$\phi_j' = X_j^0 + C_j \phi_j \quad (3.149)$$

とし，上式を式 (3.147) に代入して，C_j を定める．そうすると，$C_j = \phi_j^T M X_j^0 - (1/2)\phi_j^T M' \phi_j$ が得られる．

K' と M' が厳密に求められるとすれば，Nelson の方法により厳密な感度係数が得られる．ところが，Nelson の方法では，それぞれの固有ベクトル感度 ϕ_j' ($j = 1, 2, \cdots$) に対して，式 (3.148) を解かなければならない．これは，多くの固有ベクトルの感度を求めるときは，非効率となる．

(iii) **Wang の改善モード法**[41]　モード変位法の精度を改善するために，モード加速度法が提案されている．これにより少数の固有モードを用いても，モード変位法よりも精度のよい解が得られる．そして，Wang はこのモード加速度法を構造系の感度解析に適用して，一種の改善モード法を提案した．同手法では固有ベクトル感度 ϕ_j' は次のように展開することができる．

$$\phi_j' = K^{-1} b_j + \sum_{i=1}^{n} \phi_i C_{ij}^1 \quad (3.150)$$

ここに，$C_{ij}^1 = E_{ij} \lambda_j / \lambda_i (\lambda_i - \lambda_j)$ ($i \neq j$) である．また，$C_{ii}^1 = C_{ii}^0$ である．

b. 萩原-馬の新しい感度解析[42]

馬-萩原のモード重合法を用いれば，式 (3.146) の解は次のように得られる．

$$\phi_j' = X_j + \sum_{i=m}^{n} \phi_i C_{ij} \quad (3.151)$$

ここに，X_j は次の線形方程式

$$(K - \mu M) X_j = b_j \quad (3.152)$$

の解で，$C_{ij} = E_{ij}(\lambda_j - \mu) / (\lambda_j - \mu)(\lambda_j - \lambda_i)$ ($i \neq j$) である．

また，C_{jj} は不定な係数になる．ところが，従来のように，式 (3.151) を正規化条件式に代入すれば，$C_{jj} = \phi_j^T M X_j - (1/2)\phi_j^T M' \phi_j$ が求められる．一般の場合 ($\mu = \lambda_j$ の場合を除いて) には $\phi_j^T M X_j = 0$ が得られるので，$C_{jj} = C_{jj}^0$ となる．特別な μ の値を与えることによって，萩原-馬の方法は以上に述べた従来の感度解析手法に退化することができる．すなわち，もし $\mu \to -\infty$ とすれば，式 (3.152) により，$X_j \to 0$ となり，また $C_{ij} = C_{ij}^0$ となるので萩原-馬の方法は Fox らのモーダル法に退化する．もし $\mu = \lambda_j$ とすれば，C_{ij} ($i \neq j$) はゼロになり，式 (3.151) は $\phi_j' = X_j^0 + C_j \phi_j$ となるので，萩原-馬の方法は Nelson の方法に退化する．また，もし $\mu = 0$ とすれば，式 (3.152) により $X_j = K^{-1} b_j$ となり，$C_{ij} = C_{ij}^1$ となるので萩原-馬の方法は Wang の改善モード法に退化する．その様子を図 3.28 に示す．

一般的に適当な μ の値は $\mu > 0$ および $\mu \neq \lambda_j$ ($j = 1, 2, \cdots, n$) である．そういう場合には，萩原-馬の方法

3.3 周波数応答解析への応用

$$\boxed{\begin{array}{l}\lambda'_i = E_{ii}\\ \phi'_j = X_j + \sum_{i=m}^{n}\phi_i C_{ij}\\ X_j = (K-\mu M)^{-1}b_j\\ b_j = (\lambda'_i M - K' + \lambda_j M')\phi_j\\ C_{ij} = \begin{cases}\dfrac{\lambda_j-\mu}{\lambda_i-\mu}\dfrac{-1}{\lambda_i-\lambda_j}E_{ij}\,(i\neq j)\\ -\dfrac{1}{2}\varepsilon_i\,(i=j)\end{cases}\\ E_{ij} = \bar\phi_i^T(K'-\lambda_j M')\phi_j\\ \varepsilon_i = \bar\phi_i^T M'\phi_i\\ \mu:\text{与えられた定数}\end{array}}$$

- $\mu \to -\infty$, $m=1$ → Fox らのモード法
- $\mu = 0$, $m = 1$ → Wang の改善モード法
- $\mu = \lambda_j$ → Nelson 法
- $\mu > 0$ → 収束性がさらに改善された上、低次モードの省略もできる

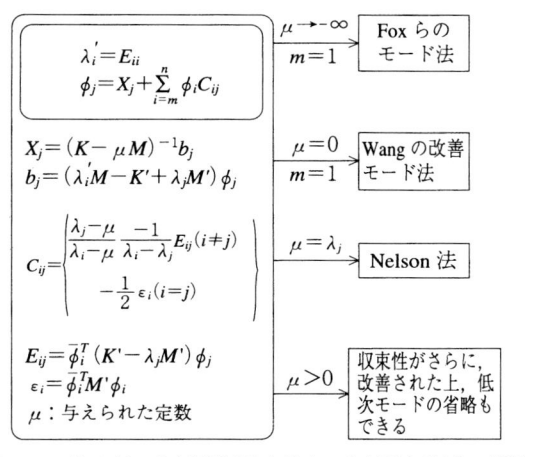

図 3.28 萩原-馬の感度解析手法と従来の感度解析手法との関係

により得られる解の精度は，Wang の改善モード法に比べればよくなる．そして，Fox らのモード法に比べれば著しくよくなる．また，Wang の方法は低次モードの省略に適用できないことに対して，著者らの方法では，低次のモードを省略することができ，高次の固有モードの感度を計算するとき，大幅に効率を上げることができる．さらに，Wang の方法は剛体モードをもつ系に適用できないが，著者らの方法は剛体モードをもつ系にも適用できるので，Wang の方法よりさらに一般的な方法になる．これは，基本的には，前節の新しいモード合成技術の利点により生じたことで，μ の値の最適化によってさらに計算精度および効率の最善を図ることができる．また，萩原-馬の方法をNelson の方法に比べれば，多数の固有ベクトル感度を求めるのに，式 (3.152) を 1 回解けばよいことと，式 (3.146) を解くのに特異行列 A_j の対処が避けられることに利点があり，Nelson の方法よりずっと簡単でかつ効率よい方法となる．

c．固有モード感度解析の適用例

（i）構造系の感度解析 図 3.25 のモデルで検討を行う．簡単のために，設計変数を箱の上面板の板厚とし，同じ平板の中心点の面外法線方向の固有ベクトル成分について感度を求める．表 3.4 では，一次固有ベクトル（$f_1 = 8.6049$ Hz）の感度を例に，高次のモードが省略されたとき，異なる μ_f の値による固有ベクトル感度の収束性を示す．ここに，$\mu_f = \sqrt{\mu}/2\pi$ である．先述したように，$\mu = -\infty$ のときには，萩原-馬の方法は Fox らのモード法となり，$\mu = 0$ のときには Wang の改善モード法となる．

表 3.4 で，すべてのモードを用いたときの厳密解は $\phi'_{1,13} = 10.401$ である．同表に示すように，1 個のモードだけを用いる場合，Fox らの方法，Wang の方法および萩原-馬の方法（$\mu_f = 8.0$ Hz と $\mu_f = 8.5$ Hz）による誤差は，それぞれ 92%，65%，26% と 6% である．3 個のモード（0〜14 Hz）を用いると，Fox らの方法の誤差が 9% にとどまっているが，Wang の方法の誤差は 1.3% になり，萩原-馬の方法の誤差は 0.2% と 0.04% となる．もし実用上 0.05% の精度が要求されるとすれば，同表でわかるように，Fox らの方法では 47 個以上，Wang の方法では 15 個以上のモードを用いる必要がある．これに対して，萩原-馬の方法では 3 個のモードさえ用いれば，十分な精度が得られる．また，計算結果により，μ_f が一次固有振動数に近づくにつれて，収束はより速くなることもわかる．

表 3.5 は低次と高次のモードを省略して求めた 29 次固有ベクトル（$f_{29} = 77.734$ Hz）の感度である．ここに，低次モードの影響を検討するために，$n = 53$ を一定にし，m だけを変動する．厳密解は $\phi'_{29,13} = -15.447$ である．同表に示すように，29 次以下の低次モードを全部省略した場合，Fox らの方法，Wang の方法及び萩原-馬の方法（$\mu_f = 80$ Hz と $\mu_f = 78$ Hz）による誤差は，それぞれ 105%，200%，27% と 4% である．したがって，Wang の方法は Fox らの方法よりかえって精度が低くなることがわかる．また，29 次

表 3.4 高次モードの省略に関する比較
(Exact Solution = 10.401)

$m=1$ $n=$	Fox 法 ($\mu=-\infty$)	Wang 法 ($\mu=0.0$)	萩原-馬法 ($\mu_f=8.0$ Hz)	萩原-馬法 ($\mu_f=8.5$ Hz)
1	0.80335	3.6273	7.7105	9.7592
3	9.4602	10.263	10.378	10.397
6	9.9755	10.388	10.400	10.401
15	10.020	10.390	10.400	10.401
36	10.424	10.401	10.401	10.401
47	10.409	10.401	10.401	10.401

表 3.5 低次モードの省略に関する比較
(Exact Solution = −15.447)

$n=53$ $m=$	Fox 法 ($\mu=-\infty$)	Wang 法 ($\mu=0.0$)	萩原-馬法 ($\mu_f=80$ Hz)	萩原-馬法 ($\mu_f=78$ Hz)
29	0.81901	15.399	−11.353	−14.834
27	−14.689	−3.2964	−15.349	−15.434
20	−15.216	−4.0473	−15.431	−15.445
9	−15.303	−4.3019	−15.438	−15.446
2	−15.371	−8.9655	−15.442	−15.446
1	−15.450	−15.447	−15.447	−15.447

以下の2個のモード（$m=27$, 周波数は 70.8 Hz 以上）を用いると，Fox らの方法の誤差は 5 %，Wang の方法の誤差は 79 % にとどまっているが，萩原-馬の方法（$\mu_f=80$ Hz と $\mu_f=78$ Hz）の誤差は 0.6 % と 0.08 % となる．これを，1個のモードだけを省略する場合，Fox らの方法と Wang の方法による誤差はそれぞれ 0.5% と 42% であることと比較すれば，萩原-馬の方法は大きな改善を得たことがわかる．

（ⅱ）構造-音場連成系の固有モード感度 図3.25 の箱の中に空気を充満した構造-音場連成系のモデルを考える．前節と同様に，構造系に 53 個のモーダル座標，音場系に 17 個のモード座標，全体に 70 個の一般座標を用いる．そして，図3.25 に示すように，1～10 番目の要素の板厚を設計変数とし，観測点を構造上の 40 番目節点の y 方向と音場内の 32 番目節点の位置とする．表3.6 では，異なる μ_f の値による二次固有ベクトル感度の n に関する収束性を示す．表3.6(a)は構造上の観測点に関する結果，表3.6(b)は音場内の観測点に関する結果を示す．前節の構造系の感度解析結果と同様に，共振周波数に近い μ_f を用いることによって解の収束性が著しく改善されることがわかる．

3.3.5 連成系における部分構造合成法

大規模で複雑な構造の振動問題に対する有力な解法の一つに部分構造合成法と呼ばれる手法がある．計算機の内部記憶容量などの制約から構造全体を一度には解くことができないような大規模問題でも，構造をいくつもの小さな分系に分割することにより解析を可能にしようとするものである．

部分構造合成法では，解析対象をいくつかの分系（部分構造）にいったん分割し，分系内部の自由度をモード座標の導入などにより消去し，自由度縮小した後に再び合成する，という解析過程をとる．その利点は，少ない記憶容量で大規模問題を取り扱うことに加え，一部の構造変更に対して初めから解き直す必要がないこと，実験で得られたモードモデルを直接利用できることなどにあるといえる．部分構造合成法に関する研究自体は相当に歴史が古く，1960 年代から多くの研究が積み重ねられ，振動問題を中心に広く用いられている汎用コード MSC/NASTRAN にもスーパエレメント法として取り入れられている．

しかし，もともと部分構造合成法は，構造の低次振動においては，各部分の振動形状は非常に単純になるため，これをいくつかの区分モードなどの適当な関数で近似して応答を表現しようとしたものといえ，従来の研究は比較的低周波の応答解析が中心となっている．しかし，たとえば，車室内騒音問題などに代表される構造-音場連成問題では，車体などの構造系の一次ねじりや曲げなどの固有振動数がせいぜい 20～30 Hz であるのに対し，興味の対象となる音の周波数は 60～300 Hz であり，これを解析するためには音場の振動数に対応して，構造系も高次モードまで用いる必要が生じる．加えて，対象とする振動数が高周波になれば，振動の形状も複雑化するために，より詳細なモデル化を必要とし，解析自由度数も大幅に増加する．これに対し，従来の部分構造合成法では，その自由度縮小の過程において，高次モードは省略できても低次モードは省略できないため，解析の対象が高次振動になればなるほど解析に必要なモード数が増加し，解析モデルの詳細化と相まって，解析効率の大幅な低下を招いていた．

そこで，本項では，3.3.3 項で述べた，馬-萩原のモード重合法をもとに構造振動および構造-音場連成振動問題の部分構造合成法による定式化を行い，高周波領域の応答でも少ないモード数で解析できることを述べる．

a．区分モード合成の定式[43]

図3.29 に示すような複数の構造の分系と音場で構成される系を考える．その運動方程式は，集中質量を

表3.6 構造-音場連成系の固有ベクトル感度

(a) 構造上の観測点の感度
(Exact Solution＝0.4810)

$m=1$ $n=$	Fox 法 ($\mu_f=-\infty$)	Wang 法 ($\mu_f=0.0$)	萩原-馬法 ($\mu_f=9.20$ Hz)	萩原-馬法 ($\mu_f=9.27$ Hz)
3	0.5474	0.5054	0.4817	0.4810
8	0.4729	0.4762	0.4810	0.4810
22	0.5117	0.4813	0.4810	0.4810
34	0.5014	0.4811	0.4810	0.4810
70	0.4810	0.4810	0.4810	0.4810

(b) 音場内の観測点の感度
(Exact Solution＝9.208E-7)

$m=1$ $n=$	Fox 法 ($\mu_f=-\infty$)	Wang 法 ($\mu_f=0.0$)	萩原-馬法 ($\mu_f=9.20$ Hz)	萩原-馬法 ($\mu_f=9.27$ Hz)
3	2.216E-7	8.037E-7	9.186E-7	9.205E-7
8	2.293E-7	7.982E-7	9.183E-7	9.205E-7
22	9.860E-7	9.244E-7	9.209E-7	9.208E-7
34	7.357E-7	9.206E-7	9.208E-7	9.208E-7
70	9.208E-7	9.208E-7	9.208E-7	9.208E-7

用い，分系内部に荷重が作用しないものとすれば次のように表すことができる．

$$\begin{bmatrix} M_{sl} & \cdots & 0 & 0 & 0 \\ \vdots & \ddots & \vdots & \vdots & \vdots \\ 0 & \cdots & M_{sk} & 0 & 0 \\ 0 & \cdots & 0 & M_{sk} & 0 \\ M_{asl} & \cdots & M_{ask} & M_{asc} & M_{aa} \end{bmatrix} \begin{Bmatrix} \ddot{u}_{sl} \\ \vdots \\ \ddot{u}_{sk} \\ \ddot{u}_{sc} \\ \ddot{u}_a \end{Bmatrix}$$

$$+ \begin{bmatrix} K_{sl} & \cdots & 0 & K_{slc} & K_{sla} \\ \vdots & \ddots & \vdots & \vdots & \vdots \\ 0 & \cdots & K_{sk} & K_{skc} & K_{ska} \\ K_{scl} & \cdots & K_{sck} & K_{sc} & K_{aa} \\ 0 & \cdots & 0 & 0 & K_{sl} \end{bmatrix} \begin{Bmatrix} u_{sl} \\ \vdots \\ u_{sk} \\ u_{sc} \\ u_a \end{Bmatrix} = \begin{Bmatrix} 0 \\ \vdots \\ 0 \\ f_{sc} \\ f_a \end{Bmatrix}$$

(3.153)

ここに，係数行列の添字 i $(=1, 2, \cdots, k)$ は分系の番号を，c は分系相互の結合部分の自由度に対応することを示す．式 (3.153) より一つの構造の分系 i 内部に関する運動方程式を取り出すと，外部との相互作用に関する項を右辺において，次のように書き表すことができる．

$$[M_{si}]\{\ddot{u}_{si}\} + [K_{si}]\{u_{si}\} = -[K_{sic}]\{u_{sc}\} - [K_{sia}]\{u_a\}$$
$$= \{\bar{f}\} \qquad (3.154)$$

ここで，分系内部の変位 $\{u_{si}\}$ を，モード座標を用いれば次のように表すことができる．

$$\{u_{si}\} = \sum_{j=1}^{N_i} \{\phi_{sj}\}q_{sj} \qquad (3.155)$$

ここに，$\{\phi_{sj}\}$ は分系の区分（拘束）モードを表し，N_i は分系内部の自由度数を示す．式 (3.154)，(3.155) に対して，馬-萩原のモード重合法[37]を適用し，高，低次のモードを省略して m (>1) から n $(<N_i)$ 次を用いるものとすれば，式 (3.139) より，結局次式が得られる．

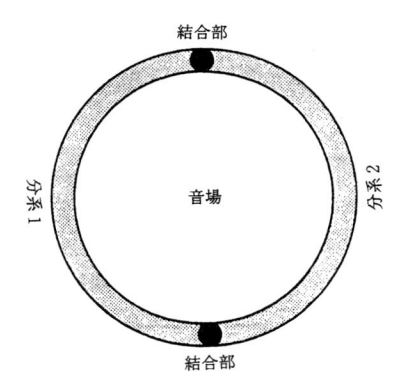

図 3.29 構造-音場連成系の概念図

$$\{u_{si}\} = [\phi_{si}]\{q_{si}\} + [G_i]\{u_{sc}\} + [G_{sia}]\{u_a\} \quad (3.156)$$

ここに，

$$[\phi_{si}] = [\phi_{sm} \cdots \phi_{sn}] \qquad (3.157)$$

$$[G_i] = -\left(([K_{si}] - \omega_c^2[M_{si}])^{-1} - \sum_{j=m}^{n} \frac{\{\phi_{sj}\}\langle\bar{\phi}_{sj}^T\rangle}{\omega_j^2 - \omega_c^2}\right)[K_{sic}]$$

(3.158)

$$[G_{sia}] = -\left(([K_{si}] - \omega_c^2[M_{si}])^{-1}\right.$$
$$\left. - \sum_{j=m}^{n} \frac{\{\phi_{sj}\}\langle\bar{\phi}_{sj}^T\rangle}{\omega_j^2 - \omega_c^2}\right)[K_{sia}] \quad (3.159)$$

式 (3.158)，(3.159) の ω_c は本手法のパラメータで，ある一定の角振動数である．

音圧ベクトル $\{u_a\}$ もモード座標に変換し，k 次までのモードを用いるものとすれば次のように表せる．

$$\{M_{asi}\} = \sum_{j=1}^{R} \{\phi_{aj}\}q_{aj} \qquad (3.160)$$

式 (3.159)，(3.160) をまとめて，次の変換関係式を得る．

$$\begin{Bmatrix} u_{sl} \\ \vdots \\ u_{sk} \\ u_{sc} \\ u_a \end{Bmatrix} = \begin{bmatrix} \phi_{sl} & \cdots & 0 & G_{slc} & G_{sla} \\ \vdots & \ddots & \vdots & \vdots & \vdots \\ 0 & \cdots & \phi_{sk} & G_{skc} & G_{ska} \\ 0 & \cdots & 0 & I & 0 \\ 0 & \cdots & 0 & 0 & \phi_a \end{bmatrix} \begin{Bmatrix} q_{sl} \\ \vdots \\ q_{sk} \\ u_{sc} \\ q_a \end{Bmatrix} = [T]\{\tilde{u}\}$$

(3.161)

式 (3.161) を系の運動方程式 (3.153) に代入し，変換行列の転置を前から掛けることにより，次の縮小された全体系の運動方程式を得ることができる．
$[\tilde{M}]\{\ddot{\tilde{u}}\} + [\tilde{K}]\{\tilde{u}\} = \{\tilde{f}\}$

$$[\tilde{M}] = [T]^T \begin{bmatrix} M_{ss} & 0 \\ M_{sa} & M_{as} \end{bmatrix}[T],$$

$$[\tilde{K}] = [T]^T \begin{bmatrix} K_{ss} & K_{sa} \\ 0 & K_{as} \end{bmatrix}[T],$$

$$\{\tilde{f}\} = [T]^T \begin{Bmatrix} f_s \\ f_a \end{Bmatrix} \qquad (3.162)$$

式 (3.162) の自由度数は境界部分の自由度数＋分系内部の区分モード数であり，もとの運動方程式 (3.152) に比べて，大幅に自由度数を縮小した方程式となる．式 (3.162) の係数行列は，構造-音場連成問題では依然として非対称であるが，左右の固有モードを導入することにより，解き進めることができる．また，構造振動の場合には係数行列は対称となる．

b．数値解析例

（i）振動問題の周波数応答解析 解析を行った

のは図 3.30 に示す箱型のモデルである．要素分割および荷重条件を図 3.30(a) に示す．底板の 4 辺上の中央部をそれぞれ弾性支持し，荷重は底板の一つの角 (節点 30) の z 方向に入力した．このモデルに対し，それぞれの板ごとに一つの分系とし，合計六つの分系に分割して解析を行った (図 3.30(b))．節点 88 (分系 3 のほぼ中央部) の z 方向加速度の伝達関数を図 3.31 に示す．MSC/NASTRAN のスーパエレメント法による解析と本項で示した方法による解析との比較を行う．

両手法とも，① 0〜800 Hz の区分モードをすべて用いた場合，② 高次，低次のモードの省略を行い，100〜600 Hz の区分モードを用いた場合，③ 同じく 200〜600 Hz の区分モードを用いた場合，の 3 ケースについて行う．本項で示した手法におけるパラメータ ω_c については，300 Hz の値が与えられている．低次モードの省略を行わなかった場合のケース 1 においては本節の方法，NASTRAN ともほぼ同一の結果となっ

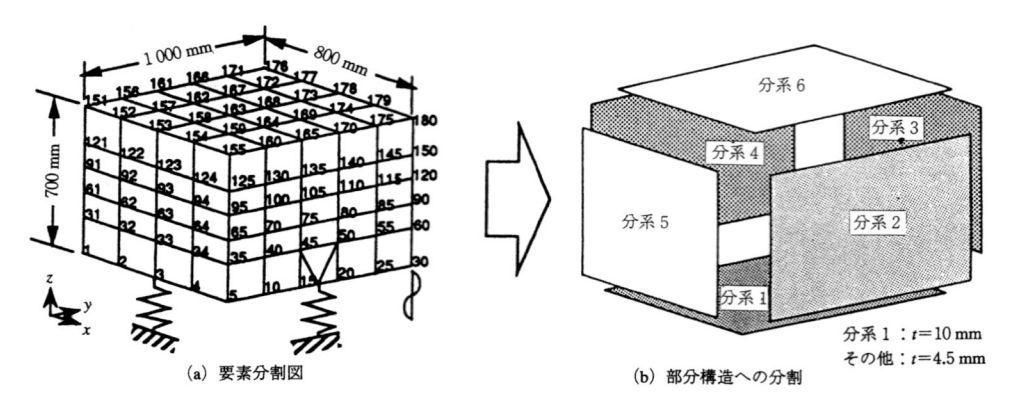

(a) 要素分割図　　(b) 部分構造への分割

図 3.30　解析モデルとその部分構造への分解

a) NASTRAN(スーパエレメント法)

b) 本手法 (ω_c = 300 Hz)

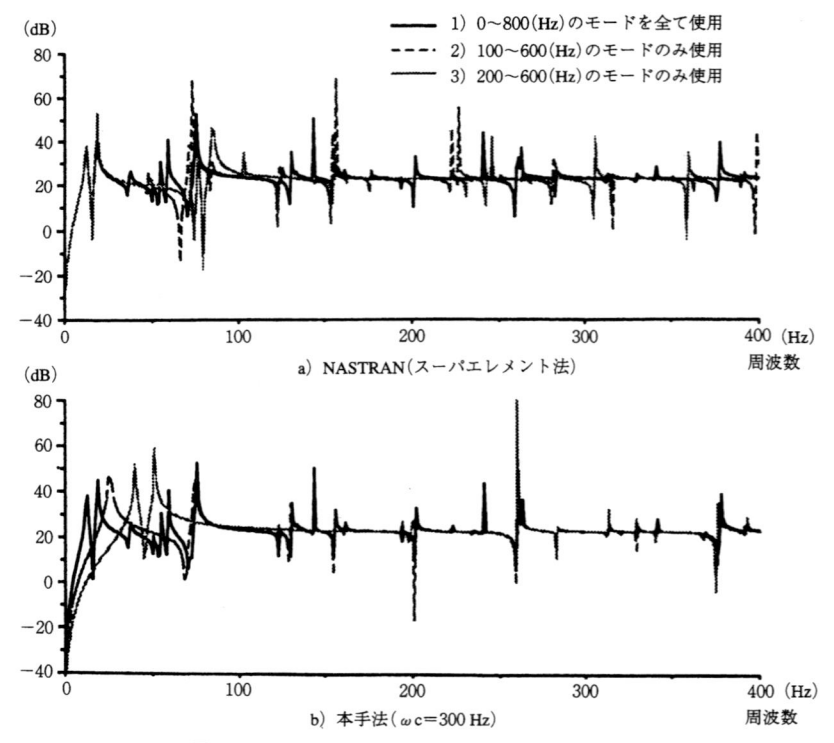

図 3.31　高/低次モード省略による周波数応答の変化

3.3 周波数応答解析への応用

凡例:
1) 0〜800(Hz)のモードを全て使用
2) 100〜600(Hz)のモードのみ使用
3) 200〜600(Hz)のモードのみ使用

(a) NASTRAN(スーパエレメント法) 周波数

(b) 本手法(ω_c=300 Hz) 周波数

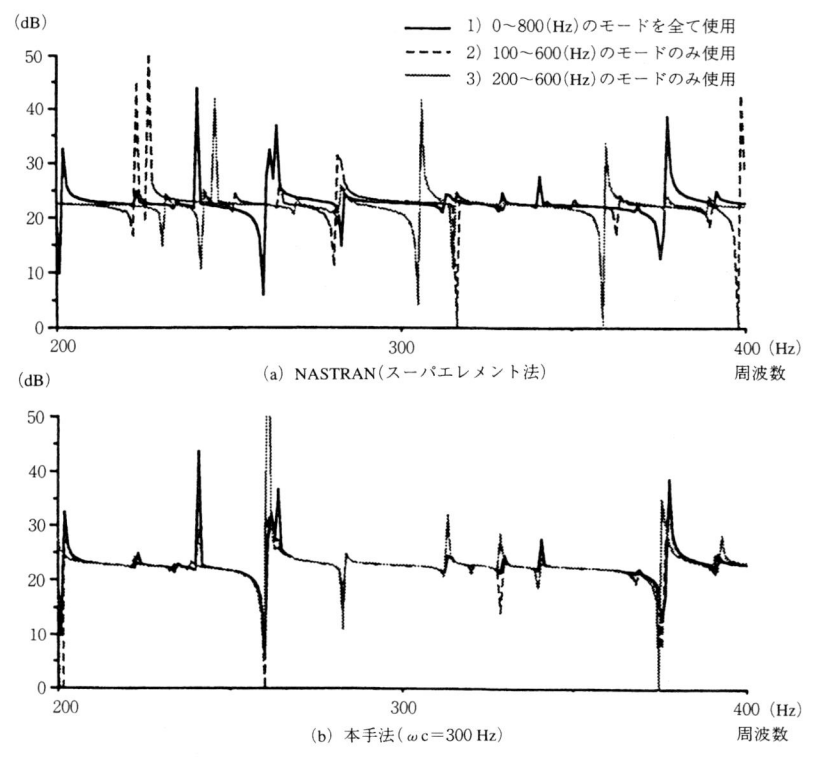

図 3.32 高/低次モード省略による周波数応答の変化
(接点 88, 200〜400 Hz 部分を拡大)

ているが，低次モードの省略とともに，共振点，反共振点の位置や振幅の大きさなどが異なってきている．

図 3.32 に，300 Hz 周辺すなわち，200〜400 Hz の応答を拡大して示されているが，低次モードを省略しなかった場合のケース 1 と，省略した場合のケース 2, 3 を比較すると，300 Hz 付近においては本項のほうが良好な結果となっている．本解析においてはパラメータ ω_c を 300 Hz としたが，このように，パラメータ ω_c を，興味の周波数範囲の近くに設定することにより，高次，低次のモードの省略により効率的に自由度の縮小ができることがわかる．

（ⅱ）構造-音場連成を考慮した車室内騒音問題の解析 図 3.33 に車体および音場モデルを示す．車体はダッシュ，フロア，ルーフなど合計 18 の部分構造に分割されている．構造系および音場系のモデル化に際しては，構造系は，ソリッド要素数 6，シェル要素数 3 442，ビーム要素数 712，スカラばね要素数 847，剛体要素数 354，および節点質量要素数 61 の計 5 442 要素数を用いてモデル化されている．一方，音場系は，すべてソリッド要素でモデル化され，計 498 要素である．節点数は構造系が 3 638，音場系が 728 である．60 Hz のときの音圧分布を図 3.34 に示す．

本図は，構造と音のいずれをも部分構造として解析した初めてのものである．

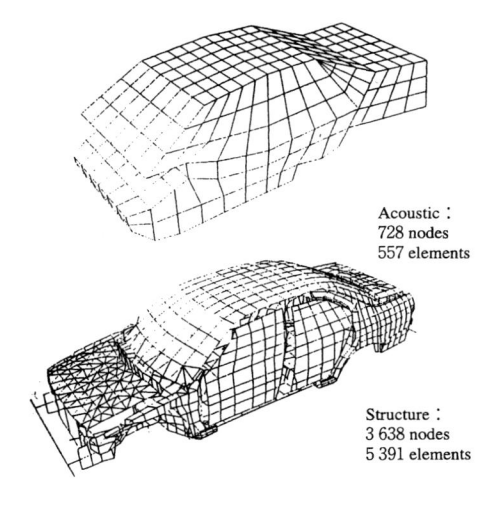

Acoustic：
728 nodes
557 elements

Structure：
3 638 nodes
5 391 elements

図 3.33

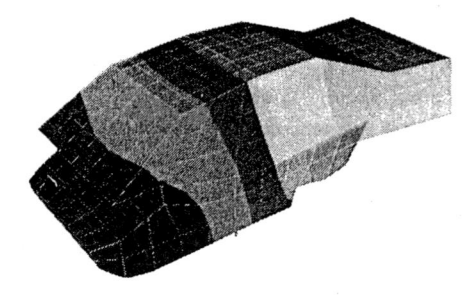

図 3.34

3.4 過渡応答解析への応用

3.4.1 線形過渡応答解析
a．陽公式と陰公式

構造物の動的挙動を支配する偏微分方程式（運動方程式）をFEMあるいはFDMにより空間的に離散化して得られる常微分方程式

$$[M]\{\ddot{u}\}=\{f\} \quad (3.163)$$

を数値的に解く方法としてモード解析法および直接積分法がある．問題の種類によってはモード解析法が効率的であるが，汎用性の点で直接積分法が勝っており，とくに高次振動モードを含む弾塑性衝撃応答問題などではその長所が生かされる．本項では，直接積分法において用いられる陰公式をその特性とともに簡単に紹介したい[44〜46]．

陰解法は各ステップで連立一次方程式の求解演算を必要とするが，無条件安定であることが最も魅力的な点である．陰解法に属する多くのスキームの中で最も単純であり，かつ頻繁に使用される方法は台形則であり，これは $\beta=1/4$, $\gamma=1/2$ を仮定したニューマーク（Newmark）の β 法（線形加速度法）としてよく知られている．

本積分公式は

$$\{\dot{u}\}^{n+1}=\{\dot{u}\}^n+(\Delta t/2)(\{\ddot{u}\}^n+\{\ddot{u}\}^{n+1})$$
$$\{u\}^{n+1}=\{u\}^n+(\Delta t/2)(\{\dot{u}\}^n+\{\dot{u}\}^{n+1}) \quad (3.164)$$

と表され，式 (3.163) と組み合わせると

$$[M]\{u\}^{n+1}-(1/4)\Delta t^3\{f\}^{n+1}=(\Delta t^3/2)(2\{f\}^n$$
$$+\{f\}^{n-1})+M(2\{u\}^n-\{u\}^{n-1}) \quad (3.165)$$

を得る．ここに，$\{f\}^{n+1}$ は $\{u\}^{n+1}$ の関数であり，ニュートン法により式 (3.165) を解く場合は

$$\{f\}^{n+1}=\{f\}^n+[k_t]\{\Delta u\} \quad (3.166)$$

と $\{f\}^{n+1}$ を評価する．バンド幅の小さい中規模の問題に対しては，本公式は有効に利用しうるが，三次元問題などの場合，その計算コストは膨大なものとなる．連続体としてモデル化された構造物は広い範囲の振動数を有し，いわゆる弾性系を構成するが，比較的大きな時間増分値により低次モードに支配される動的挙動を安定に解析しうることが，無条件安定である陰公式の最大の利点といえる．

陰公式としてはほかに，ウィルソン (Wilson) の θ 法，フーボルト (Houbolt) 法，ヒルバー-ヒュージ-テイラー (Hilber-Hughes-Taylor) 法などが知られている[46]．

以上で説明した，ニューマークの β 法に代表される陰公式の特質を整理して列挙すれば，以下のようになる．① 線形問題に対しては一般に無条件安定公式であり，時間増分値は主として計算精度上の要求により決定される．② 非線形問題に対し，接線剛性による式 (3.166) のニュートン法を適用した場合，除荷時の収束性が著しく悪化するが，この欠点はBFGS法の使用により飛躍的に改善される．③ 逐次積分計算の各ステップで連立一次方程式の求解演算が要求され，計算コストを増大させる．集中質量マトリックスを使用しても，とくに有利にはならない．④ 低次振動モードに支配される弾性系の動的挙動を比較的大きな時間増分値により安定に解析しうる．公式により人工粘性が仮定される（ヒルバー-ヒュージ-テイラー法）．⑤ 衝撃/接触問題のような複雑な非線形問題に対する応用は，陽解法の場合ほど容易でない．⑥ ニュートン法を適用した場合，剛性マトリックスの作成に著しく計算時間を要する．とくに三次元問題の場合は大きく実用性が損なわれる．単純で効率的な要素を使用すれば，この欠点は幾分緩和される．

以上の特質より，陰解法は，低次モードに支配され，解析時間幅の比較的長い過渡応答問題の解析に総合的な観点からは適していると判断される．また，その数値的安定性より，中規模でかつバンド幅の比較的小さい，一般的な動的応答解析にもしばしば使用されており，衝撃崩壊問題などへの適用例も数多く存在する．

b．1段法と多段法

一般的に初期値問題は次のように表現される．

$$\frac{du}{dx}=f(x,u) \quad (3.167)$$

初期条件を $u(x_0)=u_0$ とする．

ここに，$u^T=\{u_1, u_2, \cdots, u_m\}$, $u_0^T=\{u_1^{(0)}, u_2^{(0)}, \cdots, u_m^{(0)}\}$, $f^T=\{f_1, f_2, \cdots, f_m\}$ である．式 (3.167) の解法

の説明にはすでに述べたように陽解法と陰解法に分けてなされるのが一般的であるが，1段法と多段法に分けるのも一つの分け方である．操縦安定性や機構解析で使用される ADAMS[47] や DADS[48] などの数値解法はむしろ本観点から検討するほうが理解しやすい．まず1段法は，点 $x=x_n$ で $u(x_n)$ が与えられたとき，点 $x_{n+1}=x_n+h$ における式 (3.167) の厳密解は $u(x_{n+1})=u(x_n)+h\hat{F}(x_n u(x_n);h)$ と表現できる．ここで，$\hat{F}(x u(x);h)$ は一般に複雑な関数であるため，これを比較的簡単な関数 F で近似して点 x_{n+1} の近似値 v_{n+1} を次式で得る．

$$v_{n+1}=v_n+hF(x_n,v_n,h) \quad (3.168)$$

ここで $F(x,u(x);h)$ は勾配関数と称され，テイラー展開で求められることが多い．この方法では高次の微係数を使用するほど，精度は上がるが一般に高階まで求めるとすると非常に煩雑な式となる．この欠点を補ったのがルンゲ-クッタ法である．すなわち，同法では $f(x,y)$ の微係数の値を使用せず，標本点 x_n と x_{n+1} との間 $x_n \leq x \leq x_{n+1}$ の中の適当な点 $x=x_n+\theta_i h$, $0 \leq \theta_i \leq 1$ $(i=1,2,\cdots,h)$ の $f(x,y)$ の関数値を使用する．具体的には $F(x,y;h)$ は次式で得る．

$$F(x,y;h)=a_1 f(x,y)+a_2 f(x+\theta h, y+\theta h f(x,y)) \quad (3.169)$$

$z+\mu\delta$ の等1成分を $x+\theta h$, 残りを $y+\theta h f(x,y)$ とみて，式 (3.169) の右辺第2項をテイラー展開すれば，

$$f(x+\theta h, y+\theta h f(x,y))=f(x,y)+\theta h\left(\frac{\partial f}{\partial x}+\sum_{j=1}^{m}\frac{\partial f}{\partial y_j}f_j\right)$$
$$+\frac{1}{2}\theta^2 h^2\left(\frac{\partial^2 f}{\partial x^2}+2\sum_{j=1}^{m}\frac{\partial^2 f}{\partial x \partial y_j}f_j+\sum_{j=1}^{m}\sum_{k=1}^{m}\frac{\partial^2 f}{\partial y_j \partial y_k}f_j f_k\right)+\theta(h^3) \quad (3.170)$$

本ルンゲ-クッタ型公式がこれまでのマス・ばね解析で使用された数値積分法である．

式 (3.169) で $p=2$ とすると，

$$a_1+a_2=1$$
$$a_2\theta=\frac{1}{2} \quad (3.171)$$

自由度が一つ残されているため，未定のパラメータ α を導入すると式 (3.171) を満足する解

$$a_1=1-\alpha$$
$$a_2=\alpha$$
$$\theta=\frac{1}{2\alpha} \quad (3.172)$$

を得る．これを式 (3.169) に代入することにより勾配関数は次のように構成される．

$$F(x,y;h)=(1-\alpha)f(x,y)$$
$$+\alpha f\left(x+\frac{h}{2\alpha},y+\frac{h}{2\alpha}f(x,y)\right) \quad (3.173)$$

たとえば，$\alpha=\frac{1}{2}$ とすると，$v(x_n)=v_n$ が与えられたとき，$v(x_{n+1})=v_{n+1}$ を求める具体的な計算は次の二つのステップで実行される．

$$k_1=hf(x_n,v_n)$$
$$k_2=hf(x_n+h,v_n+k_1)$$
$$v_{n+1}=v_n+\frac{1}{2}(k_1+k_2) \quad (3.174)$$

このように微係数を使わず，きざみ幅 h のステップの途中の関数値を使う1段法の公式を一般にルンゲ-クッタ型公式という．

$$k_1=hf(x,y)$$
$$k_2=hf\left(x_n+\frac{1}{2}h,v_n+\frac{1}{2}k_1\right)$$
$$k_3=hf\left(x_n+\frac{1}{2}h,v_n+\frac{1}{2}k_2\right)$$
$$k_4=hf(x_n+h,v_n+k_3)$$
$$v_{n+1}=v_n+\frac{1}{6}(k_1+2k_2+2k_3+k_4) \quad (3.175)$$

右辺の関数 f が x のみに依存し，y に依存しない場合，式 (3.174) は台形則，式 (3.175) はシンプソン則である．

いままでは，テイラー展開を基礎にして得られる1段法であるが，次に，ラグランジュ補間公式を基礎におく多段法に関する若干の復習を行う．$[x_0,X]$ を式 (3.167) が一意的な解をもつことが，保証されている区間とする．任意の2点 $x_M,x_N \in [x_0,X]$ に対して微分方程式 (3.167) の厳密解は x_N に関する積分方程式

$$u(x_N)-u(x_M)=\int_{x_M}^{x_N}f(x,u(x))dx \quad (3.176)$$

を満足する．f を $v_j=u(x_j)$ に基づくラグランジュ補間公式 $g_p(x)$ によって近似し，$g_p(x)$ を式 (3.169) に代入して積分を実行する．ここで，補間のための標本点の集合を関数値が計算される離散点の集合に一致させまた，上限 x_N および x_M ともにこれらの点のいずれかに一致させる．きざみ幅 h を等間隔，$x_k=x_0+kh$ とすると，$g_p(x)$ は f に関して線形であるから，式 (3.176) は

$$v_N-v_M=\beta_N f_N+\beta_{N-1}f_{N-1}+\cdots+\beta_K f_K \quad (3.177)$$

となる．とくに，式 (3.176) の積分区間を 1 単位 h にとった式 (3.178) はアダムス型公式と称される．

$$v_{n+1}-v_n=\int_{x_n}^{x_{n+1}}g_p(x)dx \quad (3.178)$$

p 個の標本点を $x_{n-p+1}, x_{n-p+2}, \cdots, x_n$ に選んだ場合，p 次のアダムス-バシュホース公式と称され陽公式である．一方，標本点を $x_{n-p+2}, x_{n-p+3}, \cdots, x_n, x_{n+1}$ に選んだ場合，p 次のアダムス-ムルトン公式と称され陰公式である．ADAMS や DADS などでは両者を組み合わせた予測子修正子法，すなわち，陽公式によって v_{n+1} の値を近似的に計算し（予測子），陰公式でその近似値を修正（修正子）する手法がベースとなっている．

c．線形過渡応答解析の適用例

過渡領域の機構にかかわる代表的な性能の一つに乗り心地性能，操縦安定性能がある．従来よりこれらの解析にはマス・ばね法が利用されてきている．これは，構造を質点・ばね・ダンパなどとこれらをつなぐ剛体ばりで表現するものである．この場合，①個々の現象・構造ごとに運動方程式を作成しプログラミングする必要がある，②横力コンプライアンス値などサスペンションアセンブリ状態での特性データを利用する必要があるなど，ある部品の一つの特性，諸元を

変えたとき，操縦性，安定性の各性能がどのように変わるか予測することは困難である．

そこで最近では ADAMS や DADS など汎用の機構解析プログラムなどを用いて，FEM 形式で問題を解く方法が注目されている．ADAMS や DADS などでは，モデルに含まれるサスペンションのリンケージ機構に設けられている，自在継手，円筒継手，球面継手，など各種の継手，各種の連結要素，そしてまた，ギヤセットなどさまざまな機構がマトリックス表現されている．これらの要素には非線形性も含まれること，大規模なマトリックス方程式を解く必要があるため，これら機構解析ソフトでは本節の主題の数値積分法には特別な配慮がなされている．ここでその概略を述べる．

代表的な継手の例を図 3.35 に示す．継手と継手の間の各構造部の挙動を一般化座標で表現する．継手の種類に応じて 12 自由度の一般化座標間に関係が求められ，拘束関数と称される．

運動方程式は式 (3.179) で表現される．

$$M\ddot{g}+c\dot{g}+kg-\sum_1^n Q_n-\sum_1^m \frac{\partial f_m}{\partial g}\lambda_m=0 \quad (3.179)$$

ここに，$g=X, Y, Z, \phi, \theta, \phi$：一般化座標，$f_m$：$m$ 番目の拘束関数，λ_m：拘束に対応する反力，Q_n：n 番目

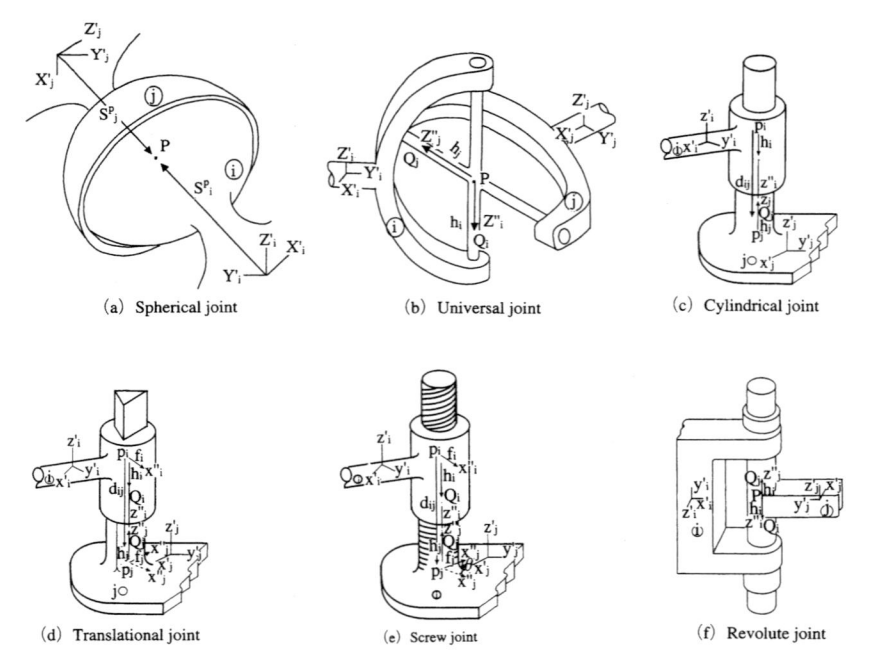

(a) Spherical joint   (b) Universal joint   (c) Cylindrical joint

(d) Translational joint   (e) Screw joint   (f) Revolute joint

図 3.35　代表的な継手の例

の一般化力，ドットは時間方向の微分である．

式 (3.179) は六次の連立常微分方程式であるが式 (3.180) のように素数 v を導入して，12次の1階常微分方程式を誘導する．

$$u - \dot{g} = 0 \quad (3.180)$$

各構造部の1階の連立常微分方程式は

$$M\dot{u} + c\dot{g} + kg - \sum_1^n Q_n - \sum_1^m \frac{\partial f_m}{\partial g}\lambda_m = 0$$
$$u - \dot{g} = 0 \quad (3.181)$$

である．さらに，拘束関数

$$f(X, Y, Z, \phi, \theta, \varphi) = 0 \quad (3.182)$$

が課せられる．このように機構解析では，常微分方程式と代数方程式の連立方程式を対象にする．最終的に得られるマトリックス方程式は非常に大きなスパース性をもち，広い範囲にちらばった固有値をもつ．このような方程式を安定的に解くのに有効とされる手法に予測子修正子法の一種であるギヤ（Gear）の手法[49]がある．

本機構解析言語は1990年度あたりから本格的に使用されており，すでに操縦性解析，安定性解析，乗り心地解析などで成果があげられている．たとえば，従来の連続系シミュレーション言語では不可能であった，各部品ごとの入力予測，前後方向入力の予測が可能となっている．さらに，最近では弾性・振動解析，油圧・制御系設計への応用もみられるようになった．ここで，機構解析言語が従来の連続系シミュレーション言語に比していかに有力であるかを，車両運動解析を例に述べる．

走行時の車両は基本的には6自由度をもつサスペンションなどの剛体の結合体であることから質点・ばね・ダンパなどとこれらを剛体ばりでつなぐ連続系シミュレーション言語で十分な点もあった．しかし，これらの運動はロールセンタ，ピッチセンタに代表される回転中心を介し互いに干渉しあう．これが連続系シミュレーション言語による解析をたいへん困難にした点であった．連続系シミュレーション言語では瞬間回転中心に関する情報を左右サスペンションに分解することからモデル化が始められるが非独立懸架の場合，その分解は不可能に近いからである．

文献50)では図3.36に示すように車体とサスペンション部品について計7個の剛体そしてサスペンションばねを除くすべてのコンプライアンスを無視しジョイントで拘束と，複雑な運動の自由度を縮小したり，

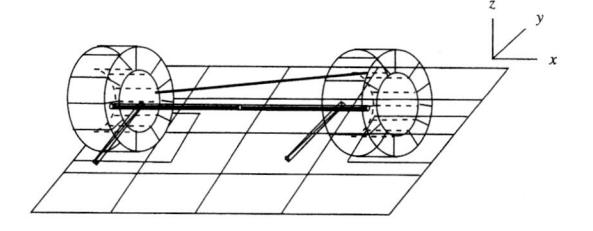

図3.36 非独立懸架の運動シミュレーションモデル

また近似したりすることなく汎用的なモデルを機構解析言語で生成している．この汎用化は，とくに左右の非対称な挙動解析に寄与する．文献50)によると，まず独立懸架の車両運動の場合，ロール角や荷重移動量では両言語モデルでかなりよい符合が示されるが，ジャッキアップ量はとくに横向き加速度の大きい旋回限界時には大きな違いをみせている．ここで，ジャッキアップとは，車両の横向き加速度が大きくなると，左右のタイヤの発生力とリンクジオメトリに非対称性が生じ，これらの非対称性を通して車両に働く横力が車体（ばね上）を上下動させる現象である．

次に，非独立懸架のジオメトリに関する解析は上述のとおり機構解析言語の独壇場である．同言語による解析の結果，ロールステアはアクスルビームのせん断中心により，ロールセンタ高はパナールロッドのジオメトリによりほぼ決定されること，ジャッキアップ特性に関しては独立懸架と非独立懸架とではメカニズムが異なること，非独立懸架では従来考えられていたロールセンタ高との関係が低いこと，4輪接地走行中と3輪走行中ではそのメカニズムが異なる，といった新しい知見が示された．

以上は一例であるが，ほかの多くの文献によっても機構解析言語はこれまでの連続系シミュレーション言語に比し大きな計算精度向上が得られるとともに新しい多くの知見も得られている．この機構解析言語ではモデルが精密になった分，入力情報もそのモデルの要素ごとに必要となりその必要とする情報は時に膨大となる．それでこの機構解析言語を有効に使用するためには，データベースを含めたプリポストの充実が必要である．そのプリポストについてはたとえば文献51)などに述べられている．

3.4.2 非線形過渡応答解析
a. 解析方法

本項では自動車技術における典型的な非線形過渡応答問題である衝突問題を例にとり，FEMによる非線形過渡応答解析法の概要を紹介する．

クラッシュ問題とも呼ばれる自動車の衝突圧壊問題においては，一般の最終強度問題と異なり，構造体がくしゃくしゃにつぶれるような非常に大きな変形を対象とする．このような場合には，3.2.2項で述べたTLFと異なるUpdated Lagrangian Formulation (ULFと略称) による増分理論が通常，用いられる．ULFの得失を列挙すると以下のようになる[9]．

すなわち，ULFでは時々刻々の変形形状を参照して応力とひずみを定義しているため，定式化および計算が煩雑となる．また，数値積分点が各ステップごとに異なる材料点となるが，応力変化率としてオイラー応力のヤウマン (Jaumann) 変化率を用いれば，この欠点は解消され，有限ひずみ問題に対し自然でかつ効果的な定式化となる．さらに，つねに直前の変形形状を参照するので，大回転・有限剛体変位の問題に対して有利となる．すなわち，TLFとULFは三次元連続体解析においては理論的に等価であるが，数値計算上は前者は微小ひずみ・小回転の問題，後者は有限ひずみ・大回転の問題に適している．とくに板殻理論などを用いる場合には，Updated Lagrangian Jaumann Stress Rate Formulation (ULJF) が唯一の選択肢となる．このような事情から，自動車などの板殻構造のクラッシュ解析などにはふつう，ULJFが用いられる結果となっている．

FEMによる動的平衡方程式は，一般に次式で表される．

$$\{f_{int}\}(n) + [M]\{\ddot{u}\}(n) = \{f_{out}\}(n) \quad (3.183)$$

ここに，上添字nは第nステップの平衡状態であることを，$[M]$は質量マトリックスを，$\{f_{out}\}$は外力を表す．$\{f_{int}\}$は内力の等価節点力ベクトルであり，次式で定義される．

$$\{f_{int}\}(n) = [B]^t\{\sigma\}(n) dv \quad (3.184)$$

ここに，$[B]$：ひずみ・変位マトリックス，$\{\sigma\}$：要素応力ベクトルを表す．積分記号は要素体積積分を意味する．陽解法では式 (3.183) の $\{\ddot{u}\}(n)$ を中心差分法により次式で近似する．

$$\{\ddot{u}\}(n) = (\{u\}(n+1) - \{u\}(n) + \{u\}(n-1))/t_2 \quad (3.185)$$

式 (3.185) を式 (3.183) に代入することにより，次式を得る．

$$[M]\{u\}(n+1) = t_2(\{f_{out}\}(n) - \{f_{int}\}(n)) + [M](\{u\}(n) - \{u\}(n-1)) \quad (3.186)$$

中心差分法の数値的特性を含む一般的特徴を列挙すると，以下のとおりである[44〜46]．① 条件安定公式であり，定ひずみ要素による線形解析の時間増分値はCourantの条件より決定される．② 非線形解析における時間増分値は適当な安全係数を見込んで定め，精度保証のためにエネルギーバランスをチェックする必要がある．③ 集中質量マトリックスを使用すると式 (3.186) は単純漸化式となり，連立一次方程式の求解演算が不要となるため，計算効率が著しく向上する．同時に集中質量の周波数低減効果が，中心差分作用素の周波数増大効果を相殺する．④ 数値的には無減衰であるが，衝撃波動のシミュレーションなどの場合は安定化のために人工粘性が仮定される．⑤ アルゴリズムが単純であり，衝撃/接触問題のような複雑な非線形現象のモデル化が容易である．⑥ 剛性マトリックスの計算および保存が不要であり，計算機容量が節約される．⑦ 計算コストの大部分は節点内力の計算に費やされ，要素数および要素内変位場と構成式の複雑さに直接依存する．したがって，低次でかつ精度のよい要素の使用が効果的である．バンド幅は計算時間と無関係である．これらの得失より，解析時間幅の比較的小さい衝撃応答問題などの解析には，中心差分法が有利と考えられる．

前述のように，中心差分法などの陽解法により衝撃問題を解析する場合は，簡単でかつ精度のよい要素を使用することが計算効率向上の面できわめて効果的であり，必然的に次数低減積分法 (reduced integration) などによる低次要素の適用が促されることとなる．すなわち，高次要素は同一の要素分割であればより高い精度を有するものの，高周波振動成分を含むため条件安定スキームにおいては時間増分値が厳しく制限され，さらに時間積分における演算数を大きく増加させるため，与えられた計算時間内でより高い精度の解を得ることを目的とした場合は性能のよい低次要素に劣ることとなる．この観点より高次要素と低次要素を比較した結果がBelytschkoとTsayによる文献[52]に含まれている．

上述のこととも関連して近年，非線形有限要素解析の分野における低次要素の使用に著しい進展がみられ

る．平板の曲げ問題においては，Hughes らによる選択型次数低減積分法（selective reduced integration）を用いた双一次ミンドリン板要素の提案がその発端であり，文献[53]では線形解析例を通じ，同要素が簡単でかつ効率的であることが実証されている．

この要素を曲げひずみエネルギーおよびせん断ひずみエネルギーの双方に対し，面内方向に１点積分要素として用いると，剛体変位以外のゼロエネルギーモードを含むことにより，とくに動的解析においていわゆるアワーグラス（hourglass）現象を生ずる可能性があるが，Flanagan と Belytschko は，アワーグラスモードと他の変位モード（剛体モードと一様ひずみモード）の直交性に基づく合理的なアワーグラス制御手法を考案している．文献[54]では二次元および三次元問題に対し，粘性制御（viscous control）と弾性制御（elastic control）の２手法が試用されているが，後者の優越性が指摘されており，また後者は静的問題にも適用可能である．さらに，文献[44,52]では，弾性制御法が上述の双一次四辺形要素を用いた板殻構造の動的非線形解析に適用されている．

衝突解析において重要な接触問題の解法として基本的には，ラグランジュ乗数法（Lagrange multiplier method）とペナルティ法（penalty method）があり，他の手法として，augmented Lagrangian method，perturbed Lagrangian method などが知られている[55]．ラグランジュ乗数法では接触境界面における拘束条件が，ラグランジュ乗数を用いて変分原理における付帯条件として導入されており，ペナルティ法では変分原理における処罰項として扱われている．ペナルティ法では，処罰項の大きさを決めるペナルティ数の適正値が問題に依存し，またペナルティ数を介して接触面間に人工的な高剛性が導入されるため，これに起因して物理的意味のない高次振動が誘起されたり，過小な時間増分値を用いる必要が生ずるが，アルゴリズムが単純でコーディングも容易，加えて陽解法との馴染みもよいため，非線形衝撃解析においてよく用いられている．なお，接触節点の探索アルゴリズムとしては，master-slave 法，hierarchy-territory 法などが知られている[55]．

b．衝突解析の適用例

本項の解析例として衝突解析を取り上げる．自動車の耐衝突強度設計は自動車が誕生して以来の最重要な課題である．とくに，昨今，省資源の観点から，車両

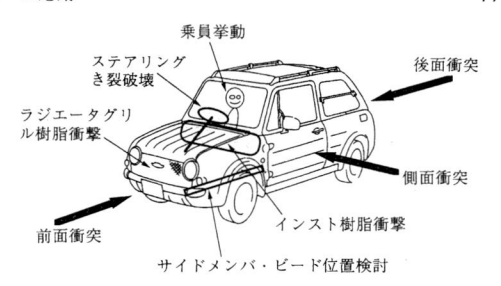

図 3.37 衝突安全に関する解析項目例

の軽量化に対する要求は一段と厳しくなるとともに，図 3.37 に示すように正面衝突，オフセット衝突，側面衝突特性などと要求される項目は多岐にわたりそれぞれの要求もますます高度なものとなっている．これらに応えるべく，設計ツールとしての衝突の解析技術，モデル化技術もここ数年飛躍的に向上している．たとえば，側面衝突においては，パネルと乗員との間の距離が狭いこと，乗員の挙動も複雑なことから，FEM による詳細な三次元の人体模型（ダミー）モデルも開発されつつある．また，車両，乗員，それに，シートベルトやエアバッグなどの乗員拘束装置まで組み込まれた大規模なモデルもみられる．これらの大規模モデルとその解析例は本シリーズの第 6 巻「自動車の安全技術」などに譲り，ここでは，前・後面の衝突性能に最も大きな影響を与えるサイドメンバを模擬した薄板真直材の圧潰解析について述べる．

サイドメンバなど自動車の強度部材は薄肉の箱型またはハット型断面部材で，たとえば，フロントサイドメンバの形状はサスペンションなどの位置関係から客室の下の所で曲がった形状となるが前部は荷重を上げるため極力，真直さが保たれる．そしてこの真直部が折れないよう前端から順にアコーディオン状に圧潰させることがサイドメンバのエネルギー吸収効率を上げるために有効である．そのため，サイドメンバ単体の圧潰解析は図 3.38 のような大規模モデルが利用されるようになった現在でも非常に重要である．すでにMahmood らにより板厚と断面寸法との関係によって，時に塑性座屈が生じ部材の圧潰ピッチや圧潰する断面形状が異なることが指摘されている[56]．また萩原らは，この実験結果の再現を FEM 解析で初めて可能にしている[57]．

ここでは文献[57]に沿って，塑性座屈が生じる，断面 50×50 mm，板厚 1.6 mm で，全長 250 mm の正方形断面真直部材の圧潰問題で検討を行う．一端を完全

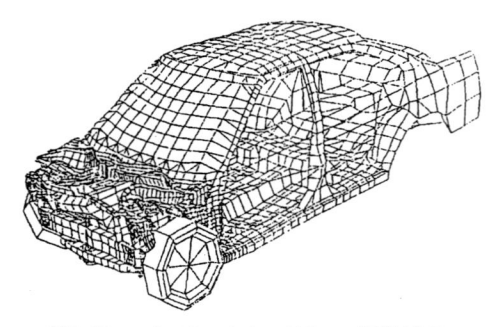

図 3.38 フルスケールカー変形モード解析結果

固定し，自由端に 330 kg の重錘が初速度 30 km/h で軸方向に落下することを想定した動的圧潰解析である．解析モデルの 1 要素は 10×10 mm で入力データはヤング率 $E = 21\,000$ kg/mm^2，接線係数 $E_t = 250$ kg/mm^2，ポアソン比 $\nu = 0.3$，降伏応力 $\sigma_y = 22$ kg/mm^2 である．まず，初期不整なしで計算すると図 3.39 のように全体に不規則な変形モードとなり荷重-変位特性も実験と合致しない．そこで初期不整の与え方として同図に示すように次の 5 ケースで検討を行った．

① 部材全体の軸方向に波長 50 mm の正弦波を入れる．
② 部材先端の軸方向に波長 50 mm の正弦波を半波長入れる．
③ 部材全体に，静的一次座屈モードを入れる．
④ 部材全体に正規乱数により得られた不規則な波形を入れる．
⑤ 負荷入力を片当たりさせる．すなわち衝撃端の節点のうち 4/5 の節点のみに重錘の質量を等分布させ強制速度を与える．

このうち妥当な結果が得られたのは静的一次座屈モードを初期たわみとするものである．なお解析の負荷条件として，重錘が衝撃端に付着し，衝撃端の節点と同一の挙動をすると仮定し，衝撃端の節点に重錘の質量を等分布させている．また，これらの節点に軸方向以外の並進方向の自由度を拘束し，軸方向自由度に強制速度を与える．まず，ULF による弧長増分法，4 節点で面内の積分点数が 1 の次数低減シェル要素を採用して静的な圧潰解析を行い図 3.40 のような荷重-変位線図が得られた．座屈点すなわち，同図の C 点を境に荷重が格段に下がる．また代表断面の応力状態を同図に，さらに C 点に達したときの部材全体の応力図を図 3.41 に示す．これらにより座屈以後それまで

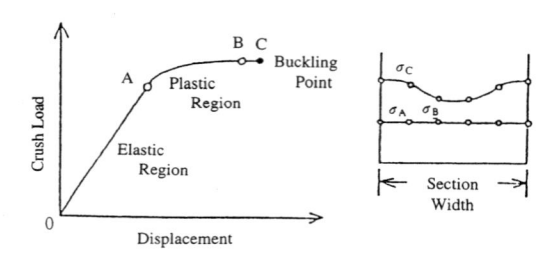

図 3.41 C 点に達したときの部材全体の応力図

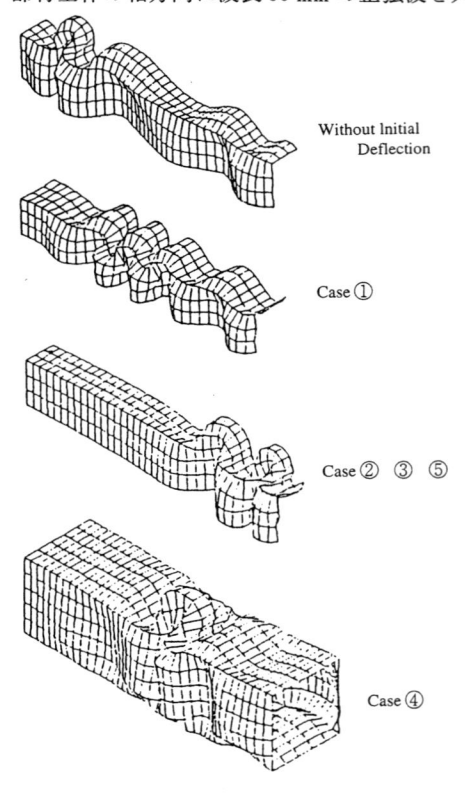

図 3.39 初期たわみの有無と圧潰モード

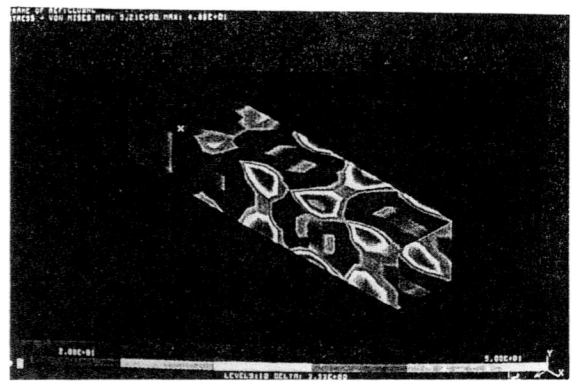

図 3.40 壁面座屈に伴う荷重変化と応力分布

3.4 過渡応答解析への応用

一様な応力状態であったものが断面中央の応力は下がり角部の応力が高くなることがわかる．C 点あるいは C 点を初めて通り過ぎた点のステップ数を $(n+1)$ とし，$(n-1)$ ステップおよび n ステップでの剛性マトリックスを $[K_n]$，$[K_{n-1}]$ とすると非線形座屈方程式は式 (3.187) で得られる[58]．

$$([K_n]+\lambda[\Delta K])\{\phi\}=0 \quad (3.187)$$

ここに，剛性マトリックスはミーゼスの降伏条件とプラントル-ロイス（Prandl-Reuss）の式から得られるものを使用している．$[\Delta K]=[K_n]-[K_{n-1}]$ で座屈点の変位は，$\{U_{cr}\}=\{U_n\}+\lambda\{\Delta U\}$ と表される．

ここに，$\{\Delta U\}$ は式 (3.187) の固有ベクトルで仮想仕事の原理により，

$$\{\Delta U\}^T\{P_{cr}\}=\{\Delta U\}^T\{F_{cr}\} \quad (3.188)$$

が成立する．ここに，

$$\{F_{cr}\}=\{F_n\}+\int_{U_n}^{U_{cr}}[K]dU=\{F_n\}+\int_0^\lambda [K(\lambda)]\{\Delta U\}d\lambda$$

$$=\{F_n\}+\lambda\left\{[K_n]+\frac{1}{2}\lambda[\Delta K]\right\}\{\Delta U\} \quad (3.189)$$

である．そして，座屈荷重は式 (3.190) で表される．

$$\{P_{cr}\}=\{P_n\}+\alpha\{\Delta P\} \quad (3.190)$$

ここに，$\{\Delta P\}=\{P_n\}-\{P_{n-1}\}$，$\alpha=(\lambda\{\Delta U\}^T\{[K_n]+\lambda[\Delta K]/2\}\{\Delta U\})/(\{\Delta U\}^T\{\Delta P\})$ である．

図 3.42，図 3.43 に要素分割の相違による解析結果の差異を示す．これらの図で④の意味は，衝撃端に近い部分を 5×5 mm で分割し，それ以外のところでは，20×5 mm と粗く分割するものである．まず図 3.42 の 10×10 mm の分割では，つぶれピッチは 40 mm である．一方，5×5 mm の分割の場合のつぶれピッチは 35 mm である．後者の値は，Mahmood の実験式によく対応する．また，平均荷重を比較した図 3.43 でみるとつぶれピッチが実験値とよく対応する 5×5 mm の分割では平均荷重値もよく実験値と対応することがわかる．なお，C 点以前のステップでの座屈モードを初期たわみとする場合，5×5 mm の分割の場合でも実験と対応するつぶれピッチは得られない．図

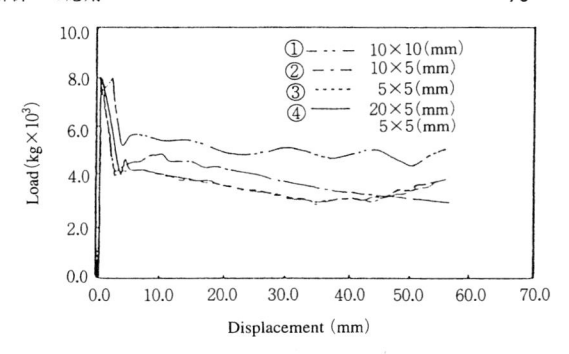

図 3.42　要素分割と圧潰モード

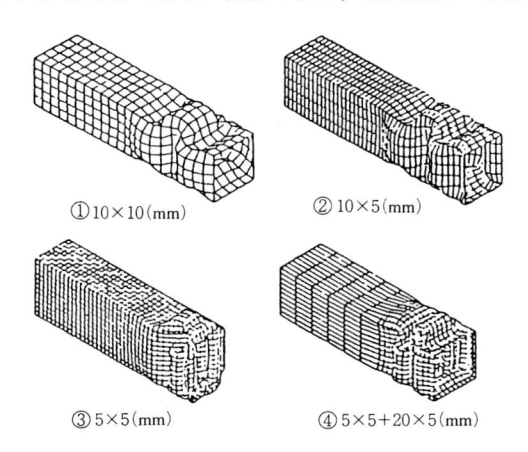

図 3.43　要素分割と荷重・変位曲線

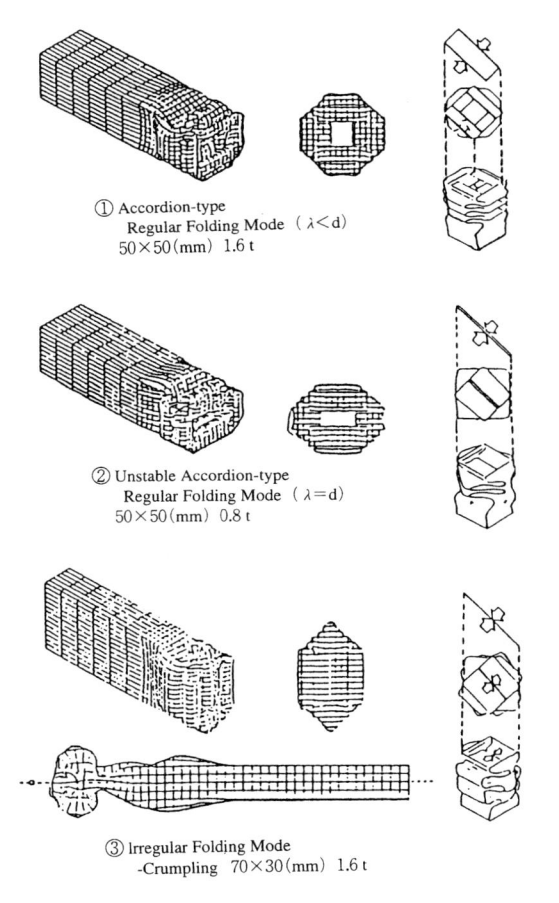

図 3.44　幾何学的形状と圧潰モード

① Accordion-type Regular Folding Mode $(\lambda<d)$ 50×50(mm) 1.6 t

② Unstable Accordion-type Regular Folding Mode $(\lambda=d)$ 50×50(mm) 0.8 t

③ Irregular Folding Mode -Crumpling 70×30(mm) 1.6 t

3.40 の O-A 間で座屈ピッチを求める場合は，弾性座屈と同様つぶれピッチは 50 mm，A-C 間で座屈モードを求める場合は，不安定で，つぶれピッチは 50～80 mm となる．

図 3.39 のモデルと板厚だけが異なるもの，図 3.39 のモデルと断面形状だけが異なるものに適用し，図 3.44 のつぶれモード形状をまとめて示す．まず，板厚の厚い①では，向かい合う壁面どうしが干渉することなく安定したアコーディオン状のモードを呈する（安定アコーディオン状モード）．$\lambda=d$ となる②では向かい合う壁面どうしがかなり接近する．したがって，板厚が薄く角部の強度が低い場合には折れを伴って圧潰する場合がある（不安定アコーディオン状モード）．また，矩形断面部材の壁面が弾性座屈を起こす③では，部材の向かい合う壁面どうしが接触するために折れを伴って圧潰する（不規則折れモード）．①，③では板厚と周辺長が同じなため変形の途中までは同様の強度特性を示すが，③では，図 3.45 に示すように向かい合う壁面どうしが接触したあと，荷重値は①に比して低くなっていく．これらは Mahmood らの実験結果とよく対応する．図 3.44 に解析で得られた圧潰時の断面形状も示す．ここで，分割はいずれも 5×5 mm である．すなわち，分割を適切に細かくすれば，図 3.46 の手順で真直部材の圧潰解析が適切に行えることがわかる．本研究はその後の，サイドメンバ上に適切なビードの形状と位置を設定してサイドメンバのエネルギー吸収効率を上げる研究[59]のもととなったものである．

3.5 樹脂流動解析

射出成形に関する成形シミュレーションは，汎用ソフト MOLDFLOW の発売以来，各社とも数多くの車種・部品に適用され，金型構造・製造条件の最適化に有効に利用されている．

たとえば，初期の適用では，おもにウエルドラインの位置予測のため，金型ゲートの数，位置，形状などを因子として流動（充塡）の解析がされ，それまで部品形状や材料が変更されると，試行錯誤で進められていた金型の開発に，方向性を示す画期的なシステムとして注目を集めた．

さらに冷却解析ソフトが出現し，バンパのように複雑で大型な金型表面の温度分布をできる限り小さくできる冷却管のレイアウト検討が事前に行えるようになった．

しかし，計算機の演算速度の飛躍的進歩や，高品質に対するニーズの高まり，さらには部品設計と金型設計とを同時に展開するサイマルテニアスエンジニアリングの必要性などが相まって，射出成形シミュレーション技術は，ここ数年大きく変化している．すなわち，部品設計段階から不具合い，とくにソリをも予測するシステムの開発である．これは，ウエルドラインの位置予測でも，大きな効果をあげていた時代（1981 年ごろ）と比べると隔世の感がある．

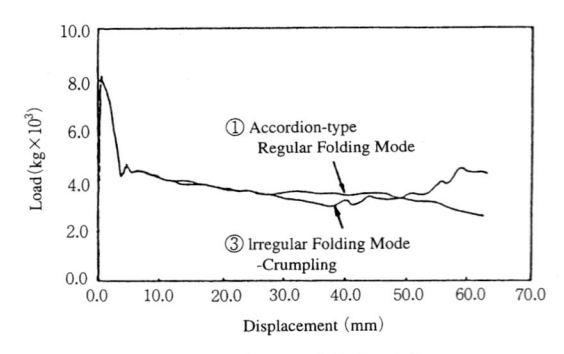

図 3.45 圧潰モードと荷重の変化

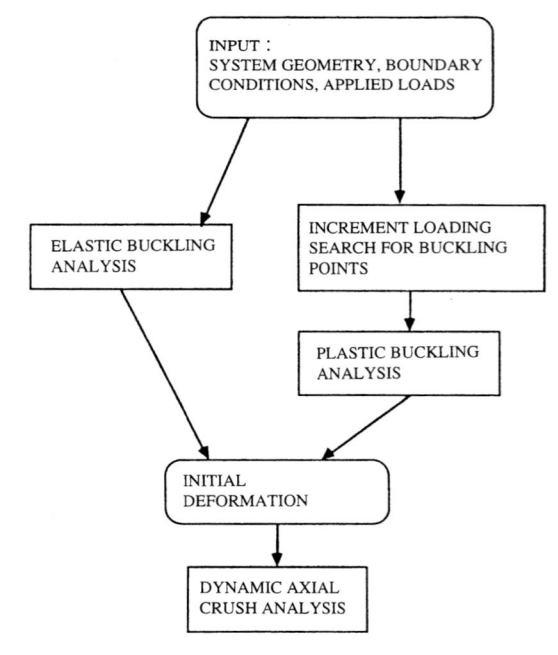

図 3.46 真直部材の圧潰解析の流れ

3.5.1 支配方程式の誘導[60]

一般に，ナビエ-ストークス式を有限要素法で解く場合，解法が非常に複雑であり，いまだ汎用的に適用された例は少ない．しかし，樹脂の射出成形では以下の理由で適用されている．すなわち，樹脂流動は現象としては，ゆっくりとした粘性流れであり，慣性項を無視することができる．また，部品の大きさに対して，厚みは非常に小さいために，厚み方向の流動を無視することができる．このため，ナビエ-ストークス式を大胆に簡略化して解くことが可能となった．

a．支配方程式

充塡過程の模式図を図3.47に示す．キャビティの厚みを$2b$として，中央面をx-y面，それに垂直な方向（厚み方向）をz軸とする．キャビティ中央面は一般には曲面であるが，その曲率半径は厚みに比べて十分大きいものと仮定して近似的に平面とみなす．

前述のように射出成形金型内の樹脂流れの場合には，(A) 樹脂の粘度が非常に大きいため粘性項に比べて慣性項が無視できる，(B) 流れ方向に比べて厚み方向の寸法が極端に小さいので厚み方向の粘性効果が支配的である，ことなどを考慮してナビエ-ストークス方程式を近似したHele-Shaw流れの式

$$\frac{\partial p}{\partial x}=\frac{\partial}{\partial z}\left(\eta\frac{\partial u}{\partial z}\right) \quad (3.191)$$

$$\frac{\partial p}{\partial y}=\frac{\partial}{\partial z}\left(\eta\frac{\partial v}{\partial z}\right) \quad (3.192)$$

と連続式（非圧縮条件）

$$\frac{\partial(b\bar{u})}{\partial x}+\frac{\partial(b\bar{v})}{\partial y}=0 \quad (3.193)$$

が用いられる．ここで(u, v)は(x, y)方向の流速成分，pは圧力，ηは樹脂粘度であり，$(\bar{u}, \bar{v})$は次式で定義される厚み方向の平均値である．

$$\bar{u}=\frac{1}{b}\int_0^b u dz \quad (3.194)$$

$$\bar{v}=\frac{1}{b}\int_0^b v dz \quad (3.195)$$

温度場Tを支配するエネルギー式についても，(B)を考慮した近似式

$$\rho C_p\left(\frac{\partial T}{\partial t}+\bar{u}\frac{\partial T}{\partial x}+\bar{v}\frac{\partial T}{\partial y}\right)=k\frac{\partial^2 T}{\partial z^2}+\eta\dot{\gamma}^2 \quad (3.196)$$

が用いられる．ここでt：時間，ρ：樹脂の密度，C_p：樹脂の比熱，k：樹脂の熱伝導係数であり，$\dot{\gamma}$は次式で与えられるせん断速度である．

$$\dot{\gamma}=\sqrt{\left(\frac{\partial u}{\partial z}\right)^2+\left(\frac{\partial v}{\partial z}\right)^2} \quad (3.197)$$

速度場に対する境界条件

$$u=v=0 \quad \text{at} \quad z=\pm b \quad (3.198)$$

$$\frac{\partial u}{\partial z}=\frac{\partial v}{\partial z}=0 \quad \text{at} \quad z=0 \quad (3.199)$$

を考慮して式(3.191)，(3.192)をzで積分すると，おのおの

$$z\frac{\partial p}{\partial x}=\eta\frac{\partial u}{\partial z} \quad (3.200)$$

$$z\frac{\partial p}{\partial y}=\eta\frac{\partial v}{\partial z} \quad (3.201)$$

が得られ，さらに積分すると

$$S\frac{\partial p}{\partial x}=-b\bar{u} \quad (3.202)$$

$$S\frac{\partial p}{\partial y}=-b\bar{v} \quad (3.203)$$

が得られる．ただし

$$S=\int_0^b \frac{z^2 dz}{\eta} \quad (3.204)$$

である．

式(3.200)，(3.201)を式(3.197)に代入すると

$$\dot{\gamma}=\left(\frac{z}{\eta}\right)\sqrt{\left(\frac{\partial p}{\partial x}\right)^2+\left(\frac{\partial p}{\partial y}\right)^2} \quad (3.205)$$

が得られ，式(3.202)，(3.203)を式(3.193)に代入すると

$$\frac{\partial}{\partial x}\left(S\frac{\partial p}{\partial x}\right)+\frac{\partial}{\partial y}\left(S\frac{\partial p}{\partial y}\right)=0 \quad (3.206)$$

が得られる．

結局，式(3.196)で温度場が，また式(3.206)で圧力場が計算され，速度場は式(3.202)，(3.203)によって圧力場から計算される．

b．粘度式

一般に溶融樹脂は，ずり流動化傾向を示す非ニュー

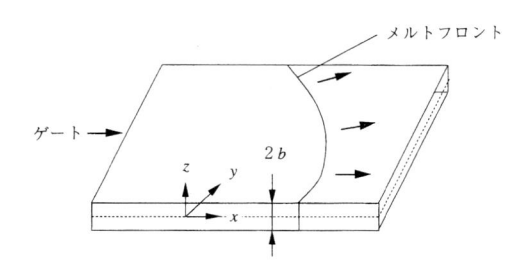

図3.47 充塡過程の模式図

トン流体であるといわれており，その粘度はせん断速度，温度，圧力に依存して変化する．

代表的な粘度式としては，三つの実験定数 (B, T_b, n) を含んだべき乗則モデル

$$\eta = B\exp(T_b/T)\dot{\gamma}^{n-1} \quad (3.207)$$

や，Isayev の提唱した5定数 (B, T_b, β, τ, n) モデル

$$\eta_0 = B\exp(T_b/T)\exp(\beta\gamma) \quad (3.208)$$

などをあげることができる．

どのモデルを採用するかは，粘度の実測値と比較したうえで決めなければならないが，必ずしも一つのモデルであらゆる樹脂の粘度を表現できるわけではないので，解析プログラムには種々の粘度式に対応できるフレキシビリティが要求される．

c．メルトフロントの表現

樹脂流動シミュレーションのむずかしさの一つは，メルトフロントが時間とともに移動する．すなわち解析領域の境界が時々刻々変化するということである．

このような移動境界問題の解法は，メルトフロントの移動に合わせて数値計算のための節点（格子法）を移動させていくというラグランジュ的な方法と，固定メッシュの中で何らかの方法によってメルトフロントをとらえていくというオイラー的な方法に大別される．精度の面では前者のほうが優れていると考えられるが，節点の移動に伴って要素のひずみが進むと，メッシュの再分割ということも考慮しなければならなくなり，計算時間や汎用性という点で問題が残る．したがって，多少の精度低下はあるにせよ，固定メッシュという利点を備えたオイラー法が実用プログラムには適していると考えられる．

固定メッシュの中でメルトフロントの移動を追跡する方法として，ここでは Thompson にならって架空の変数 C を導入する．変数 C は樹脂の充塡領域で1，未充塡領域で0の値をとり，メルトフロント近傍で両領域を滑らかに接続する一種の波面を構成する．したがって，メルトフロントは $C=0.5$ の等高線として表現されることになり，正確には $0 \leq C < 0.5$ の領域が未充塡領域，$0.5 \leq C \leq 1$ の領域が充塡領域ということになる．

メルトフロントの移動は，変数 C の波面の移動という形で表されるので，移流方程式

$$\frac{\partial C}{\partial t} + \bar{u}\frac{\partial C}{\partial x} + \bar{v}\frac{\partial C}{\partial y} = 0 \quad (3.209)$$

で記述される．

d．数値解法

数値解法としては，複雑形状の解析に適した有限要素法を採用している．詳細については割愛するが，大略のアルゴリズムは以下のとおりである．

　ステップ1：式（3.209）によってメルトフロントを移動させ解析領域を定める．

　ステップ2：ステップ1で定まった解析領域に対して式（3.196）を用いて温度場を計算する．

　ステップ3：同じく式（3.206）を解いて圧力を求める．この際，メルトフロントでの圧力（ゲージ圧）をゼロと仮定する．

　ステップ4：式（3.202），（3.203）によって速度場を計算する．

　ステップ5：ステップ1に戻る．

計算の過程で必要になる $S, \dot{\gamma}$ 値は，おのおの式（3.204），（3.205）で計算され，粘度 η については，解析対象となる樹脂に応じて，式（3.207）または（3.208）（あるいはほかの式）が用いられる．

3.5.2　流動解析の適用例(I)

シミュレーションは，キャビティ内に樹脂が充塡される過程を，熱問題と連成させた粘性流体の流動問題として取り扱い，有限要素法により流速，圧力，温度分布を求める．得られた結果は，あらかじめ不具合現象と成形条件との実験データベースをもとに発生のメカニズムを考察しながら標準化を進める．なお解析ソフトは基本的には市販の汎用ソフトをベースにしているので解析技術の概要はここでは省略する．

図 3.48 は，フロントバンパの流動解析を適用した例である．キャビティの中を樹脂が刻々と流入している状況が計算されている．これにより最終充塡位置やウエルド位置，最小型締め力が求められる．さらには

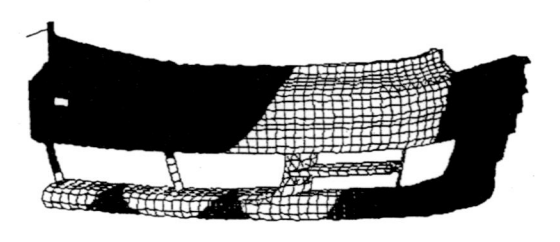

図 3.48　フロントバンパ（1/2モデル）の流動解析例
（青→緑→黄→赤の順で樹脂が充塡される）

繰り返し計算を実施することにより，ゲート部分の形状最適化，肉厚の最小化が可能となる．また材料物性を変化させることにより，さらに安価な材料で成形できるかを机上で検討でき，また成形条件（射出速度，温度，圧力，パターンなど）のある程度の絞込みを事前に検討することができる．

3.5.3 流動解析の適用例(II)

ある樹脂バンパの開発における部品設計，試作段階で試作品による表面品質確認の結果，図3.49に示すように，部品の一部において筋が走ったような外観不良が発見された．これは詳しくは深さ$10\,\mu m$程度の溝で形成されているきずのようなもので塗装後も残ってしまう外観不良であった．

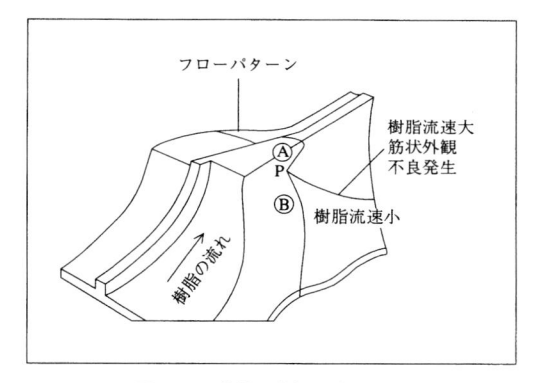

図3.49 筋状の外観不良の発生

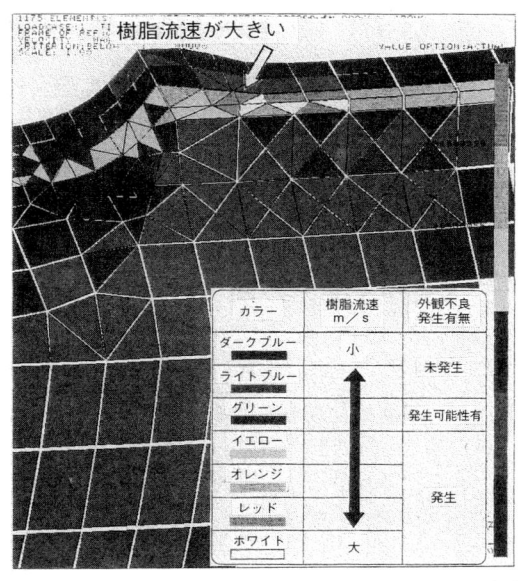

図3.50 射出成形シミュレーションによる不具合と発生事前予測

実験解析および成形シミュレーションの結果，次のようなことがわかった．図3.49に示すように局部的Ⓐに他の部位Ⓑよりも溶融樹脂の流れる速度が大きくなるところが発生し，この速度差があるレベルに達するといわゆる両者の境界ともいえる鋭角な角度をもった部位（P）が存在するようになる．その結果この部位では，ちょうど2方向からきた樹脂がぶつかり合うのと類似した現象になることにより，このような外観不良を形成することがわかった．

成形シミュレーションで局部的に溶融樹脂の速度が大きくなるところが発生しないような部品形状，構造案を検討し，成形実験確認の後，部品設計へフィードバックした．その結果，成形試作段階では本不具合いは発生せず未然に防ぐことができる．

さらにこの際得られたデータをもとに，速度をシミュレーションパラメータとした本不具合いの発生予測判定基準を図3.50に示すように明らかにし，シミュレーション解析の専任者でなくても判断できるように標準化を行っている．

このほかには，ウエルド，表面の平滑性不良などの外観不良やソリ変形といった不具合いの品質事前評価，ガスアシスト射出成形への応用などにも取り組んでいる．

最近の射出成形シミュレーションの話題には，ソリ解析に関するものが多い．ソリ発生のメカニズムは，マクロ的にみれば冷却過程の不均質さや金型内圧力分布に伴う密度分布，さらにミクロ的にみれば，流動時に生ずる分子配向，あるいは密度分布や温度分布により生ずる結晶化度の分布などが起因していると考えられるが，どんな条件ならどの因子が支配的であるかは，いまだ十分に解明されているとはいいがたい．

しかしながら，保圧過程が部品のソリ量を支配していることは相違なく，この現象を精度よく解析することが，今後の大型化に対応していくためのキーテクノロジーとなろう．ソリ解析を効率よく実現するには数値解析技術そのものの発展のみならず，その解析の中で用いられている材料データベースの精度向上が不可欠と考えている．シミュレーションで用いられている材料データは，あくまで静的で定常下で測定されたものが多く，実際の射出成形現象（非定常で過渡的）では，補正が必要である．この補正を行うためには，結晶性の動力学や粘弾性的挙動を考慮していく必要があり，この分野での研究開発が待たれる．

3.5.4 今後の課題

ここで述べたFEMによる解析項目はいずれも汎用ソフトの利用ができる状況にある。すなわち、ブラックボックスとしても使用できる状況にあるが、その内容の理解の程度で解析のスピードと的確さが異なってくる。その意味でもまず前半の基礎理論が重要である。そして、個々の解析事例では現象そのもののより詳細な記述は対応するほかのシリーズに譲り、ここでは、各解析項目で何がキーとなる解析技術かわかるような記述になるよう留意した。なお、現在のFEMの課題の中心は並列処理に対応する解析技術ならびにソフトウェアの再構築でありますますの計算時間の短縮が期待できる。それとともにFEMの車両開発における位置づけはますます大きなものとなる。

［萩原一郎・吉村　忍・矢川元基・
都井　裕・髙橋　進・山部　昌］

参考文献

1) 矢川元基，吉村　忍：FEM，培風館 (1991)
2) O. C. Zienkiewicz (吉識雅夫，山田嘉昭監訳)：マトリックス有限要素法 (三訂版)，培風館 (1984)
3) 山田嘉昭：塑性・粘弾性 (有限要素法の基礎と応用シリーズ 6)，培風館 (1980)
4) D. R. J. Owen, et al.: Finite Elements in Plasticity (Theory and Practice), Pineridge Press (1980)
5) R. T. Haftka, et al.: Elements of Structural Optimization, Martinus Nijhoff Publishers (1985)
6) E. J. Haug, et al.: Design Sensitivity Analysis of Structural Systems, Vol.177 In Mathematics in Science and Engineering, Academic Press, Inc. (1986)
7) K. Washizu: Variational Methods in Elasticity and Plasticity, 3rd Ed., Pergamon Press (1982)
8) O. C. Zienkiewicz, et al.: The Finite Element Method, 4th Ed., Vol.2, McGraw-Hill (1991)
9) M. A. Crisfield: Non-linear Finite Element Analysis of Solids and Structures, Vol.1, John Wiley & Sons (1991)
10) K. J. Bathe: Finite Element Procedures in Engineering Analysis, Prentice-Hall (1982)
11) J. S. Arora, et al.: Design Sensitivity Analysis and Optimization of Nonlinear Structures, Computer Aided Optimal Design: Structural and Mechanical Systems (ed. by C. A. M. Soares), NATO ASI Series F (Computer and Systems Sciences), Vol.27, Springer-Verlag, p.589-603 (1987)
12) C. C. Wu, et al.: Design Sensitivity Analysis and Optimization of Nonlinear Structural Response Using Incremental Procedure, AIAA Journal, Vol.25, No.8, p.1118-1125 (1987)
13) P. Underwood, Dynamic Relaxation, Computational Method for Transient Analysis, T. Belytschko and T. J. R. Hughes, eds Vol.1, p.245-263 (1986)
14) Livermore Software Technology Corporation-Theoretical Manual For LS-DYNA 30 (1994)
15) M. Papadrakakis, A Method for the Automated Evaluation of the Dynamic Relaxation Parameters, Comp. Meth. Appl. Mech. Eng. 25, p.35-48 (1981)
16) 福田水穂ほか：有限要素法による車体外板の張り剛性解析，日産技報，13，p.56-70 (1977)
17) G. P. Bazeley, et al.: Triangular elements in bending-conforming and non-conforming solutions, Proceedings of the Conference on Matrix Methods in Structural Mechanics, p.547-576 (1966)
18) Y. Kajio, et al.: An Analysis to Panel Strength under Large Deflection, ISATA'85 (1985)
19) 有吉智彦ほか：シートベルトアンカ変形強度解析モデルの開発，自動車技術会論文集，Vol.24, No.1, p.62-67 (1993)
20) 桜井俊明ほか：シートベルト機能およびアンカレッジ強度予測技術に関する研究，三菱自動車テクニカルレビュー，No.1, p.39-47 (1988)
21) Hibbit Karlsson & Sorensen, Inc., —ABAQUS Theory Manual (1988)
22) 熊谷孝士ほか：シートベルトアンカ強度解析技術の開発，第23回安全工学シンポジウム予稿集 (自動車衝突安全とコンピュータシミュレーション，オーガナイザー：髙橋，萩原)，p.45-487 (1993)
23) J. R. H. Otter, et al.: Dynamic Relaxation, Proc. Institution of Civil Engineers, No.35, p.633-656 (1966)
24) C. Lanczos: An Iteration Method for the Solution of the Eigenvalue Problem of Linear Differential and Integral Operators, Journal of the Research of the National Bureau of Standards, Vol.45, pp.255-282 (1950) ; A. Craggs, et al.: Sound transmission between enclosures—A study using plate and acoustic finite elements, ACUSTCA 35, 2 (1976)
25) R. H. MacNeal, et al.: A Symmetric Modal Formulation of Fluid-Structure Interaction, ASME Paper, 80-C2/ PVP-117 (1980)
26) 萩原一郎ほか：構造-音場連成系の固有モード感度解析手法の開発，日本機械学会論文集 (C編)，Vol.56, No.527, p.1704-1711 (1990)
27) 長松昭男：モード解析入門，コロナ社 (1993)
28) 岩間和昭ほか：振動と音圧連成系を対象とした実験モード解析手法の開発，自動車技術会論文集，9303771, p.108-112 (1993)
29) 萩原一郎：自動車の騒音振動問題における新しい数値解法，応用数理，Vol.3, No.4, p.260-274 (1993.12)
30) 馬　正東ほか：構造-音場連成系の直接周波数応答解析手法の開発，日本機械学会論文集 (C編)，Vol.57, No.535, p.762-767 (1991)
31) 馬　正東ほか：構造-音場連成系のモーダル周波数応答感度解析手法の開発，日本機械学会論文集 (C編)，Vol.57, No.536, p.1156-1163 (1991)
32) 萩原一郎ほか：構造-音場連成系の固有モード及び周波数応答感度解析手法の開発，日本機械学会論文集 (C編)，Vol.57, No.534, p.420-425 (1991)
33) MSC/NASTRAN User's Manual, The MacNeal-Schwendler Corporation (1986)
34) L. Deng, et al.: Finite Element Approximation of Eigenvalue Problem for a Coupled Vibration between Acoustic Field and Plate, Journal of Computational Mathematics, Vol.15, No.3, p.265-278 (1997)
35) O. E. Hansteen, et al.: On the Accuracy of Mode Superposition Analysis in Structural Dynamics, Earthquake Engineering and Structural Dynamics, Vol.7, No.5, p.405-411 (1979)

36) D. Williams : Dynamics loads in aeroplanes under given impulsive loads with particular reference to landing and gust loads on a large flying boat, Great Britain RAE Reports SME, 3309 and 3316 (1945)
37) 馬 正東ほか：高次と低次のモードの省略可能な新しいモード合成技術の開発，第一報：ダンピング系の周波数応答解析，日本機械学会論文集（C編），Vol.57, No.536, p.1148-1155 (1991.4)
38) 依知川哲治ほか：高次と低次のモードの省略可能な新しいモード合成技術の開発（第4報，時刻歴応答問題への適用），日本機械学会論文集（C編），Vol.58, No.545, p.92-98 (1992.1)
39) R. L. Fox, et al. : Rates of Change of Eigenvalues and Eigenvectors, AIAA Journal, Vol.6, No.12, p.2426-2429 (1968)
40) R. B. Nelson : Simplified Calculation of Eigenvector Derivatives, AIAA Journal, Vol.14, p.1201-1205 (1976.9)
41) B. P. Wang : An Improved Approximate Method for Computing Eigenvector Derivatives, AIAA/ASME/ASCE/AHS 26th Structures, Structural Dynamics and Materials Conf., Orlando, FL (1985.4)
42) 萩原一郎ほか：高次と低次のモードの省略可能な新しいモード合成技術の開発，第2報：固有モード感度解析への適用，日本機械学会論文集（C編），Vol.57, No.539, p.2198-2204 (1991)
43) 依知川哲治ほか：大規模構造-音場連成問題のための部分構造合成法の開発，日本機械学会論文集（C編），Vol.61, No.587, p.2718-2724 (1995.7)
44) T. Belytschko : Computational Methods for Transient Analysis, セミナーテキスト「有限要素法に関する最近の動向」（日本シミュレーション学会主催），p.164-189 (1982)
45) J. Donea (ed.) : Advanced Structural Dynamics, Applied Science Publishers (1980)
46) T. Belytschko, et al. : Computational Methods for Transient Analysis, Vol.1, In Computational Methods in Mechanics, North-Holland (1983)
47) Mechanical Dynamics, Inc : ADAMS User's Manual Version 5.2.1 (1989)
48) DADS User's Manual, Computer Aided Design Software Incorpolated, P. O. Box 203, Oakdale, Iowa, 52319
49) C. W. Gear, Numerical Initial Value Problems in Ordinary Differential Equations, Prentice-Hall, Englewood Cliffs, New Jorsey, 1974
50) 神永眞杉ほか：機構解析言語による車両運動解析，自動車技術会学術講演会前刷集，No.912, p.141-144 (1991.10)
51) 高瀬晃彦：ADAMS自動化プリ・ポストの開発，自動車技術会学術講演会前刷集，No.933, p.207-210 (1993.5)
52) T. Belytschko, et al. : Explicit Algorithms for Nonlinear Dynamics of Shells, Nonlinear Finite Element Analysis of Plates and Shells (eds. by T. J. R. Hughes, et al.), ASME, Vol.AMD-48, p.209-232 (1981)
53) T. J. R. Hughes, et al. : A Simple and Efficient Finite Element for Plate Bending, International Journal for Numerical Methods in Engineering, Vol.11, p.1529 (1977)
54) D. P. Flanagan, et al. : A Uniform Strain Hexahedron and Quadlilateral with Orthgonal Hourglass Control, International Journal for Numerical Methods in Engineering, Vol.18, p.679 (1981)
55) Z.-H. Zhong : Finite Element Procedures for Contact-Impact Problems, Oxford Science Publications (1993)
56) H. F. Mahmood, et al. : Design of Thin Walled Columns for Crash Energy Management — Their Strength and Mode of Collapse, SAE Paper, 811302 (1981)
57) 萩原一郎ほか：有限要素法による薄肉箱型断面真直部材の衝撃圧潰解析，日本機械学会論文集（A編），Vol.55, No.514, p.1407-1415 (1989.6)
58) S. H. Lee, et al. : International Journal for Numerical Methods in Engineering, Vol.21, p.1935 (1985)
59) Y. Kitagawa, et al. : Development of a Collapse Mode Control Method for Side Members in Vehicle Collisions, SAE 1991 Transaction Section 6, p.1101-1107 (1992)
60) 水上 昭：日本ゴム協会誌，Vol.12 (1990)

4

境 界 要 素 法

FEM，FDM などは，境界条件を完全または部分的に満足する試行関数により領域全体にわたって支配方程式を近似する領域型の解法である．これに対して，境界型の解法である境界要素法（BEM）においては，領域における支配方程式を満足する試行関数を用いることにより領域境界上のみで問題が定式化される．すなわち，古典的な境界積分法を，FEM 的な離散化によりコンピュータインプリメントした手法が BEM であり，いまや構造解析における FEM や流れ解析における FDM と共存できるだけのポテンシャルを備えるに至っている．現に，エンジンやサスペンションなど，ソリッド構造の静弾性解析そして無限領域での騒音解析中心に利用されている．そこで本章では静弾性解析と騒音解析に関する BEM の理論と解析適用事例について述べる．

4.1 静的構造解析

自動車用鍛造・鋳造部品を設計する場合，強度バランスのよい最適形状に仕上げるために，種々の設計案の中から最終案が絞り込まれる．その過程の中で，応力解析を中心に机上でサイクルを十分に回すことが重要である．そのため，入力データの作成から解析結果処理までをいかに効率よく行えるかが問われる．三次元ソリッド形状に対し強度・剛性解析を行う場合，FEM と BEM を比べると，CPU 時間では BEM が FEM に比べ数倍から十倍以上長いが，モデル作成に関しては 1/5 から 1/10 以下である．

また，FEM ではモデルの作成がきわめて困難な場合でも BEM では容易である．エンジンやシャシの鋳造・鍛造部品など，三次元ソリッドの解析に，8 節点二次の BEM 要素が使用されると節点数では 1 000〜5 000 程度が，自由度数としては，3 000〜15 000 程度が必要である．BEM では解くべきマトリックスはフルで非対称となるため，このような大規模解析は，スーパコンピュータなくしてはとても実用的ではなかった．しかし，現在ではハードウェアやソフトウェアの進歩により，EWS でも十分に実用的な解析がなされるに至っている．

4.1.1 静的構造解析の理論

BEM の定式化には，変位，表面力など物理的な意味の明確な変数を用いる直接法とポテンシャルを用いる間接法があるが，ここでは三次元弾性問題に対する直接法の定式化と計算手順について述べる[1]．

三次元弾性問題に対する仮想仕事の原理は，次式により与えられる．

$$\int_\Omega (\sigma_{jk,j}+p_k)u^*_k d\Omega = \int_{\Gamma_2}(t_k-\bar{t}_k)u^*_k d\Gamma \quad (4.1)$$

ここに，σ_{jk} は応力，p_k は体積力，t_k は表面応力，$\bar{t}_k$ は Γ_2 上で与えられた表面力，u^*_k は仮想変位であり，u^*_k は Γ_1 上で $\bar{u}^*_k=0$ なる同次境界条件を満足しているものとする．いま，u^*_k を Γ_1 上でこの条件を満たさない重み関数と解釈すると次式のようになる．

$$\int_\Omega (\sigma_{jk,j}+p_k)u^*_k d\Omega$$
$$= \int_{\Gamma_2}(t_k-\bar{t}_k)u^*_k d\Gamma + \int_{\Gamma_1}(\bar{u}_k-u_k)p^*_k d\Gamma \quad (4.2)$$

さて，三次元線形等方弾性体に対する平衡方程式は次式のように表される．

$$\sigma^*_{jk,j}+\Delta^i_l=0 \quad (4.3)$$

ここに，Δ^i_l はディラック（Dirac）のデルタ関数であり，点 i に作用する l 方向の単位力を表す．この式を満足する，ケルビン（Kelvin）の解として知られている基本解 u^*_{lk} および表面力 t^*_{lk} は，次式により与えられる．

$$u^*_{lk} = \{1/16\pi G(1-v)r\}[(3-4v)\Delta_{lk}$$
$$+ (\partial r/\partial x_l)(\partial r/\partial x_k)] \quad (4.4a)$$

$$t^*_{lk} = \{-1/8\pi(1-v)r^2\}[(\partial r/\partial n)\{(1-2v)\Delta_{lk} + 3(\partial r/\partial x_l)(\partial r/\partial x_k)\} - (1-2v)\{(\partial r/\partial x_l)n_k - (\partial r/\partial x_k)n_l\}] \quad (4.4b)$$

式 (4.2) を部分積分などにより変形し, 式 (4.4) を用いると, 最終的に式 (4.2) は次式のように変形される.

$$u^i{}_l + \int_\Gamma u_k t^*_{lk} d\Gamma = \int_\Gamma t_k u^*_{lk} d\Gamma + \int_\Omega p_k u^*_{lk} d\Omega \quad (4.5)$$

点 i が境界上の点である場合, $u^i{}_{lk}$ の係数は異なる値をとるが, これらの場合を含めて式 (4.5) は次式のように表せる.

$$c^i u^i{}_l + \int_\Gamma u_k t^*_{lk} d\Gamma = \int_\Gamma t_k u^*_{lk} d\Gamma + \int_\Omega p_k u^*_{lk} d\Omega \quad (4.6)$$

実際の計算においては, c^i の値は剛体変位の条件から決定される. 式 (4.6) をマトリックス表示すると次式のようになる.

$$c^i\{u^i\} + \int_\Gamma [t^*]\{u\} d\Gamma = \int_\Gamma [u^*]\{t\} d\Gamma + \int_\Omega [u^*]\{p\} d\Omega \quad (4.7)$$

ここに, $\{u^i\}$: 点 i の x_1, x_2, x_3 方向の成分をもつ変位ベクトル, $\{u\}$: 境界 Γ 上の任意点における変位ベクトル, $\{t\}$: 境界 Γ 上の任意点での応力ベクトル, $\{p\}$: 領域 Ω 内の任意点での物体力ベクトル, $[t^*]$ は点 i に l 方向の単位力が作用するとき, k 方向に生じる力を表すマトリックス, $[u^*]$ は点 i に l 方向の単位力が作用するとき, k 方向に生じる変位を表すマトリックスである.

境界面を有限個の境界要素に分割し, 各要素において $\{u\}$ と $\{t\}$ を次式のように近似する.

$$\{t\} = [\phi]^t\{t_j\}$$
$$\{u\} = [\phi]^t\{u_j\} \quad (4.8)$$

ここに, $\{u_j\}$ および $\{t_j\}$: 節点変位および節点力のベクトルであり, これらが未知量となる. 境界要素としては一定要素, 線形要素, 二次要素などが用いられる. 式 (4.8) を式 (4.7) に代入すると, 次式を得る.

$$c^i\{u^i\} + \sum_{j=1}^{n}\left\{\int_{\Gamma_j}[t^*][\phi]^t d\Gamma\right\}\{u_j\}$$
$$= \sum_{j=1}^{n}\left\{\int_{\Gamma_j}[u^*][\phi]^t d\Gamma\right\}\{t_j\} + \sum_{s=1}^{m}\left\{\int_{\Omega_s}[u^*]\{p\} d\Omega\right\} \quad (4.9)$$

ここに, $j=1$ から n までの総和は境界面 Γ における n 個の境界要素すべてについての和を表し, $s=1$ から m までの総和は領域 Ω における m 個の小領域すべてについての和を表す. 各境界要素および小領域内の積分計算は通常, 数値積分により実行される. 積分計算を実行後, 式 (4.9) は次のようにマトリックス表示される.

$$[C]\{U\} + [\dot{H}]\{U\} = [G]\{T\} + \{P\}$$

あるいは

$$[H]\{U\} = [G]\{T\} + \{P\} \quad (4.10)$$

ここに

$$[H] = [C] + [\dot{H}]$$

である. 境界条件を考慮し, 方程式の順序を入れ換えれば次式を得る.

$$[A]\{X\} = \{F\} \quad (4.11)$$

ここに, $\{X\}$ には未知の変位と力が含まれる. 式 (4.11) を解いて境界上の変位が求まれば, 次式により任意点の変位を計算することができる.

$$\{u^i\} = \int_\Gamma [u^*]\{t\} d\Gamma - \int_\Gamma [t^*]\{u\} d\Gamma + \int_\Omega [u^*]\{p\} d\Omega \quad (4.12)$$

また, 任意点の応力も変位の微分から計算される.

FEM と比較した場合の BEM の主要な特徴を列挙すると, 以下のようになる.

① 物体の表面を定義するだけでよいので, 問題を解くのに必要な入力データ数, 連立方程式数が少ない.
② 波動伝播問題などの無限境界問題, 応力集中問題などに適する.
③ 微分操作に伴う応力精度の低下または要素間の応力の不連続性がないので, 解の精度が高い.
④ FEM の剛性マトリックスはバンドマトリックスであるのに対し, BEM で扱うマトリックスはすべての成分が非ゼロである.
⑤ 非線形問題, 一次元・二次元構造要素の集合体に対する適用は FEM の場合ほど容易でない.

4.1.2 適用例

まず, BEM の要素形状と精度との関係を調べる[2]. FEM, BEM いずれもどのような要素の形状関数を用いるかによって精度は異なるが, ある要素の形状が悪化すると一般に FEM の場合よりも BEM の場合のほうが解析精度の悪化の程度が大きくなる. これは, 最終的に解くべき連立方程式の係数マトリックスが FEM ではバンドマトリックス, BEM ではフルマトリ

4.1 静的構造解析

ックスであることが最も大きく影響している．そのため，FEM に比べ BEM では要素形状の悪化に対する注意が必要である．

図 4.1 と図 4.2 に要素形状の悪化の解析精度への影響の検討例を示す．検討された要素は図 4.1 に示すように，鋭角要素，円弧要素，円筒面要素およびひずみ要素であり，それぞれの誤差の大きさの様子を図 4.2 に示す．このような検討結果はモデル化の際の有効な指針となる．たとえば，図 4.1 に示されるように 9 節点要素では要素の形状の悪化も相当許される．しかし，すべての要素に 9 節点要素を用いるのでは，計算機の負荷が相当なものとなる．そこで，形状の悪化した要素に対してのみ 8 節点要素から 9 節点要素へ自動変換するなどの工夫がなされる．

以下，BEM によるエンジン/シャシ部品の強度/剛性解析を FEM と比較して示す．その際，BEM，FEM とも汎用ソフト[3,4]を用い，BEM は 8 節点二次要素，FEM は 8 節点一次要素と 6 節点一次要素を用いる．

a．シャシ部品への適用

まず，単純な形状であるナックルアームを例に BEM で解析し，FEM による解析および実験値との比較を行う．図 4.3[2]にナックルアームの BEM モデル，図 4.4 に FEM モデル，図 4.5 に応力分布のそれぞれの実験値との比較を示す．図 4.5 は，ナックルアームの稜線（図 4.5[2] の①～③）における応力値を比較したもので，BEM，FEM はまず傾向が一致し，レベルとともに実測の応力ピークに一致している．BEM は CPU 時間が多くかかるものの，モデル作成時間は約 1/5 程度になり，FEM に比べ解析期間を大幅に短縮できる．次に，FEM ではモデルの作成が困難な複雑形状のシャシ部品のアクスルキャリヤを例に形状変更による応力集中緩和の事例を示す．

図 4.6 に形状変更を示すアクスルキャリヤの BEM モデル，図 4.7 にそれぞれの応力解析結果を示す．形状変更後に応力が緩和されている様子がわかる．この

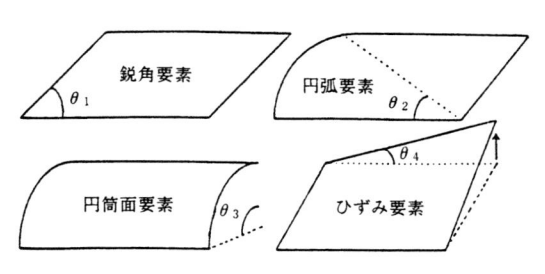

図 4.1 要素形状

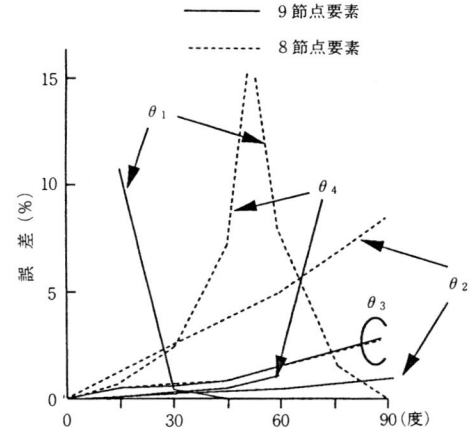

図 4.2 要素形状悪化による精度評価

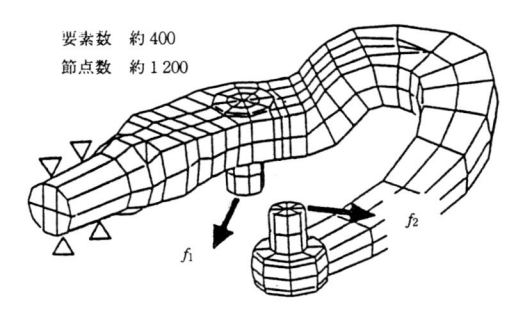

図 4.3 ナックルアームモデル

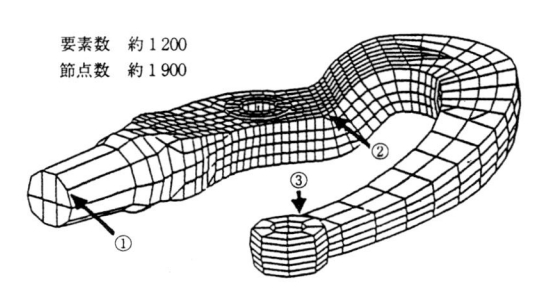

図 4.4 ナックルアーム FEM モデル

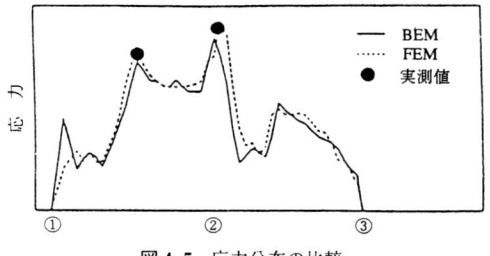

図 4.5 応力分布の比較

検討では BEM のモデル作成は 30 時間程度で，形状変更では 5 時間程度で可能であった．FEM ではこのような複雑な部品では形状変更する際に変更場所によってはモデルの大部分を作り直しとなることもあり，設計現場で実用的に使うことは困難である．形状変更する際にも BEM では容易にそれが可能であり，BEM

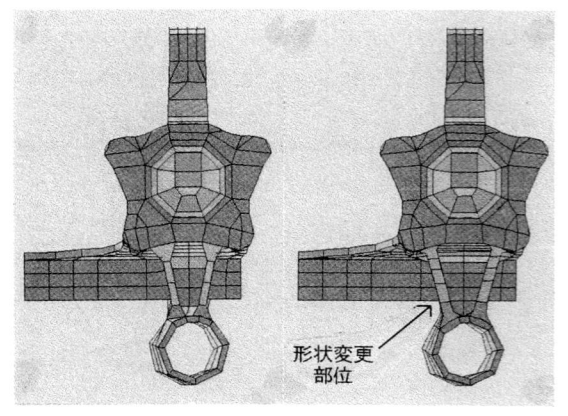

図 4.6

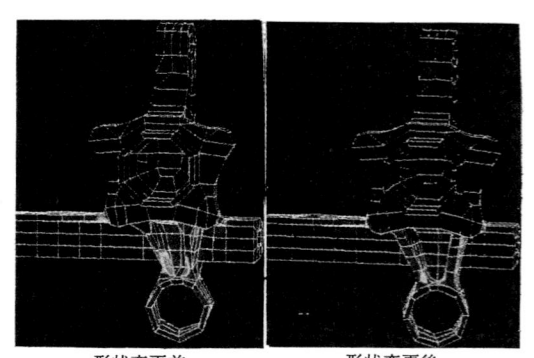

形状変更前　　　形状変更後
図 4.7　アクスルキャリヤ応力分布図

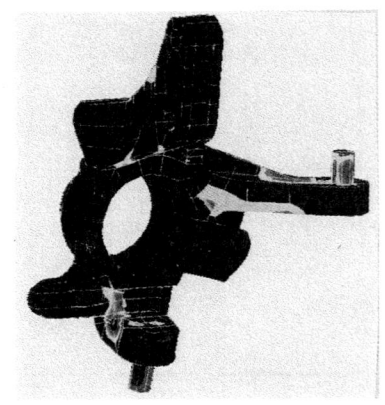

図 4.8　ステアリングナックル応力分布図

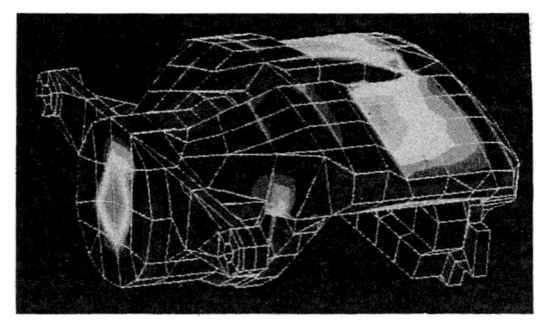

図 4.9　ブレーキシリンダボデー応力分布

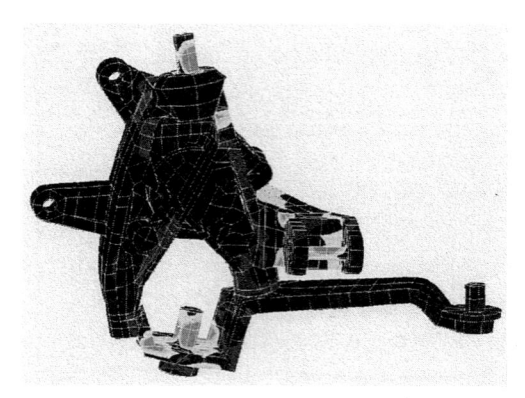

図 4.10　アクスルキャリア応力分布

の実用性は際だっている．

最後に，複雑な形状のシャシ部品のその他の例として，図 4.8[2]にステアリングナックル，図 4.9[2]にブレーキシリンダボデー，図 4.10[2]にアクスルキャリヤのそれぞれの応力分布を示す．これらのシャシ部品のモデル作成も容易に可能であり，形状変更などの設計に役立つ解析のサイクルを十分に回すことができる．

b．エンジン部品への適用

ここでは，コネクティングロッド，クランクシャフトといったエンジン部品への適用例について述べる．まず，コネクティングロッドに引張荷重が負荷されたときの大端部穴の変形解析の結果を図 4.11[5]に，さらに，小端部，コラム部および大端部の応力の実測と計算との比較を図 4.12[5]に示す．このように，実測値と計算値とはほぼ対応していることがわかる．次に，FEM ではモデルの作成が困難な形状の油孔付きクランクシャフトの解析例について示す．図 4.13[5]にクランク軸に V 字型形状で開けられた油孔まで詳細にモデル化した BEM モデルを，図 4.14[5]に油孔部の応力分布を示す．

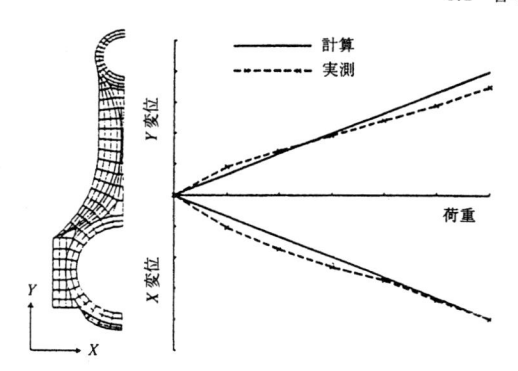

図4.11 コネクティングロッド大端部穴変形解析結果

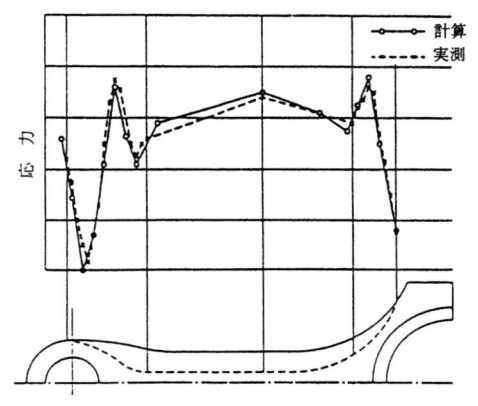

図4.12 コネクティングロッド応力分布

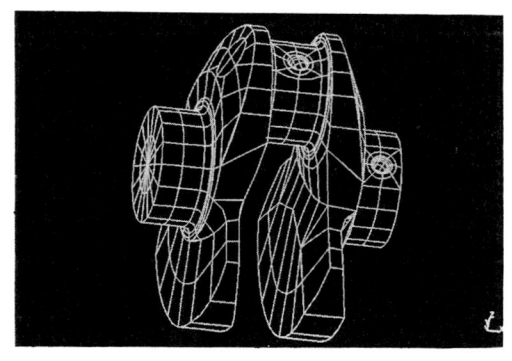

図4.13

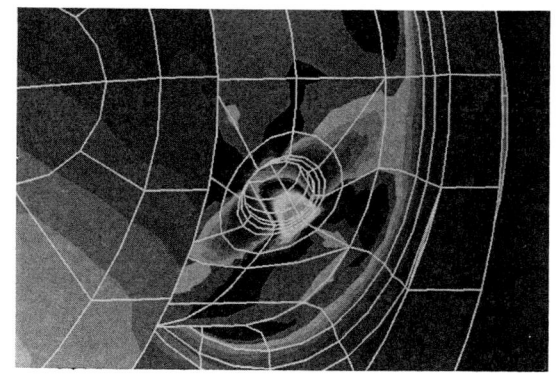

図4.14

ャフトの解析を実施するのは，形状変更まで考えるとほとんど不可能と思われる．しかし，このような形状に対してもBEMでは容易にモデル化でき，実用的な解析が可能である．

4.2 音場解析への応用

自動車に関連する音の問題は，商品性を高める観点からきわめて重要であり，試作時の評価項目の半数以上を騒音・異音対策が占める．また，近年では環境問題への関心の高まりにより，車外騒音低減の要求も重要度を増している．音場解析は機械設計の分野では，応力・強度解析，振動解析などほかの分野に比べて実用化が遅れていたが，上記のような背景によりその必要性は強まっている．機械の設計段階でその機械の発生する音を予測することは，機械の低騒音化を進めるために欠かせない技術といえる．BEMは音場解析の数値解析手法として実用化が進んでいる．

音場を解析する場合，対象となる空間が閉空間であるか，開空間であるかによって扱い方が異なる．自動車において，閉空間を扱う内部問題の代表例は車室内音場解析で，開空間を対象とする外部問題の例はエンジンからの放射音解析である．

音場の解析は後で述べるようにスカラポテンシャルの問題として定式化される．内部問題においてはFEMが早くから適用され，車室内の音響特性の解析例が1970年代から見受けられる．とくに汎用の構造解析ソフトの使用が可能になってからは三次元の車室内音場解析も実用化された．ただし，FEMは領域を要素に分割する必要があるので外部問題へ適用する場合にはさまざまな問題が発生する．たとえば，無限遠

方まで要素を作成することは事実上不可能であるため，仮想的な無限境界を設定する必要がある．その際の境界条件の与え方が問題となる．こうした理由から，外部問題では積分方程式で定式化を行う方法が一般的である．積分方程式法は，アメリカ海軍において1960年代から研究が進められた[6,7]．積分方程式に基づく各種の数値計算法は1980年に入るとBEMとして統合され[8]，数値計算法として確立された．音場解析においても汎用解析プログラムが開発され，自動車の騒音問題への適用も進んでいる[9]．BEMの大きな特徴は解析領域の次元が一つ下がることにある．このため，三次元モデルの作成が容易であり，外部問題のみならず内部問題へも応用されている．

ここで，騒音発生のメカニズムと音場解析の関係を整理しておきたい．自動車の発する騒音はきわめて多様なため，すべての問題が解析できるわけではない．現在解析が進められている問題の多くは，構造振動により発生する音に関する問題である．

車内騒音を考えてみると，図4.15のように騒音発生のメカニズムを図示することができる．車室内で聞こえる音の源は，エンジン振動や路面からの振動などの振動源や，エンジン音などの音源であったりする．振動源で発生した振動は車体構造，サスペンション・駆動系を伝わり車室を構成する構造を加振する．音は空気の圧力変動であるから，音源であるエンジン音も車室隔壁の加振源となる．車室を囲む構造は音の放射体となり，車室内部に音を放射し乗員に騒音として感じられる．ちなみに，音は空気の圧力変動を表す物理量（音圧）であるが，騒音は音圧を人間の聴感特性で補正した評価値（騒音レベル）である．

上記の騒音問題を解析の立場から整理すると図4.16のようになる．ここでは源は加振源のみが考慮されている．構造振動解析は加振源から音の放射体と

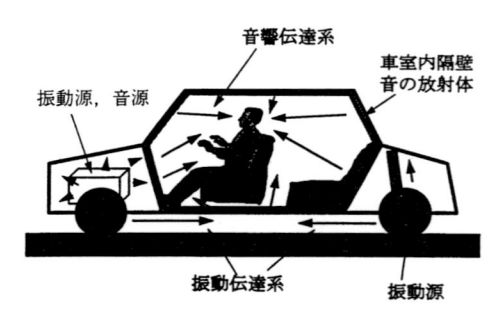

図4.15 車室内騒音発生のメカニズム

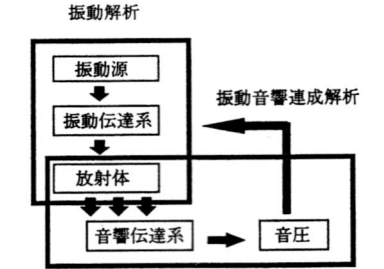

図4.16 騒音問題の解析からの整理

しての構造の振動までをカバーし，音場解析は放射体から放射されて空間を伝わる音場を対象とする．なお，音圧は圧力変動として構造体の加振力となってフィードバックする．すなわち，振動によって発生した音が，再び振動状態を変化させ，その結果発生する音も変化するという閉ループが構成される．こうした現象が無視できない場合には，構造と音場の連成解析が必要になる．このように，騒音の解析には構造振動解析と音場解析の両者が必要になるが，本節では音場解析に限って説明を行う．

4.2.1 音場解析方法
a．音場の基礎方程式

音圧Pは次の波動方程式によって支配される．

$$\frac{\partial^2 P}{\partial x^2}+\frac{\partial^2 P}{\partial y^2}+\frac{\partial^2 P}{\partial z^2}-\frac{1}{c^2}\frac{\partial^2 P}{\partial t^2}=0 \quad (4.13)$$

ここで，音圧P：空間の位置(x,y,z)および時間tの関数であり，c：空気を伝わる音速である．境界における条件はさまざまな形式で与えられるが，一般的には境界での法線方向粒子速度Vを用いて

$$\frac{\partial P}{\partial n}=-\rho\frac{\partial V}{\partial t} \quad (4.14)$$

と表される．ここで，n：境界において領域に向けて定義された法線方向，ρ：空気密度，である．音場の解析は調和振動を仮定した周波数領域で行われるのがふつうである．

すなわち円振動数ωに対して音圧P，粒子速度Vを

$$P=pe^{jwt}, \quad V=ve^{jwt} \quad (4.15)$$

のように表現する．ここで，j：単位虚数である．以後，複素数であるp, vを単に音圧，粒子速度と呼ぶ．

式(4.15)を式(4.13)，(4.14)に代入すると次のヘルムホルツの方程式と境界条件が得られる．

4.2 音場解析への応用

$$\frac{\partial^2 P}{\partial x^2}+\frac{\partial^2 P}{\partial y^2}+\frac{\partial^2 P}{\partial z^2}+\kappa^2 p=0 \quad (4.16)$$

$$\frac{\partial p}{\partial n}=-j\rho wv \quad (4.17)$$

ここで，$\kappa:\omega/c$ であり，波数と呼ばれる．

b．積分方程式

BEM では支配方程式を積分方程式に変換した後に，これを数値的に解く．積分方程式への変換には，基礎方程式の特異解を点音源として境界に分布させる間接法と，グリーン（Green）の公式を利用する直接法がある．最近では音圧を変数とする直接法が採用されるケースが多い．ここでは内部問題を考え，図 4.17 で境界を S，領域を Ω と記述する．グリーンの公式は式（4.16）の解 $F,\ G$ に対して

$$\int_\Omega (F\nabla^2 G - G\nabla^2 F)d\Omega = \int_S \left(F\frac{\partial G}{\partial n} - G\frac{\partial G}{\partial n}\right)dS \quad (4.18)$$

と表現される．G として式（4.16）の特異解（基本解）である

$$G(\alpha,\xi)=\frac{1}{4\pi}\frac{\exp(-j\kappa r(\alpha,\xi))}{r(\alpha,\xi)} \quad (4.19)$$

を用い，F として音圧 p を用いることにする．式（4.19）は点 α に位置する点音源が ξ 点につくる音圧に対応している．ここで $r(\alpha,\xi)$ は 2 点間の距離である．式（4.19）において 2 点が一致する場合には，r が 0 となるため特別な扱いが必要となる．そこで，α を囲んで微小半径 ε からなる境界 S_ε を導入する．このとき，式（4.18）は

$$\int_{S+S_\varepsilon}\left(p\frac{\partial G}{\partial n}-G\frac{\partial p}{\partial n}\right)dS=0 \quad (4.20)$$

となり，ε を 0 とした極限においては

$$C(\alpha)p(\alpha)+\frac{1}{2\pi}\int_S p(\xi)\frac{\partial}{\partial n}\left(\frac{\exp(-j\kappa r)}{r}\right)dS$$

$$=\frac{1}{2\pi}\int_S \frac{\partial p}{\partial n}\frac{\exp(-j\kappa r)}{r}dS \quad (4.21)$$

と表現される．ここで $C(\alpha)$ は α の位置に応じて

$$C(\alpha)=\begin{cases}2, & \alpha\text{ が }\Omega\text{ 内部}\\ 1, & \alpha\text{ が }S\text{ 上}\\ 0, & \alpha\text{ が }\Omega\text{ 外部}\end{cases} \quad (4.22)$$

となる定数である．α を S 上の点と考え，p の S 上での法線微分が式（4.17）で指定される場合，式（4.21）は S 上の音圧 p を変数とする積分方程式となる．

上記の説明は内部問題に対してであったが，外部問題に対しては，無限遠では音圧が 0 になる条件を用いれば，物体表面が境界 S となり式（4.21）と同じ積分方程式が得られる．ただし，法線方向が内部問題と逆になる点に注意する必要がある．

c．離散化

積分方程式（4.21）を数値的に解くためには，① 領域 S の要素分割，② 変数 P の要素上での近似，③ 方程式の近似的満足化，を考える必要がある．それぞれさまざまな方法が存在するが，以下では単純ではあるがよく利用される方法を紹介する．

境界面 S を N 個の三角形，または四角形要素に分割し，各要素の図心を節点と定義する．要素上の未知変数である音圧 p および，境界条件で指定される粒子速度 v を，要素上一定と近似し，節点の値で近似する．積分方程式を近似的に満足させるために，選点法を採用する．すなわち，積分方程式を各要素の節点で満たすことを要求すれば，N 個の未知数に対して N 個の方程式が得られる．この方程式を行列の形式で表示すれば

$$[A]\{p\}=[B]\{v\} \quad (4.23)$$

となる．行列 $[A]$，$[B]$ の成分 a_{ij}，b_{ij} は，j 要素が i 節点に及ぼす影響を意味し，具体的には j 要素上の積分により計算される[10]．

式（4.23）を解けば，境界上の音圧分布を求めることができる．空間内のある点における音圧は，式（4.21）において α を音圧を計算した位置とし，境界における積分を上記の離散化により評価することによって計算できる．

d．解の一意性の問題

外部問題においては，式（4.23）を解く際に "解の一意性の問題" と呼ばれる問題が発生する．これは，特定の波数 κ または円振動数 ω において，行列 $[A]$

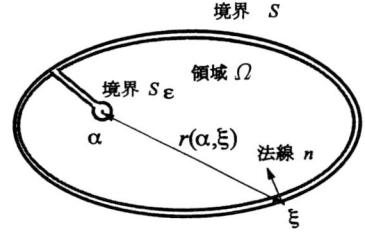

図 4.17 グリーンの公式

の行列式が0となり，式 (4.23) が解けなくなることに対応している．この波数は物体内部の仮想的な閉空間の固有値に対応している．内部問題では，こうした波数（または周波数）において共鳴が発生する．しかし，外部問題では共鳴のような物理現象は存在せず，上記の問題は，単なる数値解析上の問題にすぎない．

解の一意性の問題の回避方法はさまざまに提案されているが，シェンク（Schenck）の方法[6]が一般的である．いま，物体内部の仮想的な点 α_m を考える．この点は領域外部の点であるため，式 (4.21) において $C(\alpha)$ は0となる．この関係式を離散化し，式 (4.23) と同時に解く．この際に，解くべき式は $(N+1)$ となり，変数 N より多くなるので最小二乗法的に解かれる．内部点 α_n の個数や位置と精度の関係は他の文献[11]で調査されている．

e．音場解析における境界条件

境界条件を表す式 (4.17) では，境界での法線方向粒子速度が指定されたが，一般には粒子速度を直接に指定できるわけではない．境界の振動速度が粒子速度に一致するのは，境界が音波を完全に反射する場合のみである．いま，図 4.18 のような車室内空間を考えると，境界表面には吸音効果のある内装材が取り付けられていたり，開口部のため，粒子速度が指定できないことがわかる．

境界に吸音材が貼付されている場合には，境界の振動速度は粒子速度 v とは一致せず，その差は境界に対する粒子の相対速度 $v_r = v - v_s$ となる．この相対速度と音圧の比は音響アドミッタンス Y となるので，

$$v = v_s + Yp \tag{4.24}$$

が成立する．音響アドミッタンス Y，またはその逆数の音響インピーダンスの値は吸音材に対して測定が可能であるので，式 (4.24) において，振動速度 v_s と音響アドミッタンス Y を境界条件として指定する[10]．

開口部に対しては，開口部が無限大バフルに囲まれていると仮定すれば，その部分での音響アドミッタンス（またはインピーダンス）が計算できる．式 (4.24) を用いて，振動速度 v_s を0とし，開口部の音響アドミッタンスを指定する．

構造と音響の連成を考える場合には，振動速度自体が音圧によって変化するため，音響解析と振動解析を同時に連成させて解く必要がある．振動解析にモード法を適用すれば，汎用の構造解析ソフトによるモーダルデータを利用することが可能となる[10]．

f．騒音対策のための指標

音響解析の結果を騒音対策に役立てるためには，工学的にわかりやすい形に計算データを加工することが必要となる．以下には，騒音対策のための指標として利用できるものをまとめる．

（i）**音響インテンシティ** 単位面積を透過する音のエネルギーで，音響出力を計算したり，音のエネルギーの流れを理解するために用いられる．

（ii）**音響出力と音響放射効率** 物体の放射する音のエネルギーの総和 W は，物体表面で音響インテンシティを積分することによって計算される．音響放射効率 e は，音響出力 W を

$$e = \frac{W}{\rho c S \langle v_s^2 \rangle} \tag{4.25}$$

によって無次元化したものである．ここで S は物体表面積，$\langle v_s^2 \rangle$ は物体の平均二乗速度，ρc は空気の特性インピーダンスである．音響放射効率は振動が音に変換される効率を表し，この値が小さければ，同じ振動レベルであっても音の放射が小さいことになる．音響放射効率は同じ物体でも，振動モードによって異なる．一般的には，音の波長に対して振動モードの波長が短くなると音響放射効率は小さくなる[12]．

（iii）**音圧寄与度** 空間のある点の音圧は，物体表面の振動速度の線形和として表現できる．この係数を調べることによって，各要素の振動が音圧に及ぼす寄与度を計算することができる．寄与度の大きい要素の振動を変更することによって有効な騒音対策が可能となる[9]．

（iv）**音圧感度** 境界の振動速度の変動に対する音圧の変化量を計算することによって，振動速度の

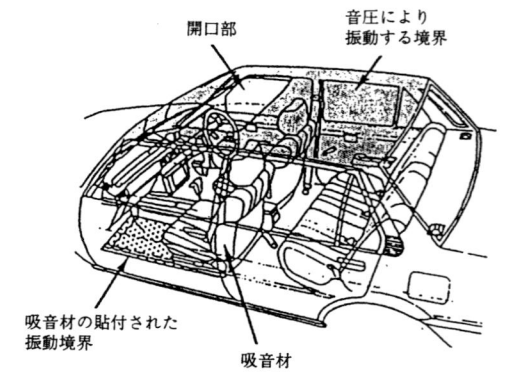

図 4.18 音場からみた車室内空間

変化に対する音圧変化の量を予測するために利用される[13]．

4.2.2 適用例

FEMでは困難な無限場での適用例をまず示す．以下で使用される要素はいずれも4節点の一定要素である．

a．排気消音器音響解析への適用[14]

消音器の音響特性を予測する手法として，一次元平面波を用いた伝達マトリックス法が古くから用いられているが計算精度が悪いことや限界周波数より高周波で計算が行えないなどの問題があった．また，消音器の内部構造が複雑なため，FEMではモデル作成に多大な時間を要する．そこで，BEMを適用し，音響特性を予測した例を以下に示す．

図4.19に3室消音器の構造およびBEMモデルを示す．音響特性をチューニングするために設けられる小孔部分は，小孔の位置にそれらの開口面積と同じ面積のスリットを開けてモデル化されている．入力パイプに小孔を開けた場合と開けない場合について解析を行った結果と実測値との比較を図4.20に示す．小孔を開けることにより大きく音響特性が変化するがともに650 Hzまで実測値によく対応している．これ以上の高周波で実測値と計算値とで差が生じたのは要素分

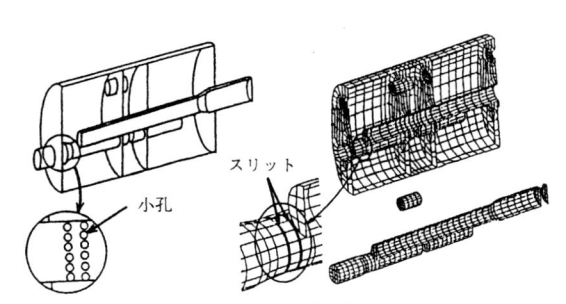

図4.19　3室消音器の構造とBEMモデル

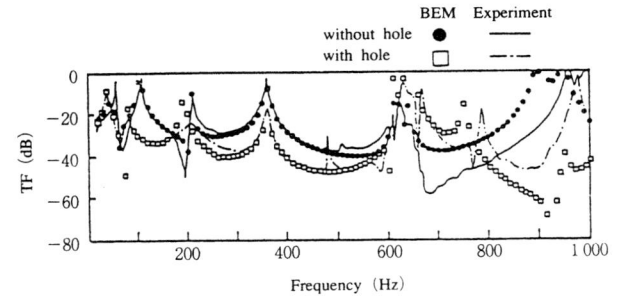

図4.20　3室消音器音響特性比較

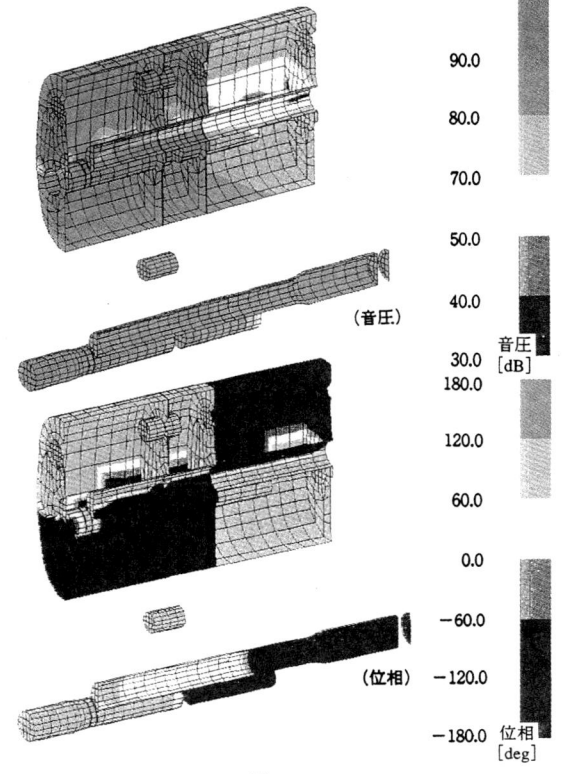

図4.21

割が粗いためであると考えられる．また，入力パイプに小孔を開けた3室消音器の共鳴周波数640 Hzにおける消音器内音圧，音圧位相分布の計算結果を図4.21に示す．このような音圧分布状態を計算で求めることにより消音器内のどこの部分が強く共鳴しているかが明確になり，適切な設計変更が可能になる．

b．車室内音響解析への適用

ロードノイズをはじめとする車室内音響解析は一般的にはFEMで検討が行われる場合が多い．これは，固有値解析やモード重合法の適用が可能なことによる．しかし，FEMの場合，複雑な車体パネル上の振動モデルの節点を使って音場のソリッドモデルを作成するのが困難という問題点もある．BEMでは振動の節点をそのまま音場の節点にもできるため，ここにおいてもモデルの作成は圧倒的に容易となる．たとえば，振動データの計測点をそのままBEM音場の節点にもできる．車室内空間をBEMで解析した結果を図4.22，図4.23[20]に示す．このように，車室内空間の固有モード，周波数特性などがわかり，これらをもとにどこを対策すればよいかという検討ができる．

地面で構成される音場の共鳴や反射を繰り返した後，車外へ放射される．したがって，騒音の大きさを決定するおもな要因に，エンジン表面振動，エンジンルーム・エンジンの各表面形状・吸音特性，相対位置，測定点の位置などがある．これらを考慮してBEMのモデル化を行う．

図 4.24[16)] に車外放射音場を解析するBEMの車両モデルとエンジンモデルを示す．計算機負荷低減のためキャビン，アンダフロア後部は省略された左右対称モデルである．また，音源となるエンジン表面は五つの部位に分けられ，それぞれの放射音が求められる．そして，エンジン全体の放射音は，各部位の振動に相関が少ないことから，部位ごとの放射音のエネルギー和が成り立つと仮定し，その総和とされている．なお，放射音を算出する際の入力値となるエンジン表面の振動速度は実機の測定結果が用いられている．また，境界は基本的には剛体とし，吸音材設置部位には音響インピーダンスが指定されている．

図 4.25，図 4.26 に車両前方 7.5 m のマイクロフォン位置での周波数特性，および騒音分布の計算結果と実測との比較を示す．いずれも良好な対応が得られている．

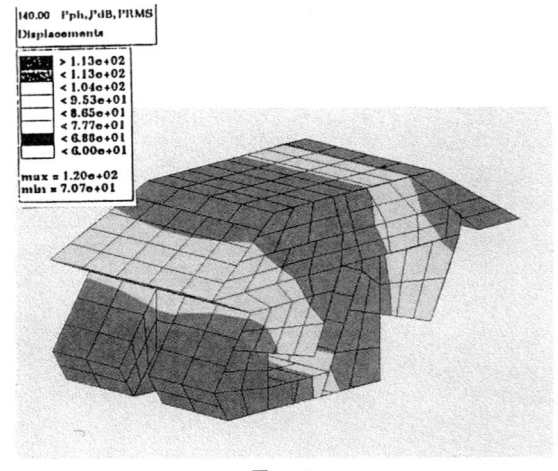

図 4.22

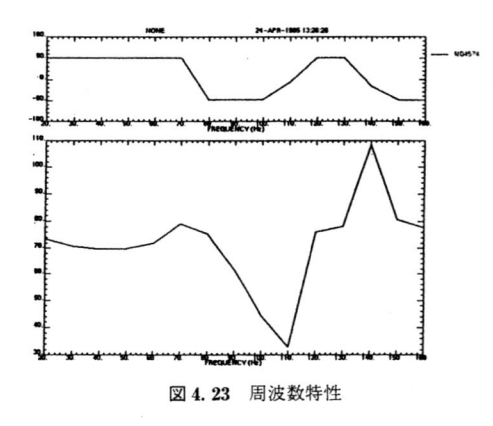

図 4.23 周波数特性

c．車外騒音解析への適用

放射音場の典型例である車外騒音の解析例[15)] を示す．車外騒音の主たる音源はエンジンである．すなわち，エンジン表面の振動により放射される騒音は，一部は直接に，またほかの一部はエンジンルームおよび

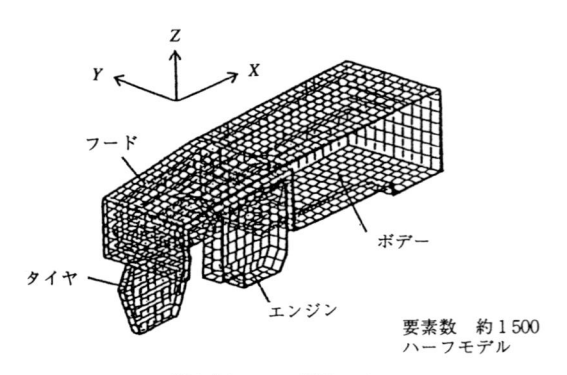

図 4.24 BEM 車両モデル

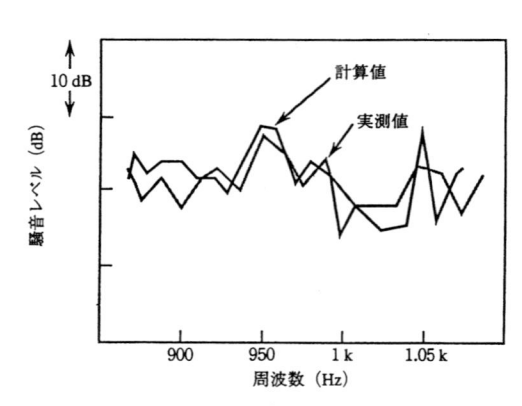

図 4.25 エンジン放射音周波数特性の比較

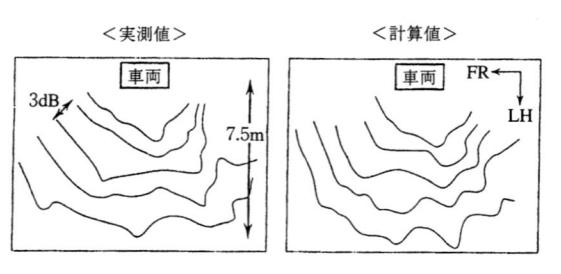

図 4.26 放射音分布の比較

おわりに

本章では現在BEMが最も良く利用される二つの分野，①鍛・鋳造製のエンジンやサスペンションなど三次元のソリッド部品の強度剛性解析，②排気吐出音および車内外の騒音解析，について述べた．前者については，得られるマトリックスにバンド性がない，対称性がない，などの理由で，計算機負荷はFEMより大きいにもかかわらず，基本モデルおよびその変更モデルを作成するのがFEMよりはるかに容易なために設計に有効に使用されることを述べた．また，BEMの上述の欠点により，一つの要素の形状の悪化により影響を受ける精度の悪化はFEMより大であること，そしてそのためにあらかじめ使用する要素のこの影響度合いを調べる重要性を述べた．

後者については，FEMが苦手の無限領域の解析として車外騒音の解析例を，そしてFEMでモデル化するには複雑に過ぎる排気吐出音の解析例を，また，車室を囲むパネルの振動値を入力するときにとくに有効となる車室内騒音解析例について述べた．このようにBEMとFEMは相補の関係にありハードウェアとソフトウェアの進歩とともにその重要性はますます増加している．たとえば，ここでは触れなかったが，BEMで，固有値解析ができるようになれば，さらに設計にとって有用となる．この面の今後の研究に期待したい．　　　［萩原一郎・都井　裕・鈴木真二・堀田直文］

参考文献

1) C. A. Brebbia：The Boundary Element Method for Engineers, Pentech Press Ltd. (1978)
2) 堀田直文ほか：境界要素法による鋳・鍛造部品の静弾性解析（第1報），TOYOTA Technical Review, Vol.41, No.2 (1991)
3) 汎用境界要素法プログラム SURFES 使用説明書，㈱CRC総合研究所
4) MSC/NASTRAN USER'S GUIDE (V68), The Macneal-Schwendler Co.
5) 中村己喜男ほか：境界要素法による鋳・鍛造部品の静弾性解析（第2報；エンジン部品への適用），TOYOTA Technical Review, Vol.41, No.2 (1991)
6) H. A. Schenk：Improved Integral Formulation for Acoustic Radiation Problems, Journal of the Acoustical Society of America, Vol.44, p.41 (1968)
7) L. H. Chen：Development in Boundary Element Methods-2, Applied Science Publications, New York, p.245 (1982)
8) C. A. Brebbia, et al.：Boundary Element Techniques in Engineering, London, Newnes-Butterworth (1979)
9) S. Suzuki, et al.：ACOUST BOOM-A Noise Level Predicting and Reducing Computer Code, Boundary Elements VIII, Berlin, Springer-Verlag, p.105 (1986)
10) S. Suzuki, et al.：Boundary Element Analysis of Cavity Noise Problems with Complicated Boundary Conditions, Journal of Sound and Vibrations, Vol.130, No.2, p.79 (1989)
11) A. F. Sybert, et al.：The Use of CHIEF to Obtain Unique Solutions for Acoustic Radiation Using Boundary Integral Equations, Journal of Acoustical Society of America, Vol.81, p.1299 (1987)
12) S. Suzuki：Applications in the Automotive Industry, in Boundary Element Methods in Acoustics (eds. by R. D. Ciskowski and C. A. Brebbia), Computational Mechanics Publications and Elsevier Applied Science, p.131 (1991)
13) R. J. Bernhard, et al.：Acoustic Design Sensitivity Analysis in Boundary Element Methods in Acoustics (eds. by R. D. Ciskowski and C. A. Brebbia), Computational Mechanics Publications and Elsevier Applied Science, p.77 (1991)
14) 小林義明ほか：領域分割型境界要素法による排気消音器の音響特性の解析，自動車技術会論文集，Vol.24, No.2, 9303654 (1993)
15) 古山正明ほか：乗用車の車室内音場解析，自動車技術会学術講演会論文集，No.902, 902196 (1990.10)
16) 西村靖彦ほか：境界要素法を用いた車外騒音の音響解析，自動車技術会学術講演会論文集，No.924, 924094 (1992.10)

5

差 分 法

　一般に流れの基礎方程式は，連続の式，運動方程式およびエネルギー方程式から成り立っており，それぞれ，流体運動における質量，運動量およびエネルギーの保存則を表している．これらの方程式を解いて流れ場を数値的に予測しようとするのが計算流体力学（Computational Fluid Dynamics：CFD）の目的といえる．流体現象の複雑さにもかかわらず，これらの基礎方程式は多くの場合に有効であることが知られているが，その解を求めることは一般に容易ではない．たとえば，自動車の流れで重要な乱流現象の予測を例にとると，時速 100 km の自動車の周りに生じる乱流は大小さまざまな渦により構成されており，それらの渦のすべてを数値的に解析するには少なくとも 10^{13}（10兆）個の計算点が必要と見積もられる．このような手法を工学に応用することは，コンピュータの発展を考慮したとしても，いまのところ不可能といえる．そこでCFD研究の当面の課題は，流れ方程式をいかに正確にかつ効率よく解くかという数値解析法の開発と，乱流などの複雑な現象をモデル化して計算可能な方程式を得ることの二つに向けられている．

　このように，流れ解析では流れの領域全体を対象とするため，構造解析に比べて一般に多くの計算点を必要とする．自動車の流れのような比較的複雑な形状や現象を含む対象では，乱流モデルによって近似したとしても必要な計算点は数万から数百万に及ぶ．そのため，CFD研究は当初からスーパコンピュータの利用が盛んに行われており，計算効率の観点から差分法に基づく研究がおもに進められている．以下ではそれらの成果から自動車工学に関連するものを解説し，応用事例を紹介する．

5.1　流れの基礎方程式と差分法

　CFD が大規模な数値計算を必要とすることを理解するためには，流れの数値解析における計算精度と数値誤差についてみておく必要がある．車体周りやエンジンルームなどを想定して非圧縮性流れの基礎方程式を考えると，連続の式と運動方程式は次のように表される．

$$\frac{\partial u_j}{\partial x_j}=0 \qquad (5.1)$$

$$\frac{\partial u_i}{\partial t}+u_j\frac{\partial u_i}{\partial x_j}=-\frac{1}{\rho}\frac{\partial p}{\partial x_i}+\nu\frac{\partial^2 u_i}{\partial x_j\partial x_j}+F_i \qquad (5.2)$$

非圧縮性流れではエネルギー保存は温度方程式として表され，流れへの直接の効果は浮力として式（5.2）の外力項 F_i で表される．よって，式（5.1），（5.2）を基礎式とみなすことが多い．乱流を生じるようなレイノルズ数が大きな流れの解析では，とくに対流項［式（5.2）の左辺第 2 項］の評価が重要となる．

　差分法の近似精度を評価するのに一般的に用いられるのがテイラー級数展開の打切り誤差である．たとえば，対流項に現れる 1 階微分の中心差分法近似，

$$\frac{du}{dx}=\frac{1}{2h}(u_{i+1}-u_{i-1})-\frac{1}{6}\frac{d^3u}{dx^3}h^2+\cdots \qquad (5.3)$$

において格子幅 h に関して最も低い次数の誤差は $1/6(d^3u/dx^3)h^2$ であり，これを"差分スキームが二次精度である"という．これに対して，風上差分では，

$$\frac{du}{dx}=\frac{1}{h}(u_i-u_{i-1})+\frac{1}{2}\frac{d^2u}{dx^2}h-\frac{1}{6}\frac{d^3u}{dx^3}h^2+\cdots \qquad (5.4)$$

となり，最低次の誤差項は $1/2(d^2u/dx^2)h$ で一次精度である．ここでいう精度は，具体的には格子幅を $(1/a)$ にすると誤差が $(1/a)$ の 1 乗，2 乗で小さくなることを意味する．もし，格子幅が 2 倍異なる二つの計算格子（$h, 2h$）による解析結果が得られれば，

一次精度，二次精度の差分を用いたときの数値誤差は，それぞれ，

$$\varepsilon_h \sim |u_h - u_{2h}| \quad (5.5\text{a})$$
$$\varepsilon_h \sim |u_h - u_{2h}|/3 \quad (5.5\text{b})$$

と見積もられる．この評価法は，非線形方程式では必ずしも正確ではないが，誤差が小さい（10％以下）ときに有効である．

さて，式 (5.3)，(5.4) を比較すると，風上差分は中心差分に付加項を加えた，

$$\frac{1}{h}(u_i - u_{i-1}) = \frac{1}{2h}(u_{i+1} - u_{i-1}) - \frac{1}{2h}(u_{i+1} - 2u_i + u_{i-1}) \quad (5.6)$$

とも表すことができる．右辺の付加項はまさに上に述べた風上差分の誤差項の差分近似であり，その2階微分を含む表式によって粘性による拡散項と同じ効果をもつことが理解できる．風上差分が数値振動を抑えるのはこの付加項の効果によるわけで，これを数値（人工）粘性と呼ぶ．この効果として同時に，得られる数値解に余分な拡散効果が含まれることになる．

上記の考え方はテイラー展開の高次項まで考慮した差分式にもそのまま展開でき，たとえば，四次精度中心差分に4階微分を付加して三次精度風上差分の一般的な表式，

$$\frac{du}{dx} = \frac{1}{12h}(-u_{i+2} + 8u_{i+1} - 8u_{i-1} + u_{i-2})$$
$$+ \frac{\alpha}{12h}(u_{i+2} - 4u_{i+1} + 6u_i - 4u_{i-1} + u_{i-2}) \quad (5.7)$$

が得られる．ここで，係数 α は任意に選べるが，$\alpha = 3$（k-k スキーム），$\alpha = 1$（UTOPIA スキーム）が比較的多く用いられている．この場合，4階微分もまた一種の粘性効果を表すが，2階微分の粘性拡散項よりも影響は局所的で数値解の安定化に対して効率的に働く．格子幅が解の変動に対して適当であれば，数値粘性誤差を物理的な粘性拡散より十分小さく抑えることができる．また，有限体積法（コントロールボリューム法）に従った定式化では，

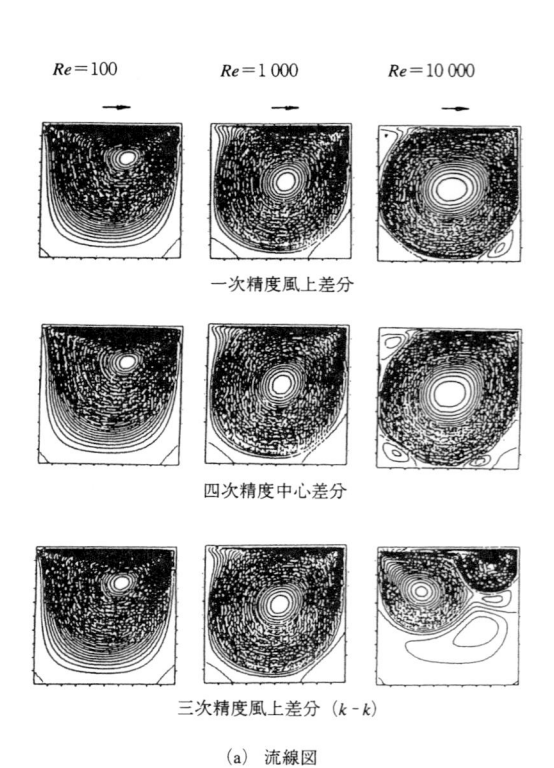

(a) 流線図

(b) $x=0.5$ における速度分布

図 5.1 キャビティ内流れの解析例

$$\frac{du}{dx} = \frac{1}{h}(u_{i+\frac{1}{2}} - u_{i-\frac{1}{2}}),$$

$$u_{i+\frac{1}{2}} = \frac{1}{2}(u_{i+1} + u_i) - \gamma(u_{i+1} - 2u_i + u_{i-1}) \quad (5.8)$$

($\gamma = 1/3$：二次風上差分，$\gamma = 1/8$：QUICK，
$\gamma = 0$：二次中心差分)

がしばしば用いられる．

図5.1は，これらの数値粘性の影響を検証した例で，上壁面が移動する二次元キャビティの層流問題を50×50の等間隔格子に対していくつかの差分スキームで解析している．流線図（a）はいずれも妥当な結果にみえるが，断面速度分布（b）からは明らかなように，一次精度風上差分の解は$Re > 500$ですでに速度分布が滑らかに計算されてしまい，誤差が"数値粘性"として働いていることがわかる．一方，三次精度の風上差分では，$Re < 5000$の範囲で四次精度中心差分とよく一致しており，この条件では4階微分の数値粘性は十分小さく抑えられている．一次精度風上差分を用いてこれと同程度の近似を得ようとすると，この問題で$Re = 1000$の場合に10倍以上の格子点数が必要と見積もられる．このような結果から，高レイノルズ数流れの解析では一般に一次風上差分は不適当と判断される．

しかし，$Re = 10000$においては，四次精度中心差分で上面の移動壁付近に数値振動がみられる．これは，中心差分を粗い格子に適用したときに一般的に生じる問題であり，壁面近傍の急峻な速度分布を格子で十分に解像できていないと考えられる．また，三次精度風上差分では振動解はみられないものの非定常な変動を示している．このような場合，数値誤差の影響は明確ではなく，風上差分も必ずしも安定とは限らない．物理モデルから適切な差分スキームを得ることも場合によっては可能であるが（たとえば，TVD衝撃波捕獲スキームや乱流解析の壁関数モデル）基本的には格子を細かくすることが必要である．

5.2 乱流の取扱い

工業的に興味のある流れは，自動車技術がかかわる多くの流れ場を含み，乱流と呼ばれる複雑な構造をもつ流れである．この乱流現象はナビエ-ストークス方程式と呼ばれる偏微分方程式によって記述されることが従来からよく知られていたが，高速・大容量の電子

表5.1 数値解法の分類

非粘性モデル：	パネル法
	離散渦法
	境界層法
時間平均（アンサンブル）モデル：	k-ε モデル
	低レイノルズ数型 k-ε モデル
	非等方 k-ε モデル
	代数応力モデル（ASM）
	応力方程式モデル（RSM）
空間平均モデル（LES）：	SGS モデル
直接解法：	差分法
	風上バイアス差分法
	スペクトル法
その他：	3次精度風上差分法による擬似直接解法

計算機が存在しなかった時代には，解析解をもつ例外的な流れ場を除き，3次元・非定常・非線形の性質をもつこの方程式を数値的に解くことは全く不可能であった．しかしながら近年，電子計算機の著しい発達と乱流現象のモデル化に関する研究の進展[1]によって，ナビエ-ストークス方程式を一定の仮定に基づき数値的に解くことが可能になりつつある（表5.1）．

なおナビエ-ストークス方程式の直接解法については，レイノルズ数の9/4乗（$Re^{9/4}$）に比例する膨大な計算格子数が必要となるため，簡単な形状で比較的小さいRe数の流れ場を除き，現在でも実質的には不可能である．

5.2.1 レイノルズ方程式による解法

工業の対象となる流れ場では，流れの物理量の平均的挙動を知ることがまず第一に必要となる．レイノルズ方程式は，ナビエ-ストークス方程式において各物理量が平均量と変動成分の和で表されるものとして誘導される．すなわち，

$$\frac{\partial U_i}{\partial t} + \frac{\partial}{\partial x_j}(U_j U_i) = -\frac{1}{\rho}\frac{\partial P}{\partial x_i} + \frac{\partial}{\partial x_j}\left\{\nu \frac{\partial U_i}{\partial x_j} - \overline{u_i u_j}\right\}$$

(5.9)

ここに，U_i, u_i：i方向の平均速度，同変動成分，ν：流体の動粘性係数．右辺の第2項のうち$-\overline{u_i u_j}$がレイノルズ応力と呼ばれる項である．この項を除けば，レイノルズ方程式は形状上ナビエ-ストークス方程式と同一となる．このレイノルズ応力のモデル化の方法の差異によって種々の乱流モデルが生まれる．

a．k-ε モデル

現在，種々の乱流場について比較的多くの計算例があるのが，2方程式モデルの一つとされるk-εモデル

表 5.2 標準 k-ε モデルにおける数値定数

C_μ	=0.09
σ_k	=1.0
σ_ε	=1.3
$C_{\varepsilon 1}$	=1.44
$C_{\varepsilon 2}$	=1.92

である．このモデルでは渦粘性の仮定を採用しており，レイノルズ応力は

$$-\overline{u_i u_j} = \nu_t \left(\frac{\partial U_i}{\partial x_j} + \frac{\partial U_j}{\partial x_i}\right) - \frac{2}{3} k \delta_{ij} \quad (5.10)$$

で表される．ここに，δ_{ij}：クロネッカーのデルタ関数，k：乱流エネルギー $(\overline{u_i u_i}/2)$，ν_t：乱流（渦）粘性係数．場所と時間の関数である ν_t は動粘性係数 ν と対比されるものであり，

$$\nu_t = C_\mu \frac{k^2}{\varepsilon} \quad (5.11)$$

で表される．ここに，C_μ：定数，ε：乱流エネルギー散逸率 $(\nu \overline{(\partial u_i/\partial x_j)(\partial u_i/\partial x_j)})$．なお k，ε はそれぞれの輸送方程式を解くことによって求められる．すなわち，

$$\frac{\partial k}{\partial t} + \frac{\partial (U_i k)}{\partial x_i} = \frac{\partial}{\partial x_i}\left\{\left(\nu + \frac{\nu_t}{\sigma_k}\right)\frac{\partial k}{\partial x_i}\right\} + P_k - \varepsilon \quad (5.12)$$

$$\frac{\partial \varepsilon}{\partial t} + \frac{\partial (U_i \varepsilon)}{\partial x_i} = \frac{\partial}{\partial x_i}\left\{\left(\nu + \frac{\nu_t}{\sigma_\varepsilon}\right)\frac{\partial \varepsilon}{\partial x_i}\right\} + C_{\varepsilon 1}\frac{P_k \varepsilon}{k} - C_{\varepsilon 2}\frac{\varepsilon^2}{k} \quad (5.13)$$

ここに，$P_k = \nu_t (\partial U_i/\partial x_j + \partial U_j/\partial x_i)(\partial U_i/\partial x_j)$，$\sigma_k$，$\sigma_\varepsilon$，$C_{\varepsilon 1}$，$C_{\varepsilon 2}$：定数．表5.2 に標準 k-ε モデルにおけるこれらの定数を示す．

標準 k-ε モデルはあらゆる流れ場を再現できるものではない．とくに，はく離流れ[2]，逆圧力勾配のある流れ[2]，旋回流[3]，固体壁に衝突する流れ[4] などについては，k-ε モデルではこれらの流れ場は正しく再現されないことが知られている．

b．低レイノルズ数型 k-ε モデル

壁面のごく近傍では分子粘性が支配的になるとともに，壁の存在によって乱れの非等方性が強められる．これらの乱れの挙動を表現するため，低レイノルズ数の効果と壁面からの距離の影響を考慮した補正関数を仮定し，これを標準 k-ε モデルの数値定数に加味することが提案されている．低レイノルズ数 k-ε モデルは数多く提案されているが，ここでは一例として，安倍ら[5] による C_μ，$C_{\varepsilon 1}$，$C_{\varepsilon 2}$ に関する補正関数 f_μ，f_1，f_2 を示す．すなわち，

$$f_\mu = [1 + (5/R_t^{3/4}) \exp\{-(R_t/200)^2\}] \cdot \{1 - \exp(-y^*/14)\}^2$$

$$f_1 = 1 \quad (5.14)$$

$$f_2 = [1 - 0.3 \exp\{-(R_t/6.5)^2\}] \cdot \{1 - \exp(-y^*/3.1)\}^2$$

ここに，$R_t = k^2/(\nu \varepsilon)$，$y^* = u_\varepsilon y/\nu$，$u_\varepsilon = (\nu \varepsilon)^{1/4}$．

c．非等方 k-ε モデル

等方 k-ε モデルは局所等方性の仮定に基づき導出されたものであるが，はく離や循環を伴う流れ場ではこの仮定が成立するとは限らない．西島と吉澤[6]，明と笠木[7] は，等方渦粘性モデルに速度勾配の非線形項を付加することによって非等方性を再現することを提案している．

d．応力方程式モデル

レイノルズ応力をレイノルズ応力の輸送方程式から直接求めるのが応力方程式モデル（RSM）である．レイノルズ応力の輸送方程式は基本的にはナビエ-ストークス方程式から導出されるが，導出に当たっては種々のモデル化が行われている．代数応力方程式モデル（ASM）はレイノルズ応力方程式において対流項と拡散項を代数的な関係に置き換えるものである．ASM は計算量低減の面から用いられつつあり，また最近では乱流粘性の表式化について検討[8] がなされた結果，ASM の有用性が確認されている．

5.2.2 LES

Large Eddy Simulation（LES）は計算格子の幅より小さいスケール（subgrid scale：SGS）の流体運動をモデル化し，計算格子の幅より大きいスケールの流体運動のみを直接計算する手法である．これによって直接計算の場合よりも粗い計算格子で乱流の数値シミュレーションを行うことができる．

SGS モデルとしては，勾配拡散型の渦粘性モデルであるスマゴリンスキー（Smagorinsky）モデルが比較的多く用いられている．すなわち ν_t として，

$$\nu_t = (C_S \Delta)^2 \left\{\frac{1}{2}\left(\frac{\partial U_i}{\partial x_j} + \frac{\partial U_j}{\partial x_i}\right)^2\right\}^{1/2} \quad (5.15)$$

ここに，Δ：計算格子の代表寸法（$(\Delta x \Delta y \Delta z)^{1/3}$），$C_S$：定数．唯一のモデル定数である C_S は通常一定値として取り扱われるが，統計理論に基づくモデルをもとに流れ場依存型 C_S 変動モデル[9] が検討されている．また実用計算においても適用しやすい人工的壁面境界条件[10]，一般座標系による LES[11] も提案されている．

5.2.3 三次精度風上差分法による擬似直接解法

この解法は乱流モデルを用いず，形式上直接解法によってナビエ-ストークス方程式を解くため，擬似直接解法と呼ばれている．特徴は同方程式の対流項に三次精度の風上差分近似[12]を適用することにある．直接解法で必要とされる細かい計算格子を用いた計算はなされていない．すなわち，乱流モデルの代わりに数値的人工拡散を利用している．対流項に関するこの種の奇数次精度の風上差分は安定な計算を可能にするが，数値解に及ぼす高次項の打切り誤差の影響についてはいまだ明らかにされていない．

5.2.4 乱流モデルの比較検討例

数値シミュレーションの現状を知るためには，各種乱流モデルの比較検討例を眺めることが有益である．ここでは最近の結果から，矩形管の管摩擦係数，バックステップ流れ，正方形柱に働く変動揚抗力に関する乱流モデルの比較検討例を引用する．

a．矩形管の管摩擦係数

図 5.2 に矩形管の管摩擦係数に関する比較例[13]を示す．図では k-ε モデル，非等方 k-ε モデル，ASM，LES などによる結果とともに，実験結果が示されている．いずれのモデルも比較的よく実験結果を再現している．しかし図中には示されていないが，中央部から角部に向う二次流れは k-ε モデルでは再現されて

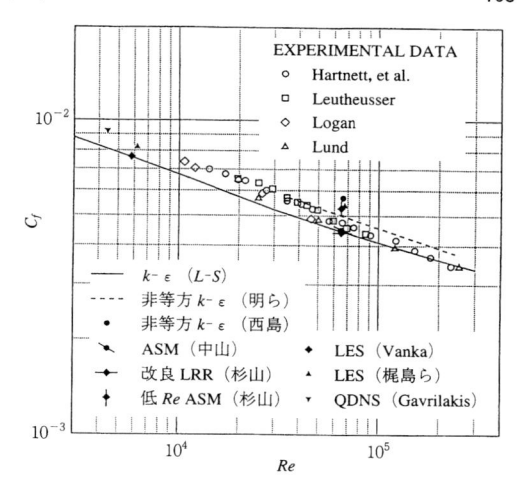

図 5.2 矩形管の管摩擦係数の比較例

いない．

b．バックステップ流れ

バックステップ流れは，形状は簡単であるが，はく離，せん断，旋回，逆圧力勾配など，種々の流れ場を数多く含む．表 5.3 に，拡大率 1.5 の二次元バックステップ流れにおける再付着距離の比較例[14]を示す．表では 20 の計算例について乱流モデル，計算格子数，対流項スキーム，アルゴリズムなどが示されている．再付着距離は乱流モデルのみならず，計算格子数，対流項スキーム等に大きく依存していることがわかる．

表 5.3 二次元バックステップ流れにおける再付着距離の比較例（Re=5 500，実験値=6.51）

番号	乱流モデル	計算格子数	再付着距離(H)	備考（アルゴリズム，対流項スキーム，その他）		
1	k-ε（壁関数）	131×15	4.0	Simple（コロケート），	一次風上	
2	k-ε（壁関数）	241×26	4.9	Simple（コロケート），	一次風上	
3	k-ε（壁関数）	50×31	5.17	Simple,	hybrid	
4	k-ε（壁関数）	230×50	5.8	Simple,	hybrid	
5	k-ε（壁関数）	238×21	4.4	Simple,	power-law	
6	k-ε（壁関数）	476×42	4.9	Simple,	power-law	
7	k-ε（壁関数）	238×21	4.9	Simple,	Quick	
8	k-ε（壁関数）	238×42	5.1	Simple,	Quick	
9	k-ε（壁関数）	250×30	5.7	Simple（コロケート），	Quick	
10	k-ε（壁関数）	500×60	5.8	Simple（コロケート），	Quick	
11	k-ε（壁関数）	238×21	6.6	Simple,	Quick,	$C_{\varepsilon 1}$=1.62
12	k-ε（壁関数）	230×50	6.4	Simple,	hybrid	k 方程式拡散項修正
13	k-ε	255×75	6.5	MAC,	三次風上＋一次風上	低 Re 型
14	非等方 k-ε（壁関数）	250×30	5.8	Simple（コロケート），	Quick	
15	非等方 k-ε（壁関数）	500×60	5.9	Simple（コロケート），	Quick	
16	ASM（壁関数）	230×50	6.3	Simple,	hybrid	
17	ASM（壁関数）	230×50	6.6	Simple,	hybrid	k 方程式拡散項修正
18	RSM（壁関数）	要素数 2 901	6.7	GSMAC,		
19	三次風上	115×40	7.67	MAC,	三次風上	
20	q-ω	601×101	6.4	FVM,	TVD,	低 Re 型

表5.4 正方形柱に働く変動揚抗力の振幅と振動数の比較例

乱流モデル		St	Cd-m	Cd-f	Cl-f
k-ε モデル	（壁境界条件：2層モデル）	0.124	1.79	—	0.323
応力方程式モデル	（壁境界条件：壁関数使用）	0.136	2.15	0.383	2.11
応力方程式モデル	（壁境界条件：2層モデル）	0.159	2.43	0.079	1.84
LES	（スマゴリンスキーモデル）	0.132	2.10	0.12	1.58

（注）St：ストローハル数，Cd-m：抗力係数（時間平均値），Cd-f：抗力係数（時間変動分；片振幅値），Cl-f：揚力係数（時間変動分；片振幅値），実験値：$St=0.135/0.129$，Cd-m=2.03～2.23

c．正方形柱に働く変動揚抗力

非定常流れ場を数値的に再現することは二つの意味から興味がある．すなわち，非定常流れ場そのものの再現の可能性，k-ε モデルのような時間平均型の乱流モデルによる非定常解析の妥当性の有無である．近年，この分野においても研究が徐々に進みつつある．表5.4に正方形柱に働く変動揚抗力の振幅と振動数の比較例[15]を示す．時間平均型の乱流モデルにおいても，モデルの改善や境界条件の適正化によって周期運動と乱流運動とを分離して評価できる可能性が示されている．

5.3 自動車における熱流体解析

5.3.1 自動車の熱流体解析分野

スーパコンピュータの登場と同時に，シミュレーションの新分野として注目を集めたのが熱流体解析［CFD：Computational Fluid Dynamics（数値流体力学）][16]である．1986年ごろから各企業で開発が始まり，現在では表5.5に示すように自動車企業では性能を左右する空気抵抗値の低減，エンジンの低燃費低公害，車室内の快適空調など，幅広い分野で新技術・新製品の研究開発や設計活用[17]が積極的になされている．

従来は実験的手法によって性能を評価してきたが，実験では流体現象の重要な部分を占める流れの様子を可視化することが困難な場合が多いため，性能と原因の因果関係を解析検討するには多大な時間を要する．

ところがCFDを用いると，設計段階において三次元CADデータをもとに流体の数値解析を行い，性能評価と同時に流れの可視化を簡単に行うことができる．また，この流れを可視化できることで，さまざまな問題点の原因追求と対策検討をビジュアルに行うこともできる．

とくに，設計者にとって見えない流れを可視化できることは，設計手法自体を様変わりさせるほどのインパクトをもっていた．たとえば，実験では不可能な評価であってもCFDでは入力条件や境界条件を変更するだけで容易に計算を行え，その結果を流速，圧力，密度，濃度，乱流量などのさまざまな物理量を用いて三次元的にEWSで表示でき，より詳細な評価や検討ができるようになった．

一方，CFDによる解析は開発と活用が始まって間もない分野であるため，次のような課題がある．たとえば，計算格子の作成期間短縮，計算時間の短縮，乱流現象の取扱いなどが基本的な課題である．この中でも計算時間についてはほかの構造解析や衝突解析と異なり，スーパコンピュータを用いても10～100時間を必要とするため，設計活用面では計算時間を短縮できる計算手法を選ぶことが重要となる．

解析項目別に考えると，流体解析では乱流，境界層流れ，流れのはく離，非定常渦，熱流体解析では熱境界層，輻射，エンジン燃焼解析では移動境界問題，噴霧，二相流，キャビテーション，燃焼（化学反応）など多くの課題がある．

表5.5 自動車の熱流体解析(CFD)分野

流体解析分野	解析項目	課題	代表市販ソフト
空力	・CD, CL, CYM ・エンジンルーム内の通気 ・風切音，泥付き	・乱流 ・はく離，再付着 ・非定常渦 ・境界層	SCRYU STREAM NAGARE
空調	・車室内温熱環境 ・エアダクト ・デフロスタ	・快適性指標 ・輻射	STAR-CD SCRYU
エンジン燃焼 冷却 排気系・触媒	・筒内ガス流動 ・噴霧と燃焼 ・パイプ内流れと脈動	・化学反応 ・噴霧挙動 ・混合層	FIRE STAR-CD VECTIS TURBO-KIVA
トルクコンバータ 油圧回路	・翼列間流れ ・オリフィス流動	・移動境界 ・キャビテーション	STAR-CD SCRYU

5.3.2 数値シミュレーションの方法と特徴

流体の運動量保存式はナビエ-ストークス（NS：Navier-Stokes）方程式[18]によって記述することができる．この方程式は実際に解析したい流れ場のほとんどで厳密解を求めることができないため一般に有限差分法，または有限差分法と有限要素法の中間的な有限体積法を用いて数値解析される．

$$\frac{\partial U_i}{\partial t}+U_j\frac{\partial U_i}{\partial x_j}=-\frac{1}{\rho_r}\frac{\partial P}{\partial x_i}+\nu\frac{\partial^2 U_i}{\partial x_j \partial x_j}+g_i\frac{\rho-\rho_r}{\rho_r}$$
(5.16)

計算手順としては，対象とする領域を空間的，時間的に有限の大きさをもつ格子に近似し，ナビエ-ストークス方程式をこの格子上で近似表現した差分方程式の解を求めることによって計算する．非圧縮粘性流体のナビエ-ストークス方程式には左辺の慣性項，移流項，右辺の圧力項，粘性項，物体力項がある．この中で移流項は非線形性が強く，数値解析手法の課題となっている．

乱流現象の視覚的表現に最も早く気づいたのは15世紀のレオナルド・ダ・ビンチだといわれている．17世紀になると，ニュートンの運動方程式を用いて非粘性流れを偏微分方程式で表すモデルが提案された．19世紀には粘性流体の一般的な運動を記述するナビエ-ストークス方程式が誘導された．しかし，乱流は物理量の時間的，空間的変動が激しいため，19～20世紀にレイノルズらによって平均化手法の導入が行われ乱流モデルの基礎を確立した．この基本的な乱流応力モデルから，現在ではより一般的な数学モデルとして乱流を定式化できるようになった．

現時点で乱流のモデル化として広く工学的に用いられているのが，渦粘性を等方性と仮定したk-εモデル[18]である．このモデルを用いて流れを数値解析すれば，各種物理量の平均的挙動を知ることができる．しかし，すべての流れ場に適用できるものではなく，はく離，循環を伴う流れ場や強い旋回を伴う流れ場では十分な計算精度を得られない．

そこで，最近では乱流モデルの改良や乱流モデルを用いずに対流項に三次精度の風上差分近似 K-K スキームなど[19]を用いた擬似直接解放の研究がなされている．しかし，擬似直接解法では理論的に乱流エネルギー散逸スケールより計算格子間隔を小さくしなければならないため数百万もの膨大な細かい格子が必要となる．

このため，計算時間を短縮するために比較的粗い格子で乱流モデルを使わずに K-K スキームで解析する場合には下記の内容に注意が必要である．計算は数値粘性作用によって安定的であるが，格子分布が変化すると計算結果も変動する解の格子依存性が強いため，格子分布と解の関係を十分に調査検討した上で計算結果を評価する必要がある．また，現在のところスーパコンピュータを用いても大規模・長時間計算となり，設計活用を考えると計算費用と解析期間の点において課題が残る．

次に，流体解析得特有の物体表面に発生する境界層流れのモデル化（壁法則）も重要である．とくに乱流では，流れが壁近傍においてきわめて大きな勾配をもって変化するため，はく離を伴う流れでは境界層内の流れ勾配が物体を取り巻く全体流れに重要な影響を与える．CFD解析を行う場合，正確に物理量の変化を計算するためにはこの領域に多くの計算格子が必要となってくる．

そこで，全体流れを比較的少ない計算格子を用いて予測するためには，壁近傍での流れ勾配に対する近似式によるモデル化が必要になる．この境界層のモデル化として広く工学的に用いられているのが，水平平板壁面近傍での流速実験値より提案された対数則[18]である．また，壁近傍の流れ挙動をより精度よく表現できる低レイノルズ型の壁法則も提案されている．

現時点では，乱流のモデル化としてk-εモデル，壁法則として対数則が広く用いられている．また，乱流の高精度近似解法である Large Eddy Simulation（LES）[20]や Reynolds Stress Model（RSM）[21]の実用化が期待されている．

今後は，実験で解明できない微視的な乱流や境界層流れの詳細な解明が進み，実現象により近い実用的な乱流モデルや壁法則などの新しい解析手法が提案されてくるだろう．

数値シミュレーションの方法は，一般CAEと同様に計算格子作成のプリ，作成を実行するソルバー，計算結果を表示するポストの3段階に分けられる．現在ではさまざまな市販ソフトが発表され，目的に応じて選択できるようになったため，プログラム開発の必要性が少なくなった．

ここで重要なのは，多くの市販ソフトの中から，目的に合致した最適なソフトをさまざまなテスト結果や他社情報から選ぶことである．

表5.6 CFDの計算格子

計算格子の種類	代表市販ソフト プリ	代表市販ソフト ソルバー	代表市販ソフト ポスト	格子作成難易度	作成期間	格子精度	計算時間
直交直線	Pre-M	STREAM	Atrac	◎ 自動生成	○	△	◎
曲線適合 (BFC)	PROSNER	SCRYU	Atrac	○	△	○	○
非構造	PROSNER, PRO-STAR, FIRE	SCRYU, STAR-CD, FIRE	Atrac, PRO-STAR, FIRE	○	△	◎	○
重合	—	—	—	○	△	○	○
直交適合	CRI/HEXAR	STAR-CD	PRO-STAR	○ 自動生成	○	○	△

まずプリであるが，CFDでは表5.6に示すように解析対象によって数多くの計算格子作成方法が提案されている．歴史的には直交直線格子から研究が始まり，現在では格子作成作業がビジュアル化されてきたため，構造解析のソリッドモデルと同様な非構造格子を用いた解析が盛んになってきた．

CFDでは，物体周りの空間に格子を作成する必要があるため，一般の構造解析に比べ格子数が多く，数万から数百万に及ぶ．しかし，格子作成方法の研究によって，現在では三次元のCADデータを用いた自動格子作成方法も実用化され，短時間で複雑な形状を正確に生成できるようになった．

さらに，一度粗い格子で計算し，その計算結果から物理量の変化の激しい部分の格子を自動的に細かく再分割し，再度計算することで少ない格子でも計算精度を向上できる解適合格子法も実用化されだした．

ソルバーとしては，流体基礎方程式を効率的に計算できる離散化手法やアルゴリズムが各種提案されている．計算手法としては有限体積法を用いる場合が多く，ナビエ-ストークス方程式の離散化には時間積分に一次の陰解法が，移流項には一次の風上差分や三次の風上差分が，その他の空間差分には二次の中心差分が用いられる場合が多い．

また，連続の式とナビエ-ストークス方程式から圧力に関するポアソン方程式を導き，SIMPLE法と呼ばれるアルゴリズムを用いて収束演算が行われる．さらに，マトリックスの解法に対しても高速化を達成するため，逐次過剰緩和法（SOR法）や共役勾配法が各連立方程式の収束演算に用いられる．

スーパコンピュータ上での高速化を目的としたベクトル化やパラレル化も大きな進歩を遂げている．今後は数値解法の改良により高速で，かつ計算精度の高い離散化手法も各種提案されるだろう．

その一つに超並列計算（MPP：Massively Parallel Processing）がある．この計算方法は，解析領域を数多くのブロックに分け，そのブロックごとにコンピュータ上のCPUとメモリを配分し，ブロック単位で計算をしながら，すべてのブロック間のデータをリンクさせる計算方法である．このMPPによる計算はCFD解析に向いており，超高速で計算できる市販のCFDソフトとコンピュータが次々に発表されだした．

ポストはEWSの進歩とともに，二次元の流れの可視化から三次元の可視化まで，幅広く各種物理量を高速表示できるようになった．とくにCFDでは，実験では得られない流れを全空間領域に対して表示できるため，現象把握から対策検討までの工学的アプローチを可能とした．さらに，非定常の動的流れをアニメーション表示で観察できるため，より現実的な検討が可

能となっている．

解析システムとしては，プリとポストにEWSを用い，ソルバーの高速計算にはスーパコンピュータや高性能EWS，または並列計算機を使用し，その間を高速ネットワークで構築する．

5.3.3 解 析 事 例

CFDの解析目的が研究なのか，設計活用なのかで，その計算手法は大きく異なる．研究目的の場合は，流体現象を詳細に観察できることが条件となるため，計算時間が長くなっても高精度計算を必要とする．これに対し，設計活用目的の場合は

① 一般化された簡単な計算方法
② 安価でスピーディなアウトプット
③ 信頼できる計算結果と評価方法

の三者のバランスよく達成できる計算手法を選択し開発する必要がある．ここでは，自動車企業で設計活用を目的とした解析事例の一部を紹介する．

a．空力解析

解析目的はおもに空気抵抗（C_d値）低減と高速安定性（C_l値）の向上，横風安定性（C_{ym}値）の確保がある．また，エンジンから発生する熱を効率よく冷却するための流れと熱を連成させたエンジンルーム内の流熱解析や，ホイールハウス内のディスクブレーキの冷却解析などがある．最近では，フロントピラーやドアミラーなどから発生する風切音を流体の圧力変動から解析する手法が研究されている．

自動車周りの流れは，非圧縮性の高レイノルズ流れ（乱流）として取り扱うことができる．計算格子には境界適合格子（BFC）が広く使用されている．

また，形状が複雑なエンジンルーム内の流熱解析では，計算格子の作成時間を短縮化させるため，直交格子を用いた自動格子分割法が使用されている．

風切音など部分的に格子分解能を上げ計算精度を向上させるためには非構造格子や重合格子，解適合格子も用いられるようになった．

図5.3に代表的な空力解析としてBFCの計算格子を，図5.4に自動車周りの流線表示[22〜25]の事例を示す．これらのようにCFDで空力解析を行うことによって，デザイン開発の初期段階からデザインCADのデータを用いて空力特性を改善できるようになった．

さらに，現在では横風解析[25,26]も実用化され，トンネル脱出時や強風遭遇時の空気力を低減できる外形形状の検討も行われるようになった．図5.5に横風受風時の風の流れの可視化結果を示す．

また，エンジンの冷却特性に重要なラジエータを通過する冷却風を確保するために，バンパやグリルの開口形状やエンジンルーム内の各ユニット配置をエンジンルーム内の熱流体解析によって最適化できるようになっている．

図5.6にエンジンルーム内の温度分布[27]を，図5.7にトラックの車両中央に置かれた床下エンジン回りの流線[28]を示す．これらの解析により，エンジンルーム内に配置された各ユニットの最適レイアウトやラジエータの最適性能が設計検討段階で求められる．

現在では，燃料や高速安定性に関係深い外形デザイン，さらに設計的な熱特性を両立させるバンパやグリ

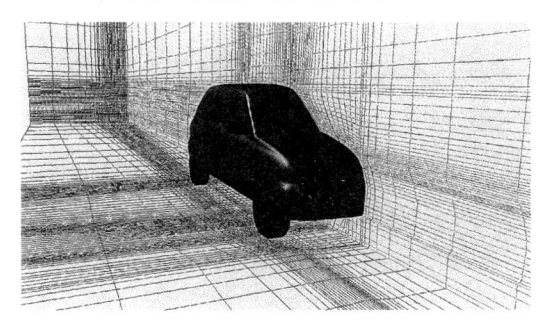

図5.3 空力解析の計算格子

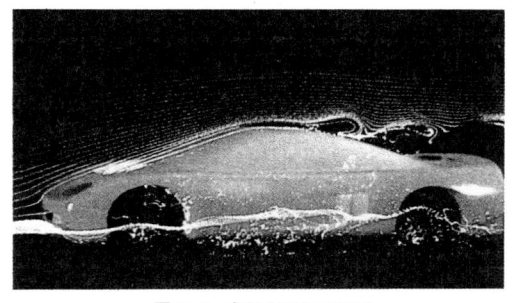

図5.4 自動車周りの流線

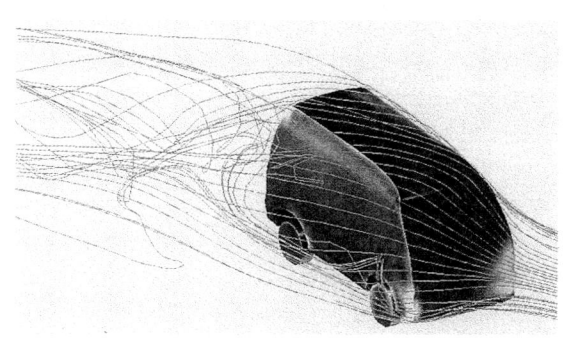

図5.5 横風受風時の流線

図5.6　エンジンルーム内の温度コンター

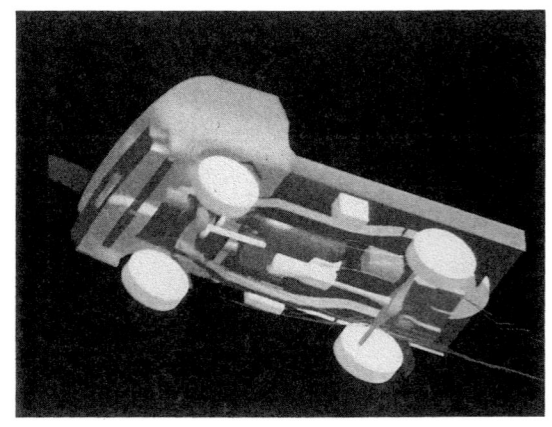

図5.7　トラック床下の流線

ルの開口形状や各部品のレイアウト最適化ツールとして，空力解析はデザインや設計の企画検討段階で重要な役目をもつようになった．

b．エンジン燃焼解析

エンジン筒内では，流れと乱れの生成，燃料噴霧，燃料と空気の混合，着火，燃焼，熱伝達などさまざまな物理量の挙動があり，時間的にも空間的にも諸量の変化はきわめて激しく非常に複雑になっている．

また，実験による解析が長年進められているが，十分な筒内現象の解明にまだ至っていない．このため，CFDを用いた諸量変化の現象解明に大きな期待が寄せられるようになった．しかし，物理現象自体が非常に複雑であるため，各プロセスを流れ，噴霧，燃焼に分けて研究が進められている．

流れ解析としては，吸排気ポートを含んだ筒内流動解析が多い．流れは圧縮性の高レイノルズ流れである．計算格子には形状が複雑でも，正確な表現ができる非構造格子が一般に用いられ，バルブやピストンを可動させる必要があるため移動境界問題を取り扱える計算手法が必要とされる．

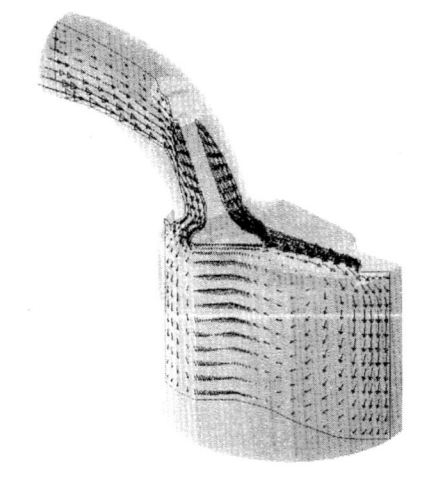

図5.8　エンジン筒内流速ベクトル

基本的な解析には，ピストンとバルブを固定とし，吸入空気量を求める定常流解析がある．この解析により，定常流状態における弁流量係数やスワールなどを解析できる．

次に用いられる解析には，ピストンとバルブを移動させる非定常流解析がある．吸気から圧縮上死点までを解析する方法がよく用いられ，図5.8にその工程内の筒内流速ベクトル[29]例を示す．

エンジンの燃焼改善を行うには，流れと乱れを最適に制御する必要がある．このためにポート形状や燃焼室形状をさまざまに変化させ，短期間で筒内流動を可視化できるCFDはエンジン開発になくてはならない設計検討ツールになってきた．

燃料噴霧の数値解析はディーゼルエンジンから研究が始まり，現在ではガソリンエンジン噴霧挙動も研究されるようになった．噴霧計算は分裂，衝突，合体，壁面衝突挙動の物理モデルの研究開発が行われ，最近では実機エンジンに適用されだした．噴霧は高温壁面に燃料が衝突した場合の挙動解析が重要となり，さまざまな実験式を導入することで近似解を得られるようになった．

図5.9にガソリンエンジンで吸気ポート内に燃料を噴射した場合の燃料液滴分布[30]を解析した事例を示す．燃料噴射装置から噴霧された燃料が，エンジン筒内流や熱によってどのような挙動を示すかが重要となるが，実験手法では観察しにくい分野である．しかし，CFDを用いれば三次元的な燃料噴霧の分布状態を検討でき，流れと併せて噴霧解析は燃料噴射装置の

図 5.9　吸気ポート内の噴霧解析

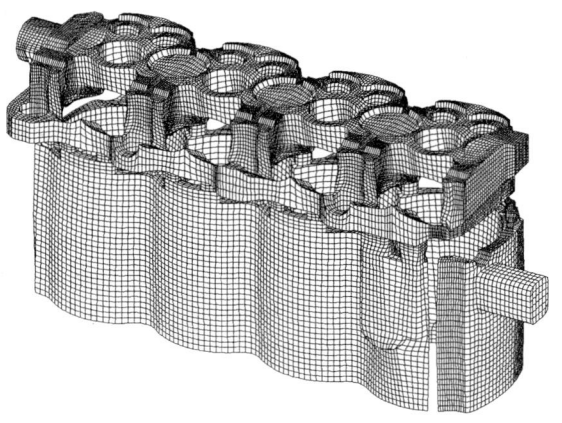

図 5.11　エンジン冷却水の計算格子

開発やポート内噴射，エンジン筒内噴射の最適化に応用されている．

燃料解析は化学反応に伴う流れの計算といえ，さまざまな乱流れ燃料モデルが提案されている．解析は排気ガスによる環境汚染の低減を目的とし，たとえば燃料が不完全燃焼するときに発生するハイドロカーボン（HC），燃焼温度が高くなると増加する窒素酸化物（NO_x），燃料消費に比例して増加する炭酸ガスをいかに減らせるかなどが重要となる．

しかし，燃焼解析は流れ解析で求められる流速分布や乱れ強さの分布，さらに噴射解析で求められる燃料液滴分布や燃料濃度分布の正確な情報なくしては十分な予測ができない．このため，現在は実験を補完するツールとして用いられている．

図 5.10 に燃焼解析で求められた火災伝播の様子を示す．時々刻々に火炎面が広がる様子を観測することができ，燃焼改善に威力を発揮する．

さらに，燃焼による熱でエンジン本体にき裂を起こさないように冷却水通路の最適化を検討する目的で，ウォータジャケット内の冷却水挙動も解析[31]されている．三次元で複雑な計算格子を図 5.11 に示す．この複雑な計算格子を三次元 CAD データから会話的に作成できるようになり，流れと熱の授受を設計段階で解析されている．

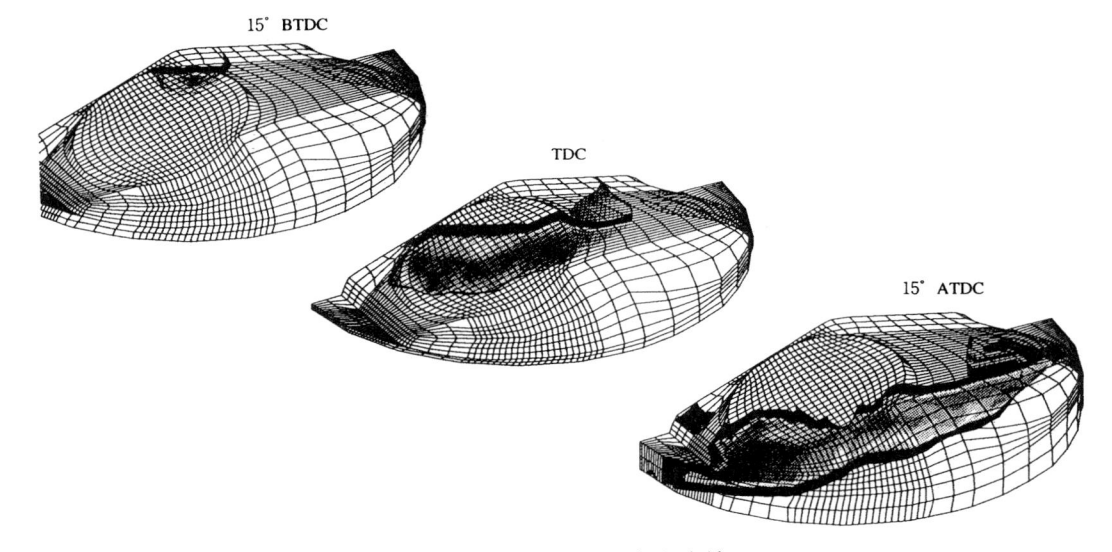

図 5.10　燃焼解析による火炎面の伝播

また，触媒を効率的に働かせたり，排気抵抗の低減や排気熱の分散を検討するために，排気系と触媒内の熱流体解析が実施されている．

c．空調解析

空調解析には，その目的によって幅広い分野がある．たとえば，建物の室内空調と同様に車室内をエアコンにより快適な温度環境とするためのCFD解析，また，エアコン装置本体の効率化や低騒音化を目的としたCFD解析，さらに，車両走行時の外気導入による換気性能解析や，デフロスタモード時のフロントガラスの曇り除去パターンの予測解析などがある．

自動車の室内は人間の活動空間としては狭く，また日射などの運転環境や運転状況によって車室内温度が時々刻々変化する．これらの影響を少なくし，快適な車室内環境を提供するために大きな容量の空調システムと換気装置がある．

空調解析の問題点は，人間が車室内で快適と感じる評価基準，すなわち感性にかかわる性能の定量評価を行える快適性指標が定まっていないことである．また，人間は1度の温度変化でも感知できるといわれている．このため，各乗員が頭寒足熱となるような車室内の温度分布を定めることで評価している．

最初に，車室内冷暖房解析の事例を図5.12に示す．車室内の流れの様子をパーティクルで可視化[30]している．運転者の顔や首，腕，足元周りの流れと熱をコントロールし，快適な空調システムの開発に活用している．また最近では，太陽の日射量を計算するために，緯度・経度と時刻を入力すれば窓から入る熱量を自動的に計算できるようになった．

冷房機のクールダウン性能や暖気運転によるウォームアップ性能を解析するには，時間変化に対応した流れと温度変化を解析する必要がある．実時間で30分

図5.12　車室内空調解析

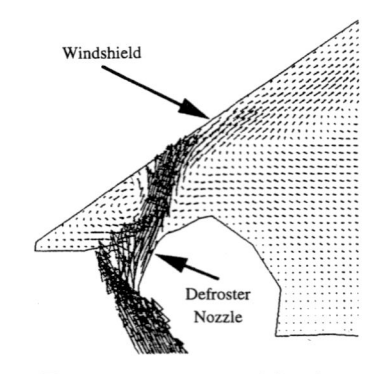

図5.13　デフロスタから吹き出す流れ

程度の経過時間の計算を行う場合は，計算時間が長く必要となるため，定常計算で代用する場合が多い．

次にデフロスタノズルから吹き出す三次元流れ解析の事例を図5.13[32]に示す．曇り除去パターンとガラス表面流速分布との間には強い相関があり，デフロスタ形状を最適化することでガラス表面流速を均一化し，ムラなくガラスを晴れさせ前方視界を確保できる．

また，ガラス面が凍結した状態からデフロスタを作動させ解凍パターンを直後予測する熱流体解析も実施されている．

d．鋳造解析

鋳造プロセスは溶融金属を鋳型に流し込み凝固させて所定の形状を得る方法であり，熱移動と相変化を伴う複雑な三次元現象であるため結果を予測することが困難で，数値解析を適用することで検討工数と型改修費の削減が図れる．

ここでは，差分法を鋳造解析に応用する際必要な三次元複雑形状の解析モデル作成方法と，差分法の応用例として実用化が進んでいる凝固解析と鋳型充填解析について紹介する．

（i）解析モデル　鋳造解析では複数形状の大規模処理に適した差分法が多く用いられる．解析を実行するには素材（鋳型形状）のほかに溶融金属を鋳型に流し込むための方案部，金型の温度制御を行う冷却系，中空部分をつくるための中子などの形状を必要とする．これらの形状データを単純な形の多数の計算要素に分割して数値解析可能な解析モデルを作成する．差分法では計算を簡単に行うために計算要素としてサイコロ状の直交要素を多く用い，このサイコロ要素をここでは便宜上ボクセルと呼ぶことにする．所望の形状をボクセルの集合として近似し，物性値や初期温度

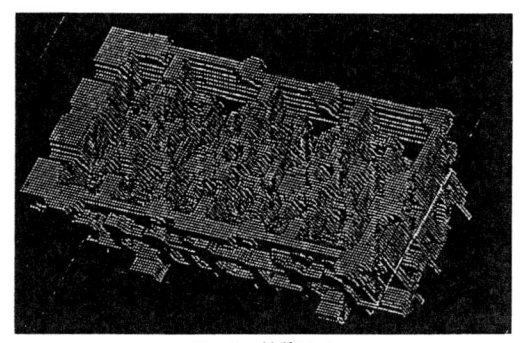

ワーク　材質No.6

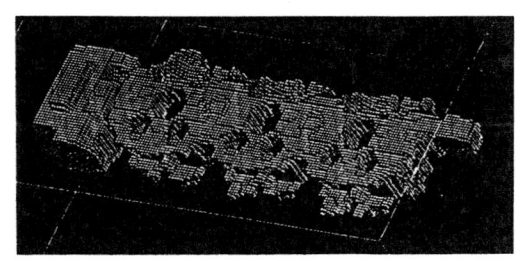

中子　材質No.1

図5.14　シリンダヘッドの解析モデル

など必要なデータをそれぞれのボクセルに与えれば解析実行が可能となるが複雑形状のボのボクセルモデルは容易には作成できない．

一方，最近では部品設計などにCADが広く使われており，CADデータから鋳造解析に適したボクセルを生成する場合もある．シリンダベッドの解析モデルの例を図5.14に示す．計算実行に必要な物性値などのデータ付与は，構成部分ごとに材質番号を与え材質番号に対応するデータセットを割り当てることで行う．

（ii）凝固解析[33]　差分法の鋳造プロセスへの応用として実用化が進んでいるものに凝固解析があげられる．凝固解析は直接差分法による伝熱解析に凝固潜熱補正を施し，温度と固相率との間に関数関係を設定して，凝固状態を計算するものが多く，解析結果として得られるのは温度と凝固状態の時間変化である．

適用例としてエンジンマウントブラケットの形状変更による欠陥対策前後のCTスキャナ結果と欠陥推定結果を比較して図5.15に示す．部品中央の突起は車体取付け用のボスであり，改良前はボス根元のCTスキャナの断面で黒く見える部分に凝固収縮による引け巣と呼ばれる欠陥が発生している．凝固解析による引け巣推定は，単位体積中の固相の割合，すなわち固相

凝固解析による欠陥推定

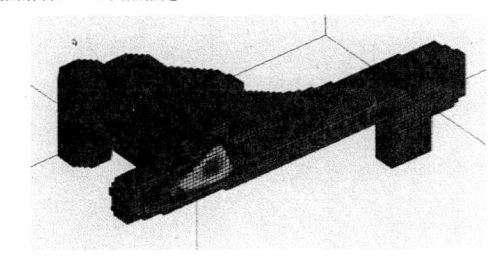

CTスキャナ

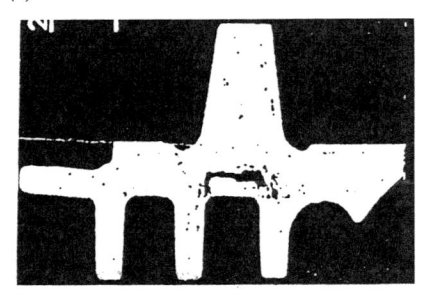

図5.15　改良前の欠陥

凝固解析による欠陥推定

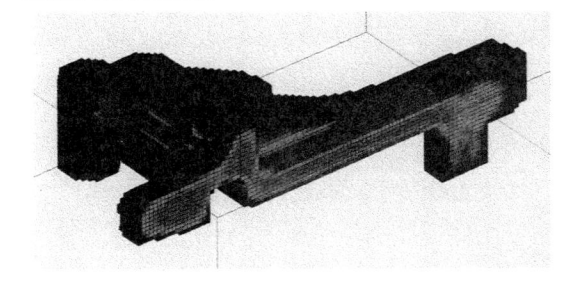

CTスキャナ

図5.16　形状変更後

率の分布に三次元的な閉領域が発生したとき，その領域内に引け巣が発生するとして推定する閉ループ法[1]や修正温度勾配[34]などの欠陥予測パラメータがよく用いられる．図5.15の欠陥推定結果は，溶融金属の

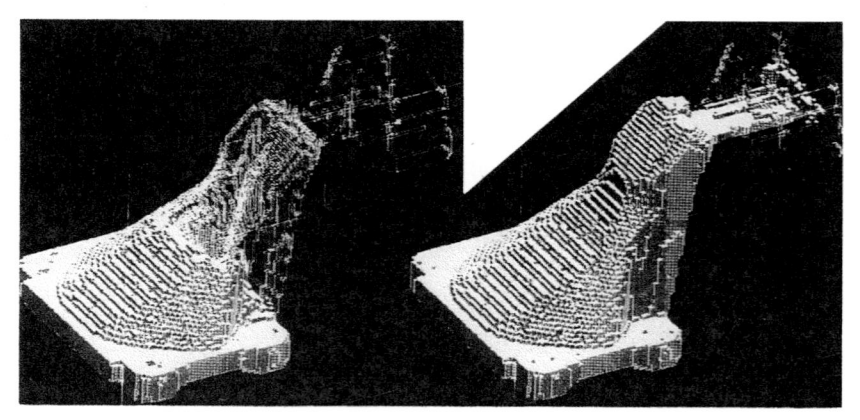

図 5.17 充塡過程図

流れが停止する臨界の固相率に到達した時間を三次元プロットして断面表示した．図 5.16 は，欠陥発生部分の凝固を促進させかつ体積収縮が補えるように部欠陥発生位置の直下に肉盗みを行った場合を同様に示したもので，欠陥が低減されていることがわかる．

（iii）鋳型充塡解析 差分法の鋳造プロセスへのもう一つの応用として鋳型充塡解析があげられる．鋳型充塡解析は鋳型への溶融金属の充塡過程を自由表面を含む三次元流れとして解くものであり自由表面を含む流れのナビエ-ストークス方程式を米ロス・アラモス研で開発された手法に準拠した方法[35]で解くのが一般的である．

鋳型充塡解析の適用化としてエンジンマウントブラケットの鋳型解析結果を図 5.17 に示す．この計算は，実部品の充塡の様子を解析するため行われたものであり，溶融金属の流入位置の検討や，肉厚の変化による流れの変化などの検討に用いられている．

鋳物充塡解析は現在発展途上の技術であるが，実験との対比[36]やエネルギー方程式やダルシー流れとの連成解析なども活発に試みられており[37,38]，解析結果の検証と鋳造品質との対比などにより，今後精度が向上されていくと予想される．

おわりに
最近のコンピュータ技術革新は目覚ましいものがあり，従来のスーパコンピュータの性能がデスクトップに収まるようになりつつある．それに従い，CFD を工学へ応用するうえでの課題も，解析ソルバーの効率からプリ（格子生成），ポスト（画像処理）を含めた総合的な性能に移りつつある．上に示した解析事例の一部にも，使いやすいさの観点から，すでに複合格子や非構造型格子などの差分法の範疇から少し離れた有限要素法に類似した手法が取り入れられている．今後もコンピュータがより安価に高性能になっていけば，CFD 解析の対象分野もさらに広がることは間違いない．その結果，CFD が設計開発に取り入れられていく過程で，CFD 解析がブラックボックス化されてCAD システムと一体化・自動化される日も近い．

しかし，初めに述べたとおり最新のスーパコンピュータによってさえ，自動車の流れのような比較的複雑な対象を完全に数値解析するにはほど遠いといえる．よって，工学に応用される CFD 解析では，すべての計算結果に何らかの近似が含まれていると考えるべきである．流体現象はごくわずかな誤差からも予期せぬ複雑な挙動を示すことがあるため，計算結果をビジュアルに美しく表現した流速ベクトルや圧力分布を盲目的に信じることをさけ，つねに計算結果が正しいかどうかを流体力学の知識と経験によって判断する必要がある．とくに，本章でも触れたように，乱流モデルの適用範囲と数値粘性の影響については十分に注意を払うことを奨める． ［小林敏雄・谷口伸行・
鬼頭幸三・栗山利彦・恩田　祐］

参考文献
1) たとえば，数値流体力学編集委員会編：数値流体力学シリーズ，乱流解析，東京大学出版会 (1995)
2) たとえば，吉澤　徴：上記文献(1), 1
3) 小林敏雄ほか：日本機械学会論文集 (B編), Vol.54, No.481, p.3230 (1986)
4) M. Kato, et al.：Proc. 9th Symp. Turbulent Shear Flows, p.10-4-1 (1993)
5) 安倍賢一ほか：日本機械学会論文集 (B編), Vol.58,

No.554, p.3003 (1992)
6) S. Nishizawa, et al.：AIAA Journal, Vol.25, p.414 (1987)
7) 明 賢國ほか：日本機械学会論文集 (B編), Vol.56, No.531, p.3298 (1990)
8) 小林敏雄ほか：日本機械学会論文集 (B編), Vol.59, No.567, p.3373 (1993)
9) 森西洋平ほか：日本機械学会論文集 (B編), Vol.57, No.540, p.2602 (1991)
10) 森西洋平ほか：日本機械学会論文集 (B編), Vol.57, No.540, p.2595 (1991)
11) 富樫盛典ほか：生産研究, Vol.46, No.2, p.103 (1994)
12) 姫野龍太郎ほか：日本機械学会論文集 (B編), Vol.53, No.486, p.356 (1987)
13) 小林敏雄編：日本機械学会RC104研究分科会研究成果報告書, p.90 (1994)
14) 小林敏雄編：日本機械学会RC104研究分科会研究成果報告書, p.239 (1994)
15) W. Rodi：Journal Wind Engrg. Vol.52, p.1 (1992)
16) 保原 充：数値流体力学, 東京大学出版会 (1992)
17) 栗山利彦：数値流体力学の研究開発と設計活用, 自動車技術会学術講演会前刷集, 921001 (1992)
18) Chen, C.-J. and Tanaka, N.：乱流モデルの基礎と応用, 構造計画研究所 (1992)
19) T. Kawamura, et al.：AIAA Paper, No.80-13575 (1984)
20) J. W. Deardorff：A Number Study of Three-Dimensional Turbulent Channel Flow at Large Reynolds Number, J. Fluid Mech., Vol.41, p.453-480
21) P. Bradshaw, et al.：Collaborative Testing of Turbulence Model (1989)
22) 奥村健二ほか：乱流モデルを用いた2BOX車の3次元空力解析, 自動車技術会学術講演会前刷集, 924077 (1992)
23) 姫野龍太郎ほか：差分法を用いた流れ解析による実車空力特性の解析, 自動車技術会学術講演会前刷集, 901018 (1990)
24) 内田勝也ほか：CFDによるドアミラー付き車両の空力解析, 自動車技術会学術講演会前刷集, 9437142 (1994)
25) 奥村健二ほか：乱流モデルを用いた車両の横風シミュレーション, 自動車技術会学術講演会前刷集, 9305887 (1993)
26) K. Okumura, et al.：Practical Aerodynamic Simulations (Cd, Cl, Cym) Using a Turbulence Model and 3rd-Order Upwind Scheme, SAE Paper, 950629 (1995)
27) 加藤信博ほか：エンジンルーム内の流熱解析, 自動車技術会学術講演会前刷集, 902128 (1990)
28) 加藤信博ほか：エンジンルーム内の流熱解析, ―キャブオーバーエンジントラックへの応用―, 自動車技術会学術講演会前刷集, 912224 (1992)
29) 吉田欣吾ほか：吸排気ポートを有するエンジンの多次元流動解析, 自動車技術会学術講演会前刷集, 912145 (1991)
30) 栗山利彦：設計開発で用いられるCFD可視化手法, 自動車技術, Vol.147, No.4 (1993)
31) 加藤信博ほか：エンジン冷却水の流熱―構造連成解析, 自動車技術会学術講演会前刷集, 9540183 (1995)
32) 池田雄策ほか：デフロスタノズルによる曇り除去数値解析, 自動車技術会学術講演会前刷集, 924076 (1992)
33) 大中逸雄：コンピュータ伝熱・凝固解析入門, 丸善 (1985)
34) E. Niyama, et al.：49th International Foundry Congress Paper No.10 (1982)
35) B. D. Nichols, et al.：LA-8355 (1980)
36) 野村宏之ほか：鋳物, Vol.63, p.431 (1991)
37) 朱錬ほか：鋳造工学, Vol.68, p.668 (1996)
38) 新山英輔ほか：型技術, Vol.8, No.12, p.86

6

最 適 化 法

　自動車のような工業製品の設計は，製品に対して課せられる設計要求を満たすものの中から，商品価値のできるだけ高いものをつくりあげる創作活動と考えることができる．ここで，設計要求とか商品価値は，設計者や経営者，または消費者が製品を評価する際の判断基準である．こうした基準は時代とともに厳しくなり，今日では自動車は人間や物を移動させる信頼できる機械であるだけでなく，快適でかつ安全であり，環境に対して高い適合性を有することが要求される．

　自動車の設計は，複雑化した要求に応えるために，困難で，時間と費用を要するものとなっている．最適化技術はこうした設計環境を打開するための技術として注目されている．自動車業界における最適化技術の適用は解析技術の確立した構造解析の分野から始まり，今日では騒音問題，機構問題，衝突問題にまで適用範囲が拡張されている．最適化の手法も，数学的に厳密な数理計画法を直接適用する方法以外に，より効率よく問題を解けるように，分野に応じた，最適基準法，均質化法，成長ひずみ法などの独自の解析手法が発達している．本章では，今後の複雑化する自動車の設計に欠かせない技術と考えられる最適化手法を，前半では基礎的理論を中心にまとめ，後半では個々の分野における周辺理論と適用例に焦点を絞り紹介する．

6.1 最適化理論

6.1.1 問題の記述
a．標準的な最適化問題

　設計対象を記述できる有限個のパラメータを設計変数ベクトル x として設定することから最適化技術はスタートする．設計変数は連続的に変化する連続変数である場合と，$1, 2, 3, \cdots$ のように離散的な値をとる離散変数である場合がある．通常の最適化問題は，変数を連続変数と考える．変数が整数に限定された問題は整数計画法，とくに整数が 0 か 1 に限定された問題は 0-1 計画問題と呼ばれる．ここでは，変数は連続変数に限定して考える．

　設計変数ベクトル x は任意に選べるわけではなく，さまざまな制約が課せられる．
$$g(x) = 0 \qquad (6.1)$$
のように x に関する等式で表現される制約を等式制約条件，そして
$$g(x) \geqq 0 \qquad (6.2)$$
のように不等式で表現される制約を不等式制約条件と呼ぶ．制約条件を満たす解を実行可能解または許容解と呼び，解の集合を実行可能領域または許容領域と呼ぶ．また，

　　変数 x_i に対する制約
$$x_i{}^L \leqq x_i \leqq x_i{}^U \qquad (6.3)$$
をとくに側面制約，それ以外の制約を挙動制約と区別する場合がある．

　上記の制約を満足する設計変数の中から，評価関数または目的関数を最大もしくは最小となる解を探索する問題を，最適化問題あるいは数理計画問題と呼ぶ．

　最適化問題は次のような形で，一般化される．
$$\begin{align} \text{Minimize} &: f(x) & (6.4)\\ \text{Subject to} &: g_i(x) = 0, \quad i \in E & (6.5)\\ & \quad g_i(x) \geqq 0, \quad i \in I & (6.6) \end{align}$$
もし，評価関数を最大化する問題であれば，評価関数を $-f(x)$ とすればよい．

b．双対問題

　最適化問題は，ラグランジュ乗数を導入することにより双対問題と呼ばれる別の形式に変換される．問題によっては変換された双対問題を解くほうが容易な場合があり，また，構造解析の分野で利用される最適性基準法は，双対問題と密接な関係があることが知られている．ここでは，標準的な最適化問題が双対問題にどのように変換されるかを説明する．以下，簡単のた

めに変数が一つで，一つの不等式制約をもつ問題を考える．

ここで最適解を x^0 とする．最適解は制約の境界上にある場合と，ない場合がありうる．後者は制約のない最適化問題となるので，制約が有効である前者の場合を考える．最適解に対して，設計変数の変化 dx は

$$df = \frac{\partial f}{\partial x} dx \geq 0 \quad (6.7)$$

$$dg = \frac{\partial g}{\partial x} dx \geq 0 \quad (6.8)$$

を満足しなければならない．式 (6.7) は最小解の条件から，式 (6.8) は制約を満たす必要から導かれる．両式が同時に成立するのは，$\partial f/\partial x$ と $\partial g/\partial x$ が同符号か，ともに0の場合に限られる．このことより

$$\frac{\partial f}{\partial x} - \lambda \frac{\partial g}{\partial x} = 0, \quad \lambda \geq 0 \quad (6.9)$$

の関係が導かれる．さらには，この関係より

$$L(x, \lambda) = f(x) - \lambda g(x) \quad (6.10)$$

と定義されるラグランジュ関数が導入される．このラグランジュ関数を用いれば，最適解の条件は

$$\frac{\partial L}{\partial x} = \frac{\partial f}{\partial x} - \lambda \frac{\partial g}{\partial x} = 0 \quad (6.11)$$

$$g(x) \geq 0 \quad (6.12)$$

となり，ここで

$$\lambda \geq 0, \quad g(x) = 0 \quad (6.13)$$

$$\lambda = 0, \quad g(x) > 0 \quad (6.14)$$

である．上記の条件は非線形計画問題の重要な基本定理であるキューン-タッカーの条件に対応し，λ はラグランジュ乗数と呼ばれる．

また，最適解に対してラグランジュ関数は

$$\text{Maximize}: L(\lambda) \quad (6.15)$$

$$\text{Subject to}: \lambda \geq 0 \quad (6.16)$$

の性質をもつことを示すことができる．この変換された問題はもとの問題に対する双対問題と呼ばれる．詳細は一般的な教科書[1,2]を参考にしていただきたいが，ラグランジュ乗数の意味は 6.1.3 項 c. の例題においてさらに明らかにしたい．

c. 多目的最適化問題

考えている設計問題が，式 (6.4)～(6.6) のような標準的な最適化問題で記述できれば，あとは純粋な数学的問題となる．問題が計算機で解くことができる規模であれば，何らかの方法で基本的には解を得ることが可能である．

ただし，最適解を求めた結果，"実行可能解がない"という答が解として得られることがある．これは，制約条件をすべて満足する解が存在しないことを意味する．数学的には一つの解ではあるものの，現実の設計問題では許されるものではない．実行可能解が存在しない場合，工学的には制約条件を評価し直し，実行可能解が存在するように問題をつくりなおさなければならない．こうした問題に対処できるように，数理計画法においては，多目的最適化問題と呼ばれる手法が開発されている．多目的最適化問題においては，満たせない制約は評価関数（目的関数）として扱われる．この際，本来の評価関数と合わせて複数の評価関数を最小化する必要が生じる．通常，複数の評価関数は相競合する目的となるため，評価関数の間の調整が要求される．6.1.3 項 a. においては，多目的最適化法の一手法である目標計画法の概念を紹介する．

6.1.2 最適化の数値計算の歴史

最適化に関する研究は古くから数学者の関心を集め，関数の極値を得るための非線形計画法として発展してきた．ただし，計算機を用いた最適化の数値計算は，こうした非線形最適化理論に基づく方法ではなく，全く別のアプローチから始まっている．第二次大戦で軍事作戦計画の重要性を認識したアメリカは戦後すぐに「最適化問題の科学的計算」に関するプロジェクトをスタートさせた．ダンツィーク（Dantzig）は，この計画の中で，問題を線形な関係式ととらえ，電子計算機に適したシンプレックス法と呼ばれるアルゴリズムを開発した[3]．この手法は線形計画法と呼ばれ，当時実用化されたばかりの計算機の助けを借りて，軍部での応用以外に産業界へ急速に広まった．線形計画法の有用性は経営のあり方に新しい視点を与えることにもなった点に注目する必要がある．従来，直感と経験に基づくルールに頼っていた経営に数学的意思決定の方法を明確にした．そして，産業システム構造の数学的分析に関する研究を誘発する引金ともなった．

線形計画問題の弱点は現象の数学モデルがすべて線形問題に限定されることにある．より詳細な問題解決の方法として非線形計画問題の解法に研究が進んだ．収益以外に収益の分散を扱う経済のポートフォリオモデルでは制約式は線形であるものの，評価関数を設計変数の二次式で表現している．この問題は二次計画法と呼ばれる．二次計画法は制約のない非線形問題にお

ける準ニュートン法と組み合わせることにより，今日，非線形計画法として評価の高い逐次二次計画法へと発展した．また，線形問題に対するシンプレックス法の拡張として一般化簡約勾配法が開発され，非線形性のあまり強くない大規模問題の有力な手法として評価されている．

工学における数理計画法の応用も，計算機による数値解析手法の実用化と歩調を合わせるように検討が進められた．拘束条件と評価関数を計算できる解析プログラムが存在すれば，数理計画法のプログラムと組み合わせることによって基本的には最適化計算が可能になる．構造解析の分野ではFEMが早い時期に実用化されたため，最適化の研究も精力的に進められた．ただし，非線形問題を扱う場合，多くの繰返し計算が要求されるため，実用的な問題が計算できるにはほど遠い状況であった．

構造解析における実用的な数理計画法の応用は，シュミット（Schmit）らが近似モデルという概念を1970年代に導入した[4]時点から始まった．この方法の特徴は，数理計画法で要求される特性値をつねにFEMから計算するのではなく，FEM計算をもとに構築された単純な近似数学モデルを対象に最適化を行う点にある．たとえば，モデルの挙動を示す関数 f を，設計変数に対してテイラー展開し，一次の項で打ち切れば，

$$f(x) = f(x^k) + \sum_{i=1}^{n} \frac{\partial f}{\partial x_i}(x_i - x_i^k) \quad (6.17)$$

と近似できる．もちろん近似の精度には限界があるため，最適化計算は逐次的に適用されることになる．場合によっては設計変数そのものでなく，たとえば，設計変数の逆数を用いてテイラー展開するなどして，解きやすい近似モデルが導かれている．近似モデルの導入による計算効率の改善はめざましかった．テイラー展開における微係数 $\partial f/\partial x_i$（感度係数と呼ばれる）を効率よく求める感度解析の発達とともに，構造解析の最適化計算は，汎用の構造解析プログラムにも組み込まれ，工業界に浸透し始めた．

自動車業界では1980年前後から車両の軽量化のために板厚を設計変数とし，FEM静解析，動解析と組み合わせたサイジング最適化問題が計算可能となっている[5]．

構造解析における最適化の分野では，数理計画法を直接的に適用する上記の方法とは別の流れも存在することに注目する必要がある．その典型は全応力設計と呼ばれる手法である．たとえば，トラス構造を考え，部材の応力の最大値に制約が存在するものとする．各部材の応力 σ が制約 σ_{limit} に達した状態が最も軽量な構造であるとする工学的直感を採用すれば，各部材の断面積 A は

$$A_{\text{new}} = A_{\text{old}} \sigma/\sigma_{\text{limit}} \quad (6.18)$$

によって変更される．この操作を繰り返し最適解を求める．全応力設計は，感度係数を計算する必要がなく，解の収束も速いので，現場の大規模な問題にも適用されてきた[6]．全応力設計は今日では最適性基準法として体系づけられるに至っている．この手法は数理計画法を直接適用する方法に比べ汎用性に欠けるものの，計算効率のよさのために開発が進められた．

ベンゾー（Bendsoe），菊池らにより1980年代後半から実用化が推進された[7]均質化法と呼ばれる位相最適化法の成功の鍵も，最適性基準法により大規模な問題が処理可能になった点にあると考えられる．また，双対法を足がかりにして最適性基準法を数理計画法の観点から定式化できることが，馬らの研究によって明らかにされている[8]．

6.1.3 個々の最適化理論
a．線形計画法

線形計画法は制約条件・評価関数ともに線形という単純な問題を扱う．変数が少ない問題では図形的解釈により問題を容易に理解することができる．設計問題ではないが，たとえば，ある工場で二つの製品を製造する場合を考える．各製品の1個当たり資源と労力が決まっており，利用可能な資源と労力も明らかな場合，次のような不等式制約条件が成立する．

$$\text{資源の制約}: x + 2y \leq 10 \quad (6.19)$$
$$\text{労力の制約}: 4x + y \leq 10 \quad (6.20)$$

ここで，x, y は二つの製品の製造量である．売上げは $x+y$ に比例すると考えると，資源と労力の制約の下で売上げを最大化する問題は，次のような線形計画問題として定式化される．

$$\text{Maximize}: x + y \quad (6.21)$$
$$\text{Subject to}: x + 2y \leq 10 \quad (6.22)$$
$$4x + y \leq 10 \quad (6.23)$$
$$x \geq 0, \quad y \geq 0 \quad (6.24)$$

制約を満たす x, y の組合せは図6.1のように図示され，そのうち，評価関数を最大化する解は領域の頂

点に位置することがわかる．

変数が多くなると上記の図式解法は適用できない．シンプレックス法は，制約条件を満たす頂点を評価関数が大きくなるように自動的に求めるアルゴリズムとして開発された手法である．詳細は専門書を参照されたい[1,2]．なお，シンプレックス法をしのぐアルゴリズムとして，内点法と呼ばれる解法が近年提案され，線形計画法が再び研究者の注目を集めた．今日では汎用のプログラムが整備され，数万から数十万の変数をもつ大規模な問題まで解が得られるようになった．

この例題を用いて，多目的最適化法に関しても触れておきたい．売上げが評価関数ではなく6以上の売上げを得たいとする次のような制約であると考える．

$$x+y \geq 6 \qquad (6.25)$$

図6.2からわかるようにこの問題には実行可能解が存在しない．数学的には"解がない"という解となるが，現実ではこれでは答えとならない．このような問題に対応できる多目的最適化の一手法である目標計画法に関して説明したい．

目標計画法では，制約は破ることができない条件と考えるのではなく，達成したい目標ととらえられる．この例題では，売上げと資源と労力が制約として存在する．意思決定者は3者を達成目標とみなし，重要度

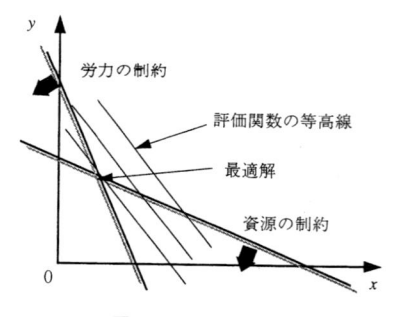

図6.1 線形計画問題

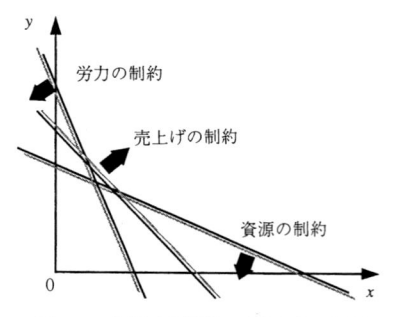

図6.2 実行可能領域の存在しない問題

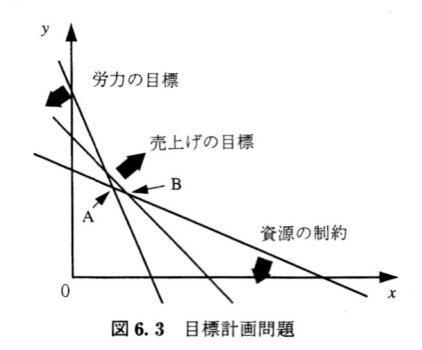

図6.3 目標計画問題

を分析する必要がある．たとえば，資源の制限は破れず，労力は売上げよりも重要だと考える経営者は，図6.3のA点を最適解として選択する．この場合，労力の制約は満たされるが，売上げは目標に到達していない．一方，労力よりも売上げが優先する立場では，B点が最適解となる．この場合は労力の制約は満たされず，超過勤務が課せられることになる．

制約条件となる設計要求が達成できないため，要求を見直すことは現場の設計では頻繁に起こりうることである．こうした点において，工学では最適化は単なる数学の問題ではなくなる．意思決定者である設計者の意図が何らかの意味で反映されねばならない．目標計画法においては，この例題で説明した目標間の優先順位以外に，目標間の重み付けが利用される．ほかにも，対話的に希求目標を修正したり，ファジィ理論におけるメンバシップ関数を用いて意思決定者の意図を反映させようとする試みが提案されている．

b．二次計画法

制約条件は線形であるが，評価関数を二次式に拡張した問題は二次計画問題と呼ばれる．二次計画問題は非線形計画問題の重要な一分野である．また，制約のない最適化問題の準ニュートン法と組み合わされ，逐次二次計画法に利用される．逐次二次計画法は評価関数・制約条件ともに非線形な一般的な非線形計画問題の有力な計算手法である．

ここでは，ラグランジュ乗数の役割もやや詳しく調べるため，簡単な例題を取り上げる．いま，x,yの2変数からなる次の関数の最小値を求める問題を考える．

$$z = f(x,y) = x^2 + y^2 \qquad (6.26)$$

ただし，

$$g(x,y) = x+y-4 = 0 \qquad (6.27)$$

の線形等式条件が制約として課せられているものとす

る.

この問題は, 図 6.4 に示すように曲面 $z=f(x,y)$ と, 平面 $g(x,y)=0$ との交線 C 上で, z の最小点を求める問題と理解できる.

最も簡単には式 (6.27) より $y=4-x$ とし, y を消去すれば, 評価関数は

$$z=f^*(x,y(x))=2x^2-8x+16 \quad (6.28)$$

となるから

$$df^*/dx=4(x-2)=0 \quad (6.29)$$

より, $x=2$ で, $z=8$ が最小値と求められる. $z=f^*(x)$ は, C を x-z 平面に投影した曲線 C^* に相当し, 最適解は C^* の極値に対応している.

ラグランジュ乗数は制約条件を

$$z_I=x^2+y^2-\lambda(x+y-4) \quad (6.30)$$

の形式で評価関数に加え, z_I の停留条件を求める問題に変換するために導入される.

z_I の独立な変数は x,y,λ であるから, 停留条件は

$$2x-\lambda=0 \quad (6.31)$$
$$2y-\lambda=0 \quad (6.32)$$
$$x+y-4=0 \quad (6.33)$$

となる.

得られた式 (6.31)〜(6.33) を連立して解くことにより, $x=2, y=2, \lambda=4$ が停留点で, $z_I=8$ が最適解であることがわかる.

図式的には z_I はラグランジュ乗数 λ をパラメータとし, C を共通に含む曲面群を構成する. 図 6.4 には $\lambda=4$ の場合の z_I が表示されている. 最適解は, この曲線群の鞍点として与えられている点に注意する必要がある. 式 (6.31), (6.32) より x,y を λ の関数として表現すれば, z_I は

$$z_{II}=-\lambda^2/2+4\lambda \quad (6.34)$$

となり, 問題は z_{II} の最大値を求める問題に変換される. z_{II} は図 6.4 に示されるように, z_I の谷を結んだ曲線に相当している.

この簡単な例題により, 二次計画問題は, ラグランジュ乗数の導入により代数方程式を解く問題に変換できることが理解されよう. また, 問題はラグランジュ乗数のみの制約のない関数の最大化問題に変換できた. この最大化問題がもとの最小化問題の双対問題に相当している.

c. 可能方向法

制約条件付きの最適化手法の実用的解法として開発された可能方向法は構造解析における最適化手法としてもよく利用されている.

ここでは, 可能方向法の基本的な考え方を説明したい. いま,

$$\text{Minimize} : f(x) \quad (6.35)$$
$$\text{Subject to} : g(x) \leq 0 \quad (6.36)$$

の問題を考える. 可能方向法は解が制約上に存在しない場合は, 制約条件なしの最適化問題として探索を行う. 制約がない場合には, 評価関数の勾配を利用して最適解を求めることが比較的容易に行える. 解が, 制約上に到達した場合, 制約を満たすという条件と, 評価関数を小さくするという二つの条件を同時に満たす探索方法を見出すために, 可能方向法が利用される.

図 6.5 には, 評価関数の等高線と, 制約条件が, 2 変数 x_1, x_2 の設計変数空間で描かれている. 制約上の一点 x^0 における評価関数の勾配と, 制約条件の勾配を

$$\nabla f(x^0), \quad \nabla g(x^0) \quad (6.37)$$

とし, 解の探索方向をベクトル S と記す. なお, 勾配および S は大きさ 1 に正規化されている. 探索方向に対する先の二つの条件は

$$\nabla f(x^0) \cdot S \leq 0 \quad (6.38)$$
$$\nabla g(x^0) \cdot S \leq 0 \quad (6.39)$$

と表現され, 図 6.5 に示すように, S の方向は, 評価関数を小さくし, かつ制約を満たす領域に制限される. ここで, 注意すべきは, 制約条件が線形でない場合, 式 (6.39) は制約を満たす方向を規定するには不十分である点である. 制約が凸であると仮定し, 範囲

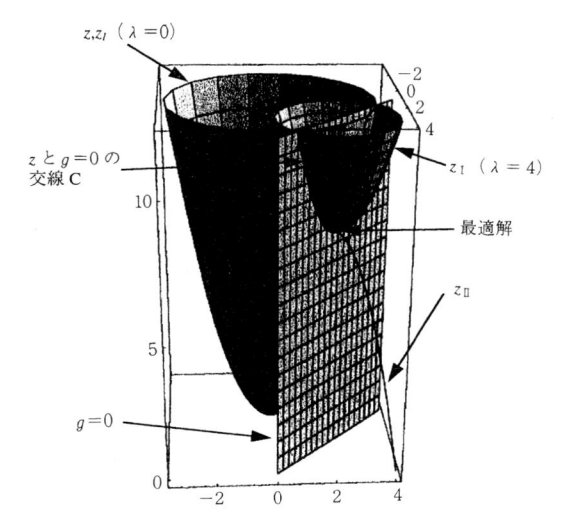

図 6.4 二次計画問題

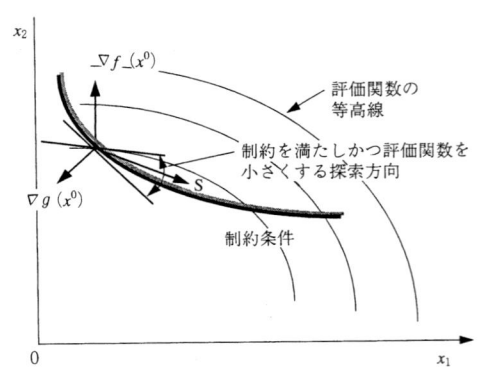

図6.5 可能方向法

を狭めるためにパラメータ θ を

$$\nabla g(x^0)S+\theta \leq 0 \quad (6.40)$$

として導入する．θ が大きなほど非線形性が強いことを表している．

制約に沿うという条件と，評価関数を小さくする条件を同時に最大限満たすために，可能方向法は次のような最適化問題を設定する．

$$\text{Maximize}: \beta \quad (6.41)$$
$$\text{Subject to}: \nabla f(x^0)\cdot S+\beta \leq 0 \quad (6.42)$$
$$\nabla g(x^0)\cdot S+\beta\theta \leq 0 \quad (6.43)$$
$$-1 \leq S_i \leq 1, \quad (i=1,2) \quad (6.44)$$

式(6.41), (6.42)は評価関数が小さくなることを要求し，式(6.43)は，評価関数の改善が大きな場合には，制約から離れることを許し，改善が小さい場合にはなるべく制約に沿うことを要求していると解釈できる．上記の問題は，β, S_1, S_2 に関する線形問題であるから，線形計画法によって解くことが可能で，適切な θ の設定の下で，解の探索方向を決定するために利用できる．

d．最適性基準法

最適性基準法は双対法と密接にかかわっているが，より直感的な単純な方法によって設計変数を更新する．このことにより，数理計画法を直接的に適用するには規模の大きすぎる問題へも応用可能である．

ここでは次のような問題を考える．

$$\text{Minimize}: f(x) \quad (6.45)$$
$$\text{Subject to}: g(x) \geq 0 \quad (6.46)$$

ラグランジュ乗数 λ を用いて，評価関数を拡張すると，

$$F=f(x)-\lambda g(x) \quad (6.47)$$

が得られる．最適解に対するキューン-タッカーの条件より

$$\frac{\partial f}{\partial x_i}-\lambda \frac{\partial g}{\partial x_i}=0 \quad (6.48)$$

の関係が得られ，

$$\lambda = \frac{\partial f}{\partial x_i} \Big/ \frac{\partial g}{\partial x_i} \quad (6.49)$$

とも変形できる．この式の右辺の分母は，変数 x_i の制約に関する感度，分子は，変数の評価関数に関する感度を意味している．また，ラグランジュ乗数は両者の比に相当し，この比は最適な各変数 x_i に対して同じ値をもつことがわかる．ただし，この比は，最適でない状態では変数ごとに異なるので，この情報に基づいて変数の大きさを変えることにする．いま，x_i, $\partial f/\partial x_i$, $\partial g/\partial x_i$ がすべて正の場合，

$$x_i^{\text{new}}=x_i^{\text{old}}(\lambda e_i)^{1/\eta} \quad (6.50)$$

によって変数を変化させることにする．ただし

$$e_i=\frac{\partial g}{\partial x_i} \Big/ \frac{\partial f}{\partial x_i} \quad (6.51)$$

を変数 x_i の有効性と，η を変更量を調整するパラメータと定義する．上記の変更則は，評価関数に対して感度が小さく，制約に対して感度の大きい変数を大きく変えることを意味している．表現を変えれば，制約に速く近づき，評価関数を小さな値に保てる変数を大きくする．そして，変数が最適解に近づけば，λe_i は1に近づくので，変数は変化しなくなる．上記の変数更新則を用いるためにはラグランジュ乗数 λ を推定する必要がある．この推定にはラグランジュ乗数に関する双対問題を解く方法と，解が更新後に制約上に存在することを仮定してラグランジュ乗数を推定する方法が考えられる．

最適性基準法の理解を助けるために，具体的には次のような二次計画問題を参考にされたい．

$$\text{Minimize}: f=x_1^2+2x_2^2 \quad (6.52)$$
$$\text{Subject to}: g=x_1+x_2-2 \geq 0 \quad (6.53)$$

拡張された評価関数

$$F=x_1^2+2x_2^2-\lambda(x_1+x_2-2) \quad (6.54)$$

に対する最適解の必要条件は

$$\frac{\partial F}{\partial x_1}=2x_1-\lambda=0, \quad \frac{\partial F}{\partial x_2}=4x_2-\lambda=0,$$
$$\frac{\partial F}{\partial \lambda}=2x_1+x_2-2=0 \quad (6.55)$$

となる．二次計画法はこの式を連立させて解き，$x_1=4/3, x_2=2/3, \lambda=8/3$ を最適解として得る．この問題

を最適性基準の方法として解くことを考える．各変数に対する有効性 e_i は

$$e_1=\frac{\partial g}{\partial x_1}\Big/\frac{\partial f}{\partial x_1}=\frac{1}{2x_1} \quad e_2=\frac{\partial g}{\partial x_2}\Big/\frac{\partial f}{\partial x_2}=\frac{1}{4x_2}$$
(6.56)

となり，変数の更新を

$$x_1^{\text{new}}=x_1^{\text{old}}(\lambda e_1)^{1/\eta}, \quad x_2^{\text{new}}=x_2^{\text{old}}(\lambda e_2)^{1/\eta} \quad (6.57)$$

で行う．

ラグランジュ乗数 λ は，更新後の変数が制約を満たすことを仮定し，

$$x_1^{\text{old}}(\lambda e_1)^{1/\eta}+x_2^{\text{old}}(\lambda e_2)^{1/\eta}-2=0 \quad (6.58)$$

から

$$\lambda=\left(\frac{2}{x_1^{\text{old}}e_1^{1/\eta}+x_2^{\text{old}}e_2^{1/\eta}}\right)^\eta \quad (6.59)$$

によって推定するか，双対問題

$$\text{Maximize}：-\frac{3}{8}\lambda^2+2\lambda \quad (6.60)$$

の解，$\lambda=8/3$ を直接利用する．初期値を $x_1=2.0$，$x_2=2.0$ とし，$\eta=2$ とした場合の解の推移を表 6.1 にまとめる．いずれも最適解に収束する様子が読みとれる．

なお，式 (6.59) からわかるように，ラグランジュ乗数はつねに正であるから $(\partial g/\partial x_i)/(\partial f/\partial x_i)\geq 0$ が成立することが変数の更新のために必要である．この性質は問題の凸性とかかわっている．動的な問題ではこの性質は保持されない可能性があるため，文献[7]で紹介された最適性規準法では動的問題への適用は困難な場合がある．これは中間変数を導入することによって凸性をもたせるように問題を変形した後，双対法を適用する解法で対処が可能となった．この代表的な手法に CONLIN 法[9]，MMA 法[10]，馬らの方法[8]があるが，馬らの方法が最も汎用的で効率のよいものである．数理計画法を直接利用する方法が，計算効率を向上させるように改善が加えられているように，最適性基準法にも一般的な解法として汎用性をもたせるための改良が進められていると解釈できる．

表 6.1 最適性基準法の解

繰返し	式(6.59)で λ を推定			$\lambda=8/3$ を指定	
	x_1	x_2	λ	x_1	x_2
1	1.17157	0.82842	1.37258	1.63299	1.1547
2	1.25423	0.74577	2.68544	1.47558	0.87738
3	1.29429	0.70571	2.67124	1.40265	0.76480
4	1.31394	0.68605	2.66779	1.36755	0.71405
5	1.32367	0.67632	2.66695	1.35034	0.68995

6.1.4 最適化解析のための周辺理論およびそれを用いた最適化解析

a．ベーシスベクトルを用いた形状最適化解析

形状のパラメータをベーシスベクトルとする形状最適化解析について述べる．形状最適化解析を実行する場合，点，線，面，ソリッドなどの CAD 上のデータを用いるのが最も自然である．しかし，これを可能とするためには，CAD データを FEM 解析ソフトに送って自動分割を行い，さらに最適化の過程で CAD データも逐次自動的に更新する必要がある．これらを取り込んだシステムは大がかりなものとなるうえ，とくにソリッドの場合，必要な CAD データを認識しながらの FEM モデルの自動分割は未確立である．メッシュレスなどと称されてその研究も盛んになりつつあるが，当面，その実用化はなさそうである．

そこで，境界上にコントロールポイントを設け形状をスプライン補間したり，FEM モデルの境界節点の座標をパラメータにしたりする試みが多くなされ，これと FEM モデルの自動分割などと結びつける論文[11]がいくつか報告されている．しかしながら，スプライン補間の場合，複雑な形状で制御点が多くなると写像が 1 対 1 にならずに曲線や曲面が交差する場合がある[12]．また，境界節点の座標をパラメータにする場合，内部の節点も合わせて適切に移動させない限り，感度係数の非線形が格段に強い[13]，という問題点がありその実用化は困難である．これに対し，90 年ごろ，Vanderplaats らにより，形状を直接パラメータとして取り扱うことが可能なベーシスベクトル法に基づく形状最適化の手法が開発され[14]，汎用ソフトにも組み込まれた．その方法は，図 6.6 に示すベーシスベクトルと称される，初期形状から変更した形状をいくつか用意し，これらを，次式に従って線形結合することにより全体形状が求められていく．

$$G=G_0+\sum x_i(G_i-G_0) \quad (6.61)$$

ただし，x_i：設計パラメータで重み係数，G：FEM モデル全体の座標ベクトルであり，添字 $0, i$ はそれぞれ初期形状と i 番目の座標ベクトルである．式 (6.61) が示すように，ベーシスベクトル法は各ベーシスベクトルの重みを設計変数として最適な形状を求める手法である．

ここで，ベーシスベクトル法を用いた形状最適化解析事例[15]を述べる．互いにトレードオフの関係にある，軽量化と剛性向上をねらいとした FF 車のリヤサ

6. 最適化法

初期形状　ベーシスベクトル#1　ベーシスベクトル#2　ベーシスベクトル#

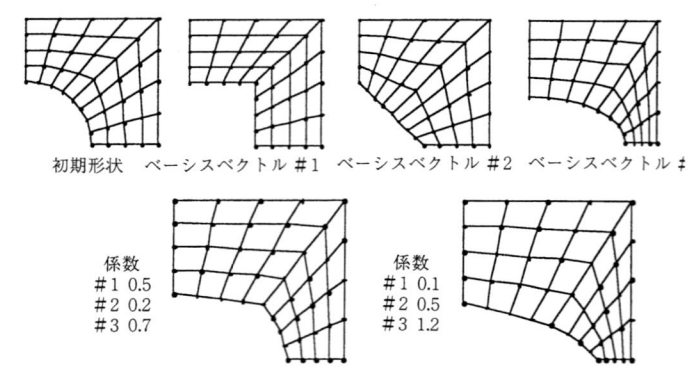

係数
#1 0.5
#2 0.2
#3 0.7

係数
#1 0.1
#2 0.5
#3 1.2

図6.6 ベーシスベクトルの例

ブフレームの最適化解析を行ったものである。図6.7に初期形状を示す。解析条件はボデー取付け部で拘束し，サスペンション取付け点で曲げ，ねじり荷重をそれぞれ負荷する複合問題である。図6.8に最適化前後の形状，表6.2に最適化前後の比較を示す。FEMモデルでは取付け用のパイプ，ナット類とサイドの板合せ部の溶接の考慮を省略してあるため重量および剛性に実験との差がみられるが，相対的な効果を判断するためには本モデルで適当と判断できる。本検討で得られた形状は，とくにねじり剛性に大きな効果があることが実験からも確認できた。また，最適化に至るまでの，ねじり・曲げ剛性および重量の推移を図6.9に示す。

以上のように，ベーシスベクトル法に基づく形状最適化手法は，形状を直接設計パラメータに扱えることで自由度の大きい形状最適化が可能であり，形状最適化の実用化の可能性が大きい。ただ，解決すべき課題

初期形状　　　　最適化後

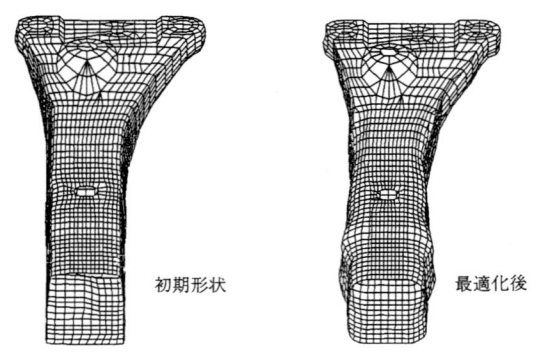

図6.8 初期形状と最適化後の形状比較

表6.2 初期形状と最適化後の特性比較

	数値最適化		実　験	
	初期形状	最適化後	初期形状	最適化後
重　量(kg)	4.5	4.4	5.3	5.1
ねじり変形量($\times 10^{-5}$ m)	2.0	1.8	1.8	1.4
曲げ変形量($\times 10^{-5}$ m)	2.9	2.7	2.7	2.6

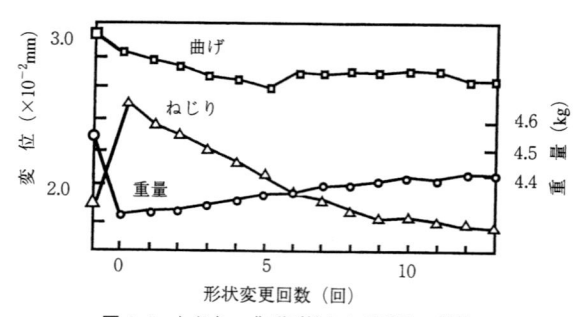

図6.9 ねじり・曲げ剛性および重量の推移

ボデー支持

サスペンション支持

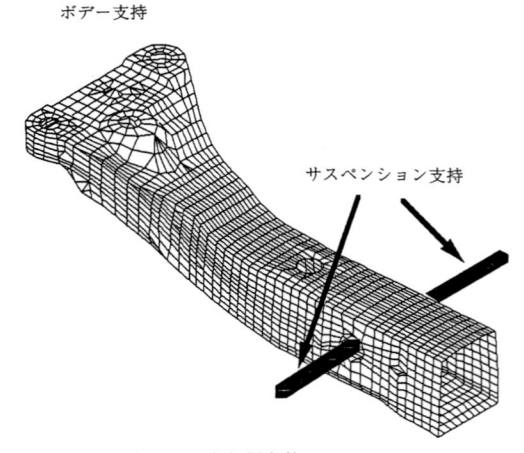

図6.7 解析モデルと解析条件

に次のものがある。一つは，ベーシスベクトルというFEMモデルを複数用意しなければならないため，データ準備に多大な工数を必要とする。さらに，最適化の過程で形状が変化する際，FEMの要素がつぶれるなど形状が極端に悪化する場合がある，などであ

る. ベーシスベクトル法に基づく形状最適化手法は,このようにまだいくつかの問題点を残しているが,FEM解析のノウハウやシステムを生かすことが可能な実用的な手法といえ,今後,その適用は拡大していくものと思われる.

b. 均質化法を用いた位相最適化解析

近年,自動車の軽量化や原価低減が強く要求され,材料の変更によらない軽量化技術の重要性が増しつつある.その対応として,最近話題になりつつある均質化法を使った位相最適化解析の活用が考えられる.ここでは,均質化法を使った最適設計手法の現状のサーベイ,代表的な二つの例題を記したあと,均質化法を使った最適設計手法の今後の展望について若干述べる.

（i）現状のサーベイ 均質化法を用いた位相最適化解析は軽量化構造を得るための強力な手法として最近とみに注目されている.ベンゾー[16]は,最適な二次元構造をつくることを目的にして,位相最適化問題を許容構造領域内の最適な材料分配の問題として扱っている.そこでは,最適性基準法が使用され,指定された体積の中で,最もよい構造は何かの検討がなされている.

図6.10に示すような稠密から空の適切なマイクロ構造が使用され,その等価な弾性係数の計算に均質化理論が使用されている.文献[7,16〜18]ではマイクロ構造の回転角もほかの変数とともに使用されている.その方法は,馬（Ma）らによって動的問題に拡張されている[18].一連の研究で馬らは上述したように優れた最適化法の開発を行っている[8].また以下に示すような一般化固有値指標を新たに設定した[19].

実際の車両設計では複数の固有振動数を同時に最適化することが必要となるケースがあるが,複数の固有振動数を制御する問題は,たとえば固有振動の順序が変わるなど非線形性が強く単純な平板を対象にした検討でもこれまで困難であったものである.一方,Tenekらは静的や動的な二次元構造の位相最適化構造を得るのに,数理的最適化法と均質化理論を組み合わせた[20,21].そして,最適性基準法を使って得られるいくつかの結果と比較した.さらに,著者らは図6.11に示すようないろいろなマイクロ構造モデルを検討し,問題によっては最終的な最適形状を得るのに,回転角をほかの変数に従属させることを示した.文献[21]では,前述した方法の適用が異方性多層

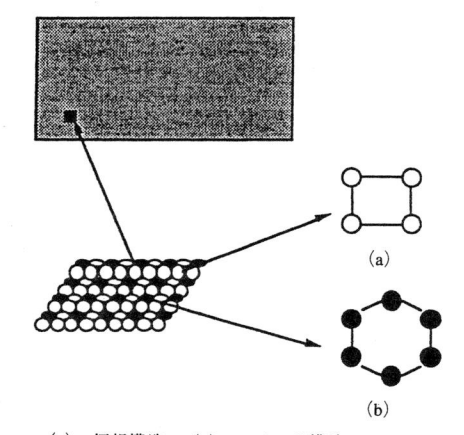

(a) 仮想構造　(b) ソリッド構造

図6.10 設計領域におけるマイクロ構造

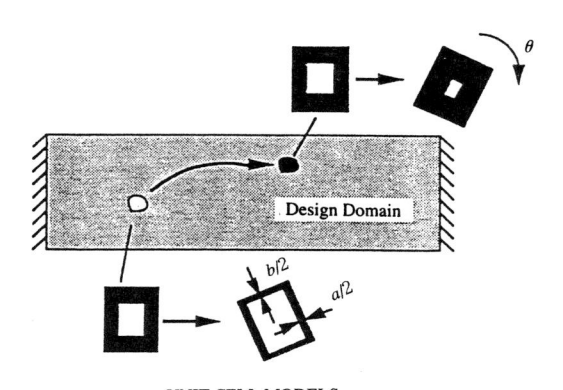

図6.11 検討された四つの均質化モデルとそれぞれの設計変数

板にも拡張されている.Olhoffらは,均質化理論に基づく位相最適化解析を,続けて行うサイジングや形状最適化のためのプリプロセッサとして位置づけして使用している[22].そして,これら全体の流れをCADシステムとしてまとめている.

以上のように,均質化法を使った最適化解析は一部に精力的に行われてきているものの,通常の最適化解析よりはるかに細かい有限要素分割を必要とすることから,単純な構造への適用に限られている.その例外は,Fukushimaらのもの[23],Torigakiらのもの[24],Tenekらのもの[25],だけである.とくにTenekらは部分構造解析を用いた位相最適化解析とも称すべき新手法の開発を行っている.ターゲットとする構造が単品だとしても実際の境界条件や荷重条件は不明であ

り，車両構造に組み入れた状態で位相の最適化を行わない限り，境界条件や荷重条件の仮定の仕方によっては実用的にいっても許容できない不正確な計算結果となりうるからである．これについては本項（iv）で詳述する．

（ii）静的な位相最適化解析事例　図 6.12(a) にシャシ部品のサスペンションアームを対象にした解析モデルおよび解析条件[15]を示す．まず，比較のためオリジナルの形状に対してベーシスベクトル法に基づく形状最適化（以下，形状最適化と略す）のみを実施した場合を示す．ここで，オリジナル形状の最大応力と重量をそれぞれ 100 として比較を行う．形状最適化は，この最大応力の 17 % 低減を制約条件とし，重量の最小化を目的として実施された．このとき得られた最適化形状を図 6.12(b) に重量と最大応力の変化を表 6.3 の 1 行目に示す．同表に示すように，最大応力は 83 となり低減したが，逆に重量は 105 となり 5 % の増加となっている．

このように，応力などを大幅に低減しそのうえで重量を最小化するという目的に対し，形状最適化のみを適用した場合にはもとの形状に縛られるため期待した効果は得にくい．そこで，均質化法による位相最適化解析で位相を決定し，それをベースに続けて形状最適化解析を行ってみる．まず設計領域として他部品と干渉しない程度に最大限の領域をとる．ここでは，サスペンションアームをほぼ平面形状として，荷重も面内方向に負荷されるとして二次元でモデル化が行われている．制約条件として設計ボリュームを 50 % としたときの解析結果を図 6.12(c) に示す．本図は荷重負荷時におけるブッシュ反力に対し妥当な形状になっている．

この結果をもとにオリジナル形状と同等な重量になるように概略形状を決定し，この形状を初期形状として形状最適化が行われた．この初期形状では，オリジナル形状に対し，応力は 83，重量は 99 と素性のよいものである．これをもとに形状最適化を行い得られた形状を図 6.12(d) に，重量と最大応力の変化を表 6.3 の 2 行目に示す．本図のように応力が 82，重量が 92 とオリジナル形状に対して応力を 18 %，重量を 8 % 低減できている．このように，位相の最適化と形状最

(b) 形状最適化のみに基づく形状

(d) 位相最適化に基づく最適化

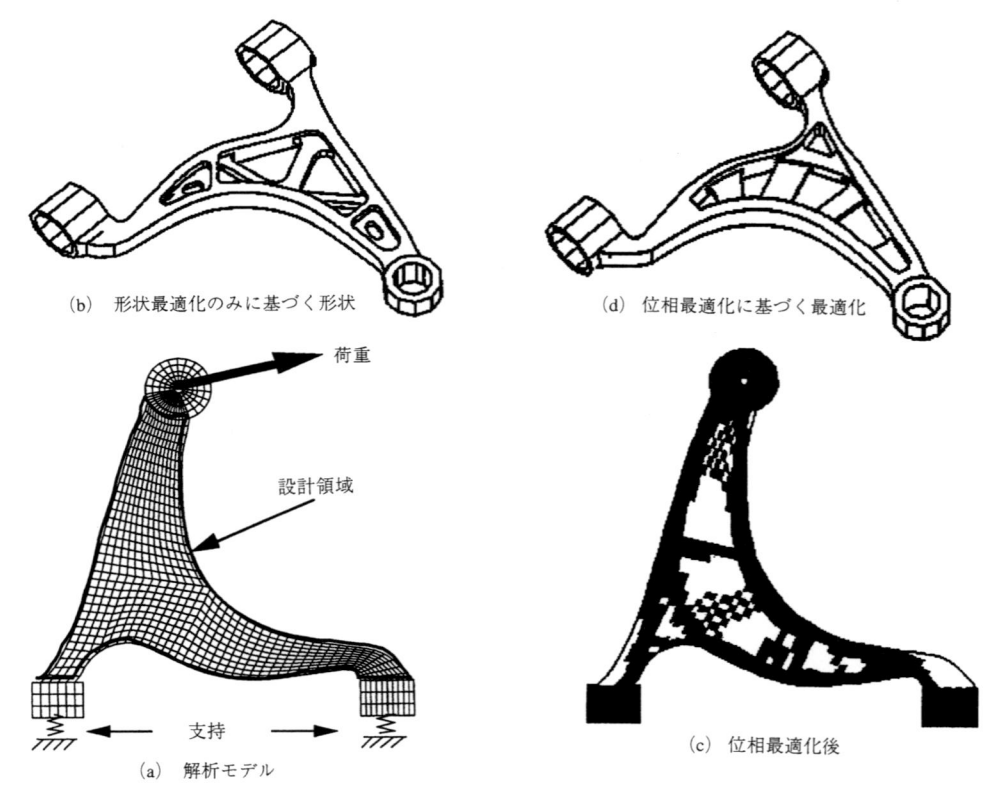

(a) 解析モデル

(c) 位相最適化後

図 6.12 サスペンションアームの解析モデルと最適化形状比較

表6.3 形状最適化方法の違いによる特性比較

	最適化前後	重量	最大応力
従来手法による形状最適化	従来形状	100	100
	最適化後	105	83
トポロジー最適化に基づく形状最適化	トポロジー最適化に基づく初期形状	99	83
	最適化後	92	82

適化を結び付けることで応力低減と重量低減のような背反事象的なことを満足する形状最適化が得られたわけである．

以上のように，位相最適化と形状最適化を結びつけた手法は，単に形状最適化を行うことに比べれば大幅な効果が期待できる．

(iii) **動的な位相最適化解析事例** 固有周波数最適化問題については次の三つの問題が考えられる．すなわち，① 指定された固有周波数を最大にする．② 構造の固有周波数と既知の周波数との間の距離を最大にする．③ 固有周波数と与えられた目標固有周波数との差を最小にする．また，これらの問題のうち，単一の固有周波数だけでなく，多数の固有周波数を考える必要があるときもある．そこで，次のような一般化固有値指標が定義されている[19]．

$$\lambda^* = \begin{cases} \lambda_0^* + \left(\sum_{i=1}^{m} w_i (\lambda_{ni} - \lambda_{0i})^n / \sum_{i=1}^{m} w_i \right)^{\frac{1}{n}} \\ \quad (\text{for } n = \pm 1, \pm 2, \cdots; n \neq 0) \\ \lambda_0^* + \exp\left(\sum_{i=1}^{m} w_i \ln|\lambda_{ni} - \lambda_0| / \sum_{i=1}^{m} w_i \right) \\ \quad (\text{for } n = 0) \end{cases} \quad (6.62)$$

ここに，$\lambda_{ni} (n_i = n_1, n_2, \cdots, n_m)$：最適化の対象とする固有値である．$m$：考慮する固有値の数，$w_i (i=1, 2, \cdots, m)$：重み，$\lambda_0^*$ と $\lambda_{0i} (i = n_1, n_2, \cdots, n_m)$：シフトパラメータである．式 (6.62) の一般化固有値指標を用いれば，n，λ_0^* と $\lambda_{0i} (i = n_1, n_2, \cdots, n_m)$ の与え方によって，上記①～③のような固有周波数最適化問題を考えることができる．

ここで，図6.13 に示す車体の簡易モデルを用いて，最小より4番目までの固有振動数を同時に最大化することを試みる．ここで用いる要素はシェル要素であるが，図6.14 に示すように，要素のある一定の厚みは基本板厚としてつねに残し，そのほかの板厚の最適化を行う．つまり，パネルによって構成された車体のどの部分に補強材としてのフレームが配置されれば固有振動数が最大となるかを求めるものである．表6.4 に

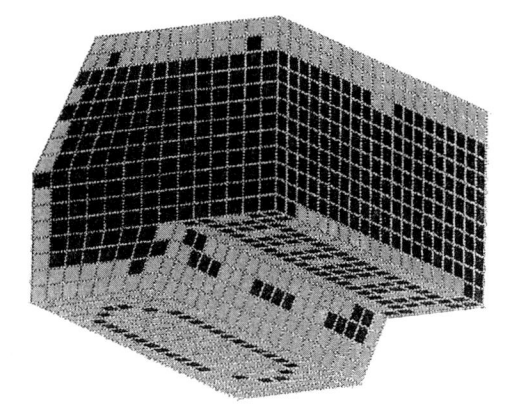

図6.13 解析モデルおよび最適補強板厚分布

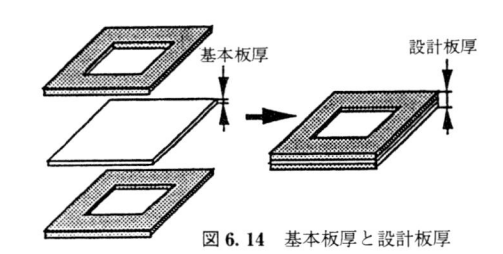

図6.14 基本板厚と設計板厚

表6.4 簡易車両の共振周波数

No.	Initial	Desired	Obtained
1	6.2	15.0	15.0
2	8.2	20.0	19.1
3	11.7	25.0	25.0
4	14.3	30.0	29.7

最適化による固有振動数の変化を示す．また図6.13 に最適化されたフレームの配置を示す．

(iv) **部分構造解析を用いた位相最適化解析事例** 車両全体に曲げおよびねじり荷重が負荷される場合のフロア単体を対象にした，位相最適化解析である．フローチャートは図6.15 に示されるが，まず，全車両モデルで構造解析を実施してフロアパネルの変位場を得る．次に，フロアの部分だけ抜き取って，それの位相的に最適な形状を得るための最適化解析を行う．均質化法を使った位相最適化解析では，通常，目的関数として，平均応答あるいはひずみエネルギーが選ばれる．ここではそれらとは異なったアプローチがとられる．すなわち，境界上の与えられた変位下で，最適化解析中，負荷点の変位は変化しないという条件下で負荷できる荷重を最大にする．なお，拘束条件はこれまでと同様，対象部品の体積とする．本方法の利点は，車両全体のFEM解析はただ一度だけ実施され，イン

126   6. 最適化法

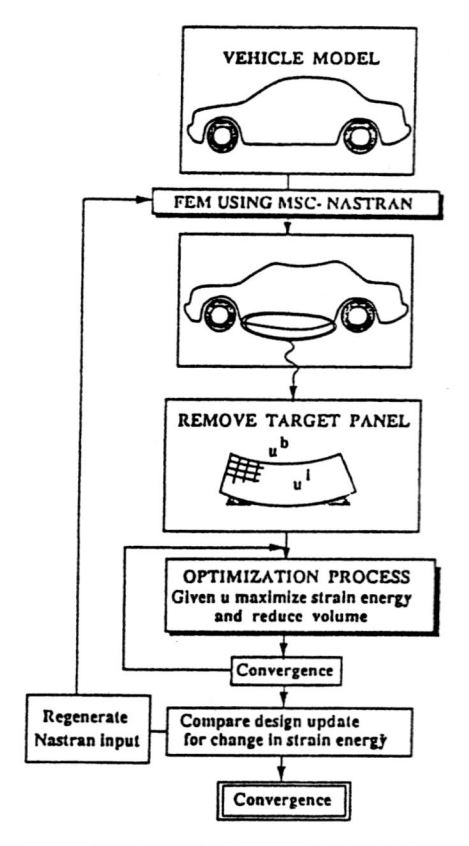

図 6.15 解析-設計最適化のフェーズを説明する概要図

ナループの繰返しの間，車両全体のFEM解析は不要により計算時間の大幅な短縮を可能にすることである．本方法は，均質化法を使ったトポロジー最適化の新しい流れをつくるものと思われる．

さて2種類の荷重を図6.16の車両モデルに負荷する．第一は，車両全体に曲げ変形が生じるように二つの垂直な力を左右のフロア先端にZのマイナス方向に負荷する．

第二は車両全体にねじり変形モードが生じるように同じく左右のフロア先端に同じ大きさでZ軸の反対方向に負荷する．フロアの最適なトポロジーを求めることを考える．その際，極力，穴がちらばってトラス構造にならないような形を得ることを目指す．重量削減目標を曲げで40％，ねじりで30％とする．フロア単体の最適化に際し，曲げ荷重の場合，マイクロ構造モデルSを使用した．トータル255の要素に対し，それぞれの要素の密度を設計変数とした．その後の繰返しの間に小さな修正はあるものの早々と4回目の繰返しでフロアパネルは最終形状に近いものが現れたがここでは詳細は省略する．

次に，ねじり荷重下でフロアパネルの重量を70％に減らして，トポロジー最適化を試みる．ここで，モデルSを使用した場合，目的関数に振動が生じる．一方，SRのモデルを使用すると収束過程は，滑らかで最適形状は，2回目の繰返しで得られた．このようにねじり荷重の場合，面内のせん断変形が著しため，回転角を変数に加えることは，収束性を得るために必須条件となる．

ここで，設計変数の総数は510である．図6.16に示すフロアの位相最適化形状を調べると，稠密な材料がリアのフロアパネルまで広い範囲にわたって二つの細長い腕のようなものが続いているのがみてとれる．フロアパネルの初期形状と最適化形状を含んだねじり変形モードを同図に示す．車両の変形パターンには，はっきりした違いは見分けられない．しかし，$\xi = \sqrt{u^2+v^2+w^2}$ の最大変位を比較すると，最適フロアパネルをもつモデルでは小さくなっている．ここで，u, v, w はそれぞれ座標 X, Y, Z 軸の変位成分である．

c. 非線形問題への最適化解析

各自動車会社では，PAM/CRASH, RADIOSS, LS/

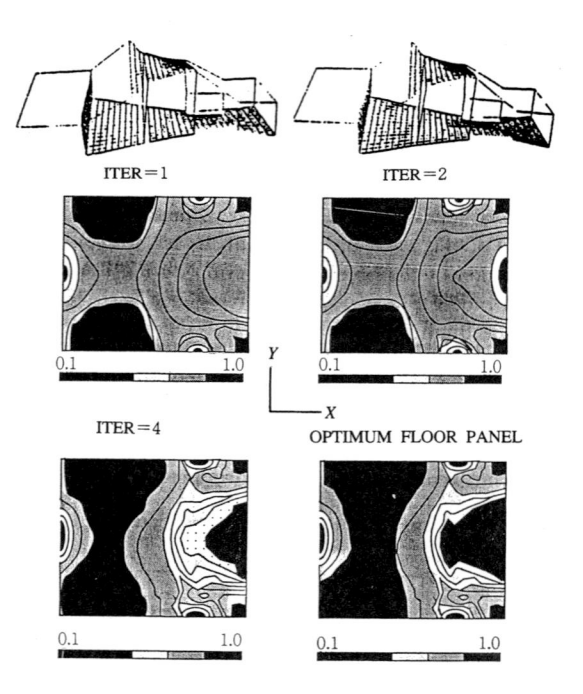

図 6.16 フロアパネルの体積を70％削減したときの最大変位，車両変形図，フロアパネルの位相最適図

DYNA[26]などの汎用の動的な陽解法ソフトを用いて動的非線形解析の成果をあげている．しかし，衝突解析となると，それ自体に計算時間が多くかかり適切な構造を算出するのは容易でない．そのため，非線形問題にはとくに最適化解析の適用が期待されるが，その感度係数さえ算出は容易でなく上記の衝突解析ソフトで最適化解析機能をもつソフトはまれである．そこで，UNIX のシステムコマンドを利用し，汎用の最適化解析ソフトと上記の衝突解析ソフトとをリンクして行われた最適化解析事例[27,28]を以下に示す．ここでは最適化手法としては逐次近似最適化アルゴリズムが利用された．図 6.17 に軸圧縮部材を想定した構造物の，衝突前および衝突後の変形状況を示す．ここで目的関数は，次式に示す衝撃エネルギー吸収量である．

$$\text{Maximize} : F(x) = \int_0^T W(t) dt$$

$$W(t) = \left(\frac{E^p}{E}+1\right) \int_\Omega \int_0^T \sigma^T d\varepsilon d\Omega \quad (6.63)$$

$$E^p = \frac{EE^T}{E-E^T}$$

ここに，E, E^T：それぞれ弾性係数，塑性係数を示す．最適化は式（6.63）に示す総吸収エネルギー量の最大化をある重量以下とする制約条件のもとで行う．そして，計算機負荷の低減のため目的関数に対する近似式として次式[29]が使用された．

$$\bar{F}(x) = F(x_0) + \sum_{i=1}^N \Lambda_i \frac{DF}{DX}(X_i - X_{i0})$$

$$(X_i は設計変数) \quad i=1,2,\cdots,N \quad (6.64)$$

$$\Lambda_i = \frac{X_{i0}}{X_i} \cdots \text{if } X_i \cdot \left(\frac{DF}{DX_i}\right) > 0 = 1 \cdots \text{otherwise}$$

ここで用いられている近似式では，凸な空間となるよう表現されているため衝撃解析のような強い非線形性を有するものでも安定した解が得られる．また，感度については差分が利用されている．形状最適化では，図 6.17 に示す初期形状に対し，コントロールポイントを設け，設計変数はコントロールポイントの座標でほかの節点の座標はスプライン補間により求められている．得られた最適形状を図 6.18 に，最適化の履歴を図 6.19 に示す．このように，形状は単純ではあるが，動的な非線形現象でも安定した最適化問題を

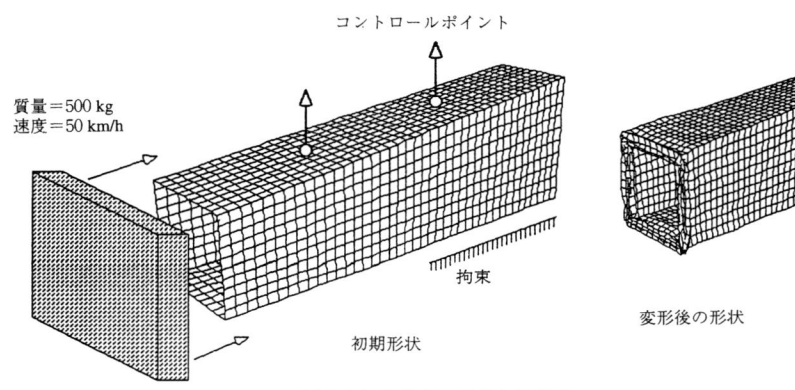

図 6.17 構造図，条件と変形図

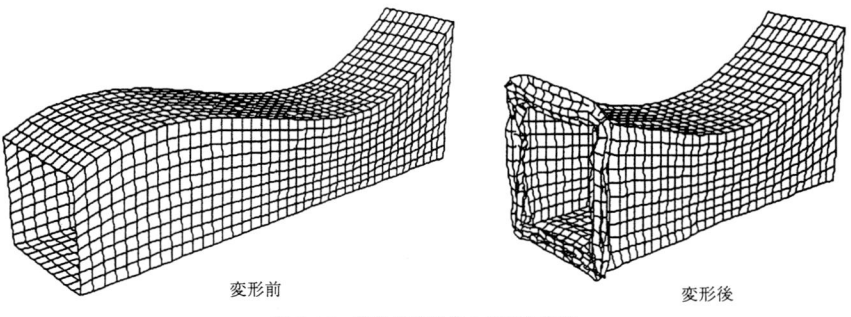

図 6.18 形状最適化後の変形前後図

図6.19 最適化履歴

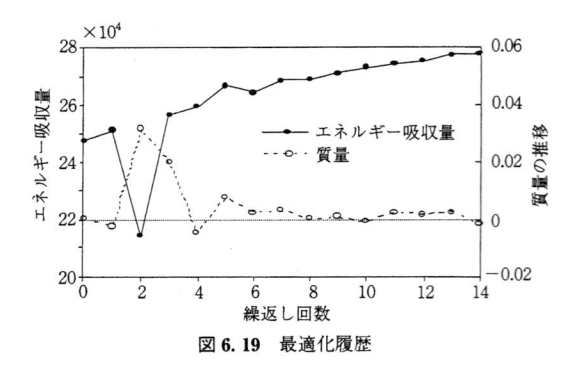

解くことが可能であることを示した実例であり，非線形問題の実用化の可能性も十分あるといえる．

おわりに

1990年ごろまで実用的な時間内で最適化解析が可能であったのは，剛性問題の比較的小規模なモデルによる寸法最適化だけであった．この寸法最適化でも，設計者にとってはその解析の実行は必ずしも容易でないうえ，さして革新的な構造は得られないということで最適化解析を実際の設計で行うメリットはさほどなかったといえる．しかし，上述したように，近年の最適化解析技術の充実，均質化法や紙面の関係で触れることができなかったが成長ひずみ法[30]などの関連技術の発展により最適化解析の威力が格段に向上し，状況は一変している．

形状や位相の最適化解析が可能となったことからサスペンションなど車両部品の大胆な形状変更の検討が現実のものとなったわけである．これにより大幅な軽量化や性能向上が期待でき最適化解析の設計への活用が大いに進められていく状況にある．これとともに，解析者が容易に使用できるプリポストプロセッサ，将来的には，とくに位相最適化で大幅に変更されて得られる形状のものが果たして製造できるか否かを検討できるポストプロセッサも必須となる．また，計算時間短縮のための並列処理などのスーパコンピューティング技術のいっそうの進展も期待される．最適化解析で最も威力を発揮するのは非線形問題においてである．これについては近似モデルの活用例が示されたが，差分によらない感度係数の導出などが得られればさらに実用的な価値が高まるものと期待される．

本章で述べた最適化解析は主として設計段階で使用されるものであるが，さらに上流の企画段階で利用できればその効果はさらに大きくなる．これには紹介だけにとどまった生体のメカニズムを模擬した手法や定性的手法による最適化の利用が有効である．また，スケジューリングなど，生産関係への応用として多目的最適化解析や実験計画法に基づくタグチメソッドの援用も期待される．以上，本章の最適化解析はこれまでの手法自体の充実の段階から応用フェーズに入りつつあり，実際の自動車開発への適用がますます期待される分野である．　　　　　　[萩原一郎・鈴木真二・堀田直文]

参考文献

1) 坂和正敏：線形システムの最適化，森北出版（1984）
2) 茨木俊秀，福島雅夫：FORTRAN77 最適化プログラミング，岩波書店（1991）
3) G. B. Dantzig（小山昭雄訳）：線形計画法とその周辺，HBJ出版局（1983）
4) A. Schmit, et al. : Some Approximation Concepts for Structural Synthesis, AIAA Journal, Vol.12, p.692（1974）
5) 萩原一郎：自動車開発による最適化技術を考える，日本機械学会最適化シンポジウム '94（1994.7）
6) R. H. ギャラガー（Gallagher），O. O. ツィエンキービッツ（Zienkiewicz）共編（川井忠彦，戸川隼人監訳）：最適構造設計，培風館（1977）
7) M. P. Bendsoe, et al. : Generating Optimal Topologies in Structural Design Using a Homogenization Method, Computer Methods in Applied Mechanics and Engineering, Vol.71, p.197-224（1988）
8) 馬 正東ほか：振動低減のための構造最適化手法の開発（第二報：新しい最適化アルゴリズム），日本機械学会論文集（C編），Vol.60, No.577, p.3018-3024（1994.9）
9) C. Fleury, et al. : Structural Optimization : a New Dual Method Using Mixed Variables, International Journal for Numerical Methods in Engineering, Vol.23, p.409-428（1986）
10) K. Svanberg : The Method of Moving Asymptotoes a New Method for Structural Optimization, International Journal for Numerical Methods in Engineering, Vol.24, p.359-373（1987）
11) たとえば，J. A. Bennet, et al. : Structural Shape Optimization with Geometric Problem Description and Adaptive Mesh Refinement, AIAA Journal, Vol.23, No.3（1983）
12) 菊池 昇：均質化法による最適設計理論，日本応用数理学会招待原稿，Vol.3, No.1（1993.2）
13) K. Nagabuchi, et al. : Shape Optimazation Using High Order Sensitivity Coefficient ICES 91（1991）
14) Vanderplaats, et al. : A New Approximation Method for Stress Constraints in Structural Synthesis, AIAA Journal, Vol.27, No.3, p.352-358（1989）
15) 小林義明ほか：形状最適技術の開発，第1回最適化シンポジウム '94, p.107-112（1944）
16) M. P. Bendsoe : Optimal shape design as a material distribution problem, Structural Optimization, Vol.1, p.193-202（1989）
17) K. Suzuki, et al. : A homogenization method for shape and topology optimization, Comput. Methods Appl. Meth. Engrg., Vol.93, p.291（1991）
18) Z. Ma, et al. : Topology and Shape Optimization Technique for Structural Dynamic Problems, IUTAM Symposium on Optimal Design with Advanced Materials, Lyngby, Denmark（1992.8）

19) 馬 正東ほか：振動低減のための構造最適化手法の開発（第一法ホモジェニゼーション方法を用いた構造最適化理論），日本機械学会論文集(C編)，Vol.59，No.562，p.1730-1736 (1993.6)
20) L. H. Tenek, et al.：Static and vibrational shape and topology optimization using homogenization and mathematical programming, Comput. Methods Appl. Mech. Engrg., Vol.109, p.143 (1993.10)
21) L. H. Tenek, et al.：Optimization of material distribution within isotropic and anisotropic plates using homogenization, Comput. Methods Appl. Mech. Engrg., Vol.109, p.155 (1993.10)
22) N. Olhoff, et al.：On CAD-integrated structural topology and design optimization, Comput. Methods Appl. Mech. Engrg., Vol.89, p.259-279 (1991)
23) J. Fukushima, et al.：Shape and topology optimization of a car body with multiple loading conditions, SAE Paper, 920777, International Congress and Exposition Detroit, Michigan (1991.3)
24) T. Torigaki, et al.：Development and Application of a Shape-Topology Optimization System Using a Homogenization Method, SAE Paper, 940892 (1994)
25) L. H. Tenek, et al.：A Substructure Method Incorporating Homogenization for Finding Optimum Vehicle Body Panel Topologies, JSME International Journal
26) DYNA3D User's Manual, Lawrence Livermore National Laboratory, Livermore, CA (1991)
27) 堀田直文ほか：車両開発における構造最適設計技術の活用，自動車技術会学術講演会前刷集，No.951，9534117 (1995)
28) J. Fukushima, et al.：Shape Optimization for Impact and Crash Problem of Car Bodies using DYNA3D, Second U.S. National Congress on Computational Mechanics, USACM (1993)
29) L. A. Schmit, et al.：Approximation Concept for Efficient Structural Synthesis, NASA CR-2552 (1976)
30) M. Shimoda, et al.：Shape Optimization Based on Biological Growth-Strain Method Eighth International Conference on Vehicle Structural Mechanics, SAE, p.258, p.35-44 (1992)

7

解析用ハードウェア

　自動車開発における解析シミュレーションは概して大規模になる．それは形状が三次元で複雑であること，多様な部品がたくさん組み合わされていることに起因する．このためその計算用のハードウェアとしては，これまでスーパコンピュータがおもに用いられてきた．スーパコンピュータは解析のマトリックス演算などの単純な浮動小数点演算を非常に高速に処理できる．

　ところが最近ではワークステーションやパソコンが急激に進歩し，比較的小さい規模の解析であれば，これらの計算機で十分処理できるようになってきた．価格的にスーパコンピュータと比べかなり安く，またパーソナルな環境で使用できるから，使い勝手もよい．さらにはワークステーションのCPUをたくさん接続し，スーパコンピュータと同等な演算性能をもつ並列計算機も利用され始めてきた．

　このように解析用のハードウェアが従来のスーパコンピュータ一辺倒から多様なものに変化してきている．したがって効率よく解析を実施するには，さまざまな計算機の能力や特徴をよく理解したうえでうまく使い分けていくこと，また効率のよい解析ソフトウェア，アルゴリズムを開発するには，そのプラットホームとなる計算機のアーキテクチャに対応して演算器の能力が最大限に発揮できるようインプリメンテーションしていくことが重要であろう．

　さて，本章ではこれら計算機のアーキテクチャなどについては専門書を参考にしてもらうこととし，ここでは自動車開発におけるCAD，解析シミュレーションへの計算機導入の歴史を振り返り，その結果どんなことができるようになったかを述べてみる．さらには最近話題のパソコンなどの性能についても触れることで，解析シミュレーションにおけるハードウェアを概観する．

7.1　プリポスト用ハードウェア

7.1.1　グラフィック端末の歴史

　解析シミュレーションやCADの歴史は，その操作媒体であるグラフィック端末の歴史と大きくかかわっている．初期の解析プリポストでは，メインフレームに接続されたストレージ型（蓄積管）の端末が用いられていた．

　1970年代に，リフレッシュランダムスキャンのIBM2250型や後継の3250型が登場すると，CAD端末として自動車業界にも浸透していった．

　しかし，非常に高価（4 000万円，後継型でも1 000万円）であるにもかかわらず，表示できる線の本数は少なく，メッシュ分割された多量のデータを表示するには従来のストレージ型に及ばなかったため，ほとんどCAD専用として使われた．

　その後1984年に，IBM5080型が発表され，表示用メモリを大量に搭載したラスタスキャン（TVと同じ方式）方式は，表示本数が多く，塗りつぶし表示も使えることで解析用としても好都合であった．このため，日本の自動車業界はCADと解析プリポストに適用できる端末として，世界市場の1～2割を占有するほどの急激な導入を行い，各社のCAD/CAM/CAEの先進度は5 080の台数を指標として競った．

7.1.2　高速化と小型化

　当初の解析シミュレーションは，ミニコンを用いることもあったが，あくまで汎用大型機が中心であった．その後，解析ソルバー処理の主役は自動車業界に相次いで導入されたスーパコンピュータに移り，エアロダイナミックスやクラッシュシミュレーションなど大規模処理に使われるようになった．

　一方で解析処理の種類によっては，高価なスーパコ

ンピュータより価格性能比に勝るミニスーパやワークステーションといった小型機も並行して使われるようになった．とくに，世の中がダウンサイジングという小型化ブームになると，自動車業界のCADが大規模な相互の情報交換を必要とされるためメインフレーム（汎用大型機）からなかなか離れられなかったのに対して，解析分野では業務的独立性が強かったためにCADより先にワークステーション型へと主流は変化した．

また，内製ソフトの多い自動車CADに比べて，市販ソフトの多い解析プリポストではソフトベンダの主力製品がワークステーションに変わったことも一因かもしれない．

7.1.3 ハードウェアの進歩とその恩恵

図7.1は，1992年から1994年のおもなワークステーションの価格と性能の推移を示している．

このようにワークステーションやパソコンに代表される小型コンピュータは5年で10倍という驚異的な価格性能比の向上を実現させてきたが，その恩恵をユーザーはどう受けたであろうか？ こと自動車メーカーのユーザーに関する限り，十分なレスポンスを得たと感じている人は少ないのではないだろうか．それは，その能力がレスポンスの向上以前に以下のように用いられたからである．

a．より大規模解析へ

自動車業界のニーズはつねにその時代の最高性能を上回り，少しでも計算機能力に余裕があれば，それはデータの大量化やメッシュの細分化，そして従来では不可能であった分野への適用拡大のために用いられた．

b．より高品質へ

形状や解析モデルは，線から面や立体へとより高度な表現を用いても実用に耐えられる応答性が確保できるようになり，形状や解析結果の表示においても，シェーディングや段階的な色分け表示などを多用できるようになり，評価の質が向上した．

c．ユーザーインタフェースの向上

マルチウインドウなど，ユーザーの操作をよりビジュアルでわかりやすくさせた．初期の廉価なワークステーションでは重く感じられたX-Windowも，解析シミュレーションに用いられるワークステーションでは問題にはならなかった．それはソルバーやメッシュ分割処理のためにもっている十分な計算機パワーは，

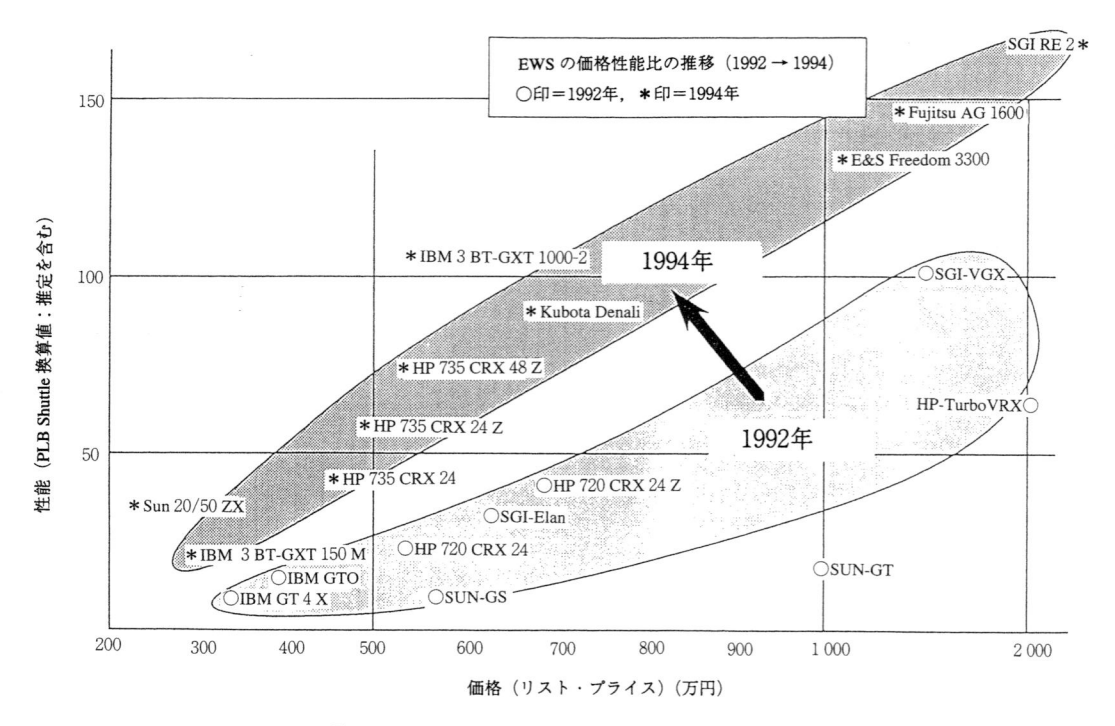

図7.1 EWSの価格性能比の推移（1992 → 1994）[1~3]

ユーザーの操作時間中は空いているからである．これは，メインフレームのように空いている時間でも他人にパワーを譲ることのできないワークステーションにとっては，ユーザーインタフェースの向上にそのパワーを用いることは実に合理的といえる．

7.1.4 ハードウェアメーカーへの期待
a．高機能より高性能を

最近の高性能グラフィックス搭載のワークステーションでは，面の表現式を直接受け入れてシェーディングしたり，映り込みまでハードウェアで行わせようという機種もある．

しかし，単純な連続三角形表示に勝る応答性を出せるわけでもなく，また高品質な画像の需要は意匠設計などに限られていて，解析には過剰品質である．いまは高機能より高性能に期待したい．

b．大量でも高速な表示

自動車業界の最大の特徴は，相互に関係するユーザー数の多さと，形状モデルやメッシュモデルの大きさであり，それゆえに大量の計算機パワーを必要とする．とくにCADや解析プリポストでは半分以上の計算機能力を表示関連の機能によって用いられている．表示性能というと，何万ポリゴン/秒とかGPCなどのベンチマーク値がとりざたされるが，実際にはそれだけではいいきれない．

筆者は以前，いくつかのハードウェアメーカーに，100万ポリゴン/秒とは100万個のポリゴンを1秒間で映せるのか？ それとも1万個のポリゴンを1/100秒で映せるのか？ と尋ねたことがある．この質問の意図は，デモ用や測定用に作成されたデータと自動車のような大量データでは，かけ離れた結果となりうるからである．したがって，大量データを人間が受け入れられる応答時間で描画できる性能が必要であり，少量のデータを人間が認識できない短時間で映す性能だけでは評価はできない．

また，ユーザーは限りある表示性能を効率よく用いるために検討に必要な部品や部位だけに表示対象を限定することも多く，表示データをつくり直す頻度が非常に多くなることも考慮した製品開発に期待する．

c．CPUより総合性能

CADや解析プリポストでは，浮動小数点よりスカラ処理が，またCPUよりメモリを強化したマシンのほうが有利である．これは，データが大量になるほど個々の性能より総合性能に依存してくるからである．とくに自動車では，モデルデータ量とともに表示データ量も増大するために，メモリが少なかったりバスやハードディスクに問題があると，いくらCPUやグラフィックスが速くても，拡大縮小やピックなどの基本的な操作から悪化していく（皮肉にも人間が最も高速を期待する機能ほど遅くなりやすい）．とくにメッシュ化された大量データではこの傾向が顕著になるため，総合的な性能向上を期待したい．

7.2 ソルバー用ハードウェア

7.2.1 スーパコンピュータの歴史と解析の実用化

図7.2に，代表的スーパコンピュータの年代を追った演算能力の推移を示した．縦軸は理論的なピーク演算能力である．この図で機種ごとにプロットしてある点をざっと結ぶと，その傾きは5年間で対数軸一目盛り，約10倍になっているのがわかる．国内の自動車会社にスーパコンピュータが導入されはじめて約10年，その間に約100倍の演算能力になった．

この能力向上により解析も進歩した．代表的なのは衝突や空力解析などの大規模な数値計算の実用化である．解析を設計開発の中で実用化するためには，必要なだけの精度と開発プロセスに追従したスループットが基本的な条件である．衝突や空力解析は非線形のシミュレーションであり，その現象も車体全体に及ぶから，精度を維持するにはメッシュは細かく，広範囲なモデルを作成することになる．スーパコンピュータの能力向上はこのような大規模モデルさえ，現実的な時間内での計算を可能とした．

表7.1には空力解析における計算規模の時代ごとの推移を示した．この表に示すとおり，1986年当時の計算はたかだか3万点程度の二次元計算にすぎなかった．それが1988年の50万点規模を経由し，最終的には130万点程度の計算を行うことでこの場合には設計開発への適用を図っている．

風音や熱問題，エンジン燃焼，ダミーまで含んだ衝突解析，大規模な音振解析など，現状ではまだまだ解析が適用できていない問題は多い．スーパコンピュータの能力向上は今後もこれら問題の実用化に大きな役割を果たすであろう．

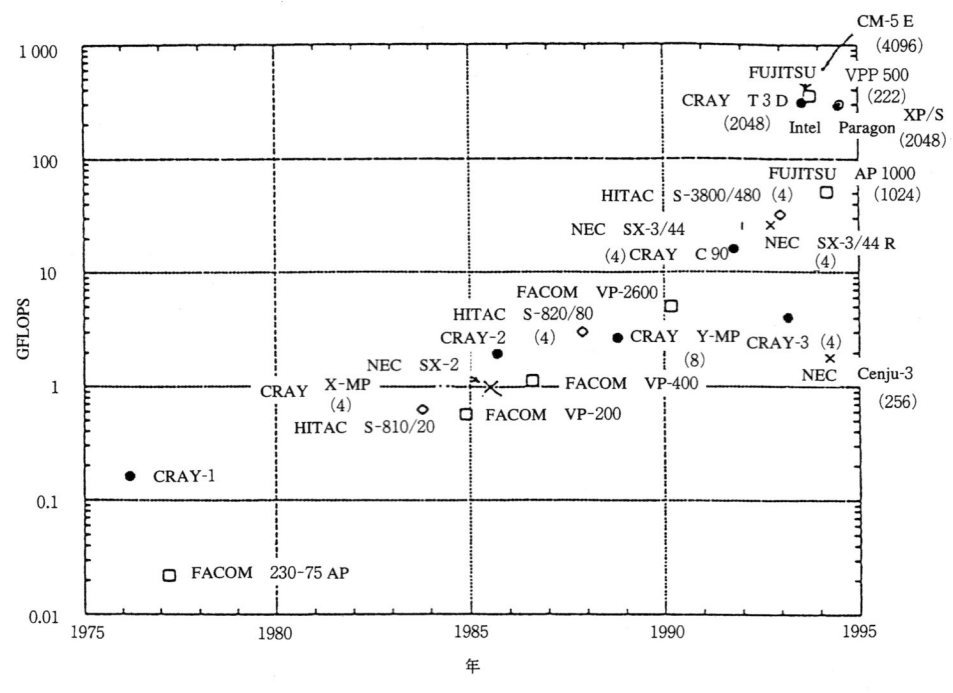

図 7.2 スーパコンピュータ発展の経緯
最初の出荷年をベースにしている.
( ) 内は CPU 数. 表示のないものは単一 CPU.

表 7.1 空力解析における計算規模の推移

	1986 年	1988 年	1990 年
格子点数	30 000	500 000	1 300 000
計算時間	2 時間	30 時間	13 時間
CPU	CARYXMP12	CRAYXMP432EA	CRAYYMP8/664
備考	二次元	三次元簡略モデル	三次元

7.2.2 種々の計算機の演算能力

最近ではパソコン，ワークステーションの進歩が著しい．これらの計算機の演算能力を種々な計算機のものと併せて図7.3に示した．この場合，縦軸の演算能力は，三次元のポアソン方程式をヤコビの反復法で解くベンチマークプログラムの計算時間から逆算している．このプログラムは流体コードから抜きだしたものであるから，実際問題での能力に近い結果が得られていると思う．ただし，構造解析では多少異なるし，連立方程式のディメンションの大きさも，機種により異なるから多少の優劣は関係ない．

横軸に示した機種では，パソコンは PC/AT 互換機や Mac など，ワークステーションは単一 RISC プロセッサの UNIX マシンある．またワークステーションクラスタは RISC プロセッサを並べた並列計算機，ミニスーパはスーパコンピュータの廉価版ベクタプロセッサである．なお，スーパコンピュータで多くのプロセッサを結合させ何百 GFLOPS といった夢のような機種もあるが，ここには取り上げていない．

この図から各カテゴリごとの大まかなスピードがわかる．パソコンは最新機種で 10〜40MFLOPS くらい，ワークステーションは 10〜70MFLOPS くらいである．ワークステーションクラスタやミニスーパは 50M〜1GFLOPS ほど，またスーパコンピュータは数百 M〜数 GFLOPS，あるいはそれ以上ある．同じカテゴリでもこのように結構違いがあるから，これらの差を語るのはむずかしい．がここでは大体の速度差を認識してもらうため，ちょっと乱暴だが以下のようにとらえてみた．

① パソコンとワークステーション間の速度差は約 2 倍

② その他のカテゴリ間の速度差はおのおの約 10 倍

パソコンを基準としてみればワークステーションは約 2 倍にすぎないから，そのうち同等な速度になりそうである．一方，スーパコンピュータとの差は約 100 倍以上となり，その差は簡単に埋まりそうにはない．

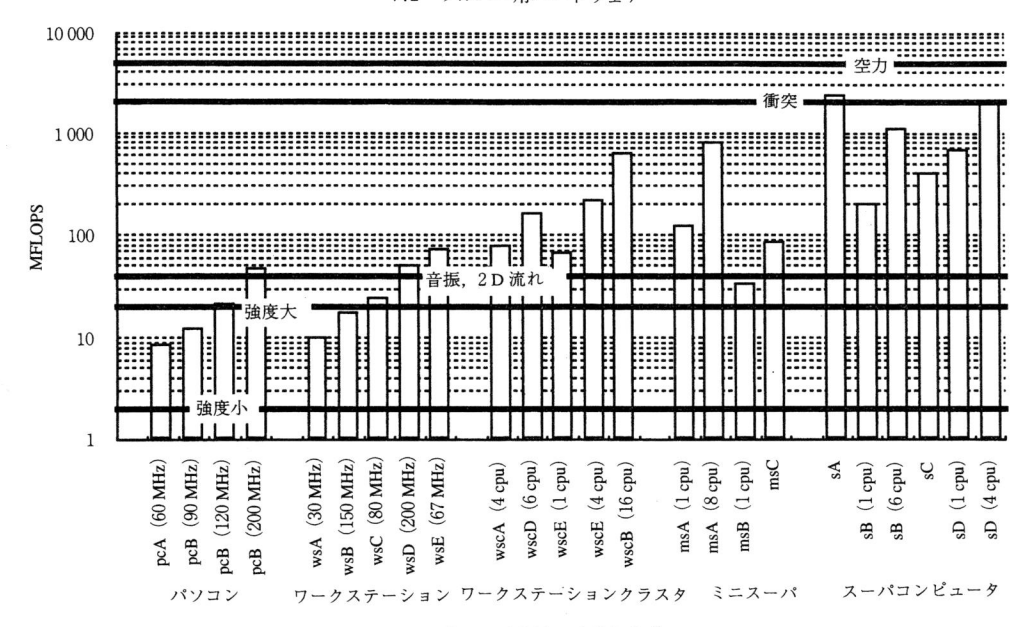

図 7.3　種々な計算機の演算能力 [5]

表 7.2　種々な解析での計算時間の比較

	強度(小)	強度(大)	音振	2D 流れ	衝突解析	空力解析
接点数	1 500	10 000	3 000	30 000	35 000	1 300 000
時間(秒)	100	1 000	2 000	2 000	100 000	280 000

さて，種々の計算機の大体の速度が把握できたところで，これらがどの程度の解析なら無理なく計算できるかを検討してみよう．表 7.2 にいくつかの解析の代表的な接点数と計算時間を示した．なおこの表に示した計算時間はスーパコンピュータで sB と記した機種で計測したものである．

実際の設計開発で用いるにはこれらの解析が相応の時間で行えることが肝心である．ここではその時間を 3 時間と想定し，これに必要な演算能力を逆算してみた．結果を図 7.3 に横線として示す．衝突や空力はスーパコンピュータでも比較的高速なものが必要になり，最低でもワークステーションクラスタやミニスーパを長時間使用することになる．また，音振や二次元の流れ解析はワークステーションやパソコンの比較的高速なものが必要である．低速な機種でも計算できないことはないが，最初に決めたスループット，3 時間は上回ってしまいそうである．一方，強度計算などはどのような機種でも行えそうである．

7.2.3　計 算 コ ス ト

計算コストのことにも触れてみる．ワークステーションのコストは安いと思われがちだが，価格性能比でみればさして優れていない．その年代ごとの推移をスーパコンピュータと併せて図 7.4 に示した．プロットした機種はワークステーション 2 種とスーパコンピュータ 1 種．サンプル数は少ないが自動車会社で数多く用いられている機種であるから，ここで比較するにはちょうどよい．1 台当たりの値段はワークステーションが圧倒的に安いが，価格性能比はこの図に示すように差異はない．もっともワークステーションにはディスプレイや通信用ボード，多くのメモリが 1 台ごと

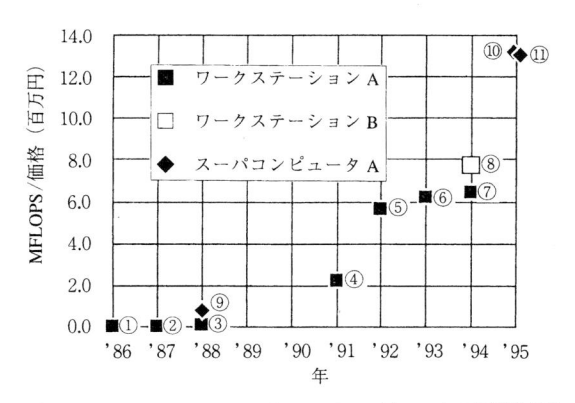

図 7.4　ワークステーションとスーパコンピュータの価格性能比

についているから，その割には安いと考えるべきかもしれない．なおパソコンの価格はワークステーションの数分の1以下だからこちらのほうは性能差を考えても文句なく安い．

コスト面でももう一つ記しておきたいのがワークステーションクラスタとミニスーパや廉価版スーパコンピュータである．前者は汎用のCPUチップを並べたもの，後者は専用のベクタプロセッサであるから前者のほうが安いように感じるのが実際は大差ない．これはワークステーションクラスタにおけるメモリやCPU間の接続スイッチが意外に高くつくからである．

7.2.4 種々の計算機の使い分け

スーパコンピュータは衝突やそのほかいろいろな大規模解析の実用化に欠かせない．またその演算能力を生かせば計算点数を気にしないメッシュ生成でプリプロセスの期間短縮も図りうる．一方，ワークステーションやパソコンは実用的な時間内で結果が得られる問題であれば，これに勝るものはない．個人的な環境で使用できるから，共同利用計算機の混雑状況に左右されない安定したスループットが得られ，とくにパソコンはコスト面でも非常に有利になる．また，ワークステーションクラスタやミニスーパはこれらの中間的な長所をもつことになる．

どれが最も解析シミュレーションに適しているかと考えると結論はでそうにない．いずれにせよ，従来のスーパコンピュータ一辺倒の状況から選択肢が増えたのであるから，これらの計算機を解析規模や設計開発の業務形態に応じて使い分けるのがよさそうである．

おわりに

パソコンやワークステーションの価格性能比は，今後も経済が発展し，ハードウェアメーカーが次の世代を開発するのに見合う需要さえあれば，十分向上していくであろう．またそこで開発されたLSIの技術はスーパコンピュータにも用いられるであろうから，こちらの価格性能比も向上していくだろう．

そうなると，通常の解析処理はリアルタイムでパソコンやワークステーションのCADに組み込まれるであろうし，またそこで処理できないような問題もネットワークで密に結合されたスーパコンピュータでリアルタイムに処理するという形になっていこう．たとえば，エンジンルームのレイアウト作業と並行して，自動的に干渉などのデザインレビューが行われたり，フランジを小さくすると即座に自動メッシュ分割され，結果的に強度が足りないと警告されるかもしれない（ここはパソコン，ワークステーション）．同時に耐熱のシミュレーションも同時に行われ各部品の温度も算出されるかもしれない（ここはネットワーク経由のスーパコンピュータ）．

このように解析シミュレーションを，あえてユーザーに意識させない仕組みとして実現できるだけの計算機パワーが安価に提供される日が早くくることを期待したい．　　　　　　　　　　［森　博己・藤谷克郎］

参考文献

1) 加古川群司：パーソナル3次元グラフィックスの時代が始まる，日経CG，p.14-32（1992.5）
2) グラフィックス描画性能が100万ポリゴン/秒を超える，日経エレクトロニクス，p.137-154（1993.4）
3) 2Q 1994 GPC and XPC Quartely Summary
4) 島崎貞昭：スーパコンピューティング応用の現状と将来，情報処理，Vol.36, No.2, p.125-131（1995）
5) インターネットホームページ：http://ccazami.nifs.ac.jp

8

ポストプロセッシング

　解析シミュレーションによる計算結果を容易に把握するため，後処理を施し，表示するのがポストプロセッシングである．空力解析で求められた流線図，強度解析による構造物の応力分布図や各部位の変形量一覧表，風音解析による周波数-音圧レベルの折れ線グラフ，その他さまざまな図表示がこれに当たる．なかでも，コンピュータグラフィックスを利用したものが最近では多用され，これを"CGによる可視化"と呼んでいる．

　可視化という言葉は，本来，空気の流れのように目に見えない現象を見えるようにすることを意味している．代表的なものが白煙を用いて流れの様子を見せる風洞実験である．解析シミュレーションにおいては，その内容がコンピュータの能力向上とともに高度化しディスプレイ上に現実に近い現象を再現できるようになって，この言葉が一般的に用いられるようになってきた．

　本章ではまず可視化の必要性について概説し，その後，これに必要な技術を解説する．また最後に，自動車開発における効果を述べてみたい．

8.1　可視化処理の必要性

　構造や流体の解析では空間上の離散的な点で流速，圧力，あるいは変位や応力を求める．したがって計算結果は，図8.1に示すような数値のリストとなる．見てわかるとおり，このような数値から実際の流れや変形の様子を想像するのはむずかしい．そこで，この数値データを速度ベクトルとしてプロットし，簡単な可視化を試みたのが図8.2である．これまでとうって変わり，円柱表面のはく離の様子や流速の遅さ，早さが一目瞭然となった．この表示方法は簡単すぎて可視化という言葉は少し似合わないかもしれないが，もともとの数値データに比べ格段の表現力をもっている．

　だが，これでもまだ十分ではない．速度ベクトルをそのまま表示したのでは，図8.3に示すように円柱周囲の流れの様子はよくわからない．ここでお手本になるのが実験の可視化である．実験の可視化は，長年の間，さまざまな手法を試み複雑な現象を解明してきた．このため，解析シミュレーションの可視化においても同様な手法を用いることで複雑な現象をうまく表現できる．比較的遅い流れの場合，トレーサを上流から放出する可視化実験が有効である．そこで円柱周りから無数の仮想粒子を発生させ，その動きを計算結果の速度分布に沿って動かしたものが図8.4である．仮想粒子の数は有限だから煙と比べると粗なイメージではあるが，流れ場の様子が一目瞭然になったのがわかる．また，計算精度の確認という意味では実験の可視化と比較するものが得られたことにもなる．

　可視化においては観察したいもの，何の部品か場所はどこか，どのような解析かにより最適な処理方法は異なってくる．しかし，このようにさまざまなグラフィックス描画をすることで計算結果を容易かつ正確に把握できることがわかってもらえたであろう．

8.2　可視化技術

8.2.1　可視化の基礎技術

　解析シミュレーションにおいては有限要素法，有限体積法，差分法といった離散化の手法が広く用いられている．このような場合，シミュレーションによって得られるのは各格子点や節点ごとの物理量の数値である．離散化の方法では単純に計算点が多ければ多いほど解析の信頼性は高まる．扱う形状が複雑になればなるほど，より現象の詳細を知ろうとすればするほど，多数の計算点を利用する必要がある．

　近年，スーパーコンピュータが普及したり，ワークステーションが安価になったり，さらにパソコンの性能

```
    -.64468E-01  0.12509E-01 -.65950E-01  0.64330E-02 -.96017E-01  0.25840E-02
    -.11826E+00  0.59030E-02 -.13450E+00  0.12080E-02 -.15651E+00 -.13900E-03
    -.16475E+00 -.65760E-02 -.18467E+00 -.89630E-02 -.16365E+00 -.38810E-02
    -.93726E-01 -.22390E-02 -.26124E-01  0.20227E-01  0.16890E+00  0.56227E-01
     0.36124E+00  0.98866E-01  0.55067E+00  0.14948E+00  0.71513E+00  0.19754E+00
     0.84553E+00  0.24352E+00  0.94341E+00  0.28724E+00  0.10156E+01  0.32953E+00
     0.10681E+01  0.37063E+00  0.11303E+01  0.41057E+00  0.11305E+01  0.44930E+00
     0.11459E+01  0.48671E+00  0.11532E+01  0.52263E+00  0.11537E+01  0.55696E+00
     0.11486E+01  0.58959E+00  0.11386E+01  0.62044E+00  0.11243E+01  0.64942E+00
     0.11062E+01  0.67641E+00  0.10848E+01  0.70131E+00  0.10604E+01  0.72400E+00
     0.10335E+01  0.74442E+00  0.10042E+01  0.76248E+00  0.97297E+00  0.77821E+00
     0.94004E+00  0.79158E+00  0.90560E+00  0.80251E+00  0.86988E+00  0.81103E+00
     0.83305E+00  0.81709E+00  0.79533E+00  0.82064E+00  0.75695E+00  0.82167E+00
     0.71809E+00  0.82021E+00  0.67895E+00  0.81629E+00  0.63966E+00  0.80992E+00
     0.60038E+00  0.80112E+00  0.56128E+00  0.78988E+00  0.52252E+00  0.77621E+00
     0.48426E+00  0.76017E+00  0.44667E+00  0.74179E+00  0.40991E+00  0.72115E+00
     0.37410E+00  0.69833E+00  0.33940E+00  0.67339E+00  0.30591E+00  0.64640E+00
     0.27372E+00  0.61744E+00  0.24299E+00  0.58654E+00  0.21386E+00  0.55384E+00
     0.18642E+00  0.51945E+00  0.16076E+00  0.48349E+00  0.13699E+00  0.44608E+00
     0.11514E+00  0.40733E+00  0.95327E-01  0.36732E+00  0.77616E-01  0.32619E+00
     0.62063E-01  0.28407E+00  0.48741E-01  0.24109E+00  0.37680E-01  0.19740E+00
     0.28906E-01  0.15313E+00  0.22463E-01  0.10841E+00  0.18361E-01  0.63374E-01
     0.19553E-01  0.19167E-01  0.20168E-01 -.26753E-01  0.23171E-01 -.72581E-01
     0.28556E-01 -.11817E+00  0.36304E-01 -.16339E+00  0.46379E-01 -.20811E+00
     0.58775E-01 -.25222E+00  0.73436E-01 -.29555E+00  0.90319E-01 -.33801E+00
     0.10937E+00 -.37943E+00  0.13050E+00 -.41971E+00  0.15365E+00 -.45876E+00
     0.17876E+00 -.49646E+00  0.20576E+00 -.53270E+00  0.23455E+00 -.56736E+00
     0.26506E+00 -.60035E+00  0.29718E+00 -.63153E+00  0.33078E+00 -.66084E+00
     0.36575E+00 -.68818E+00  0.40197E+00 -.71352E+00  0.43936E+00 -.73676E+00
     0.47781E+00 -.75781E+00  0.51716E+00 -.77659E+00  0.55727E+00 -.79303E+00
     0.59799E+00 -.80706E+00  0.63914E+00 -.81866E+00  0.68057E+00 -.82785E+00
     0.72220E+00 -.83454E+00  0.76382E+00 -.83870E+00  0.80525E+00 -.84035E+00
     0.84635E+00 -.83941E+00  0.88687E+00 -.83588E+00  0.92663E+00 -.82982E+00
     0.96544E+00 -.82125E+00  0.10031E+01 -.81024E+00  0.10395E+01 -.79682E+00
     0.10744E+01 -.78103E+00  0.11076E+01 -.76285E+00  0.11387E+01 -.74235E+00
     0.11676E+01 -.71964E+00  0.11939E+01 -.69482E+00  0.12174E+01 -.66803E+00
     0.12378E+01 -.63932E+00  0.12547E+01 -.60881E+00  0.12678E+01 -.57661E+00
     0.12763E+01 -.54278E+00  0.12797E+01 -.50750E+00  0.12773E+01 -.47099E+00
     0.12681E+01 -.43341E+00  0.12509E+01 -.39500E+00  0.12244E+01 -.35600E+00
     0.11865E+01 -.31663E+00  0.11348E+01 -.27714E+00  0.10667E+01 -.23777E+00
     0.97922E+00 -.19876E+00  0.87091E+00 -.16058E+00  0.74282E+00 -.12395E+00
     0.60081E+00 -.90210E-01  0.45604E+00 -.61163E-01  0.32302E+00 -.38302E-01
```

図 8.1　計算結果の数値リスト例

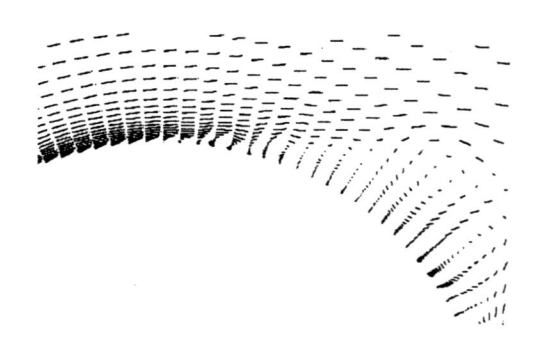

図 8.2　円柱近傍の流れ（速度ベクトル）

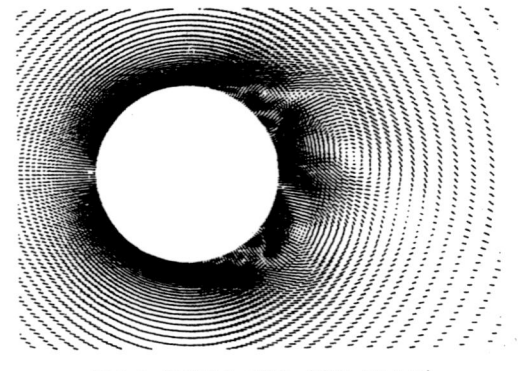

図 8.3　円柱周りの流れ（速度ベクトル）

が向上したりといった外部環境の変化から解析シミュレーションが手軽に行える環境が整ってきて，多数の計算点を利用したシミュレーションがだれでもできるようになってきた．しかし，データが大量になったり，扱う形状が複雑になったりすると，計算点上で得られる膨大な数の物理量から直接物理現象を理解することはむずかしくなってくる．そのため実験による可視化と同様に，数値シミュレーションにおいても可視化表示が重要となってくる．図8.5は，非構造格子有限体積法によって非定常衝撃波が円錐状の山を通り過ぎるときに生ずる三次元的な回折と反射の様子を数値計算したものである[1]．図8.5(a)にはこの瞬間の計算格子の一部を，図(b)には山の形状と圧力の等高線をカラーで表示したものを，図(c)には同じものを面塗り表示したものを示す．

8.2 可視化技術

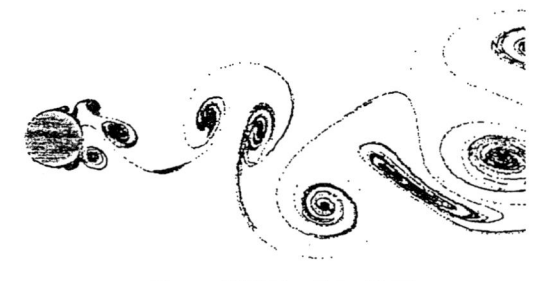

図 8.4 円柱周りの流れ（流脈）

このような図を描くために必要な技術は，実はそうたいへんなものではない．それを知るために，まず可視化がどのような手順で行われるかということからみることにしよう．

一口に数値シミュレーション結果の可視化といっても，その表現方法はいろいろであるが，とりあえず，図(b)のようなスカラ量の等高線と物体，また図(c)のようなスカラ量に応じて色を変えて面塗りを例にとって，これらの絵をつくるのにどのような処理がなされるのかを考えることにする．図 8.5 に示した絵はいずれもワークステーション（WS）のディスプレイに出たものである．ディスプレイに絵を出すのは本当はデバイスドライバなどと呼ばれる基本ソフトウェアの仕事であるが，ユーザーからみると図 8.6 のようにグラフィックスライブラリを介して絵を表示することになるので，簡単のために，ここではグラフィックスライブラリが絵を出していると考えよう．

グラフィックスライブラリが絵をつくる作業はコンピュータグラフィックス（CG）と呼ばれている．作

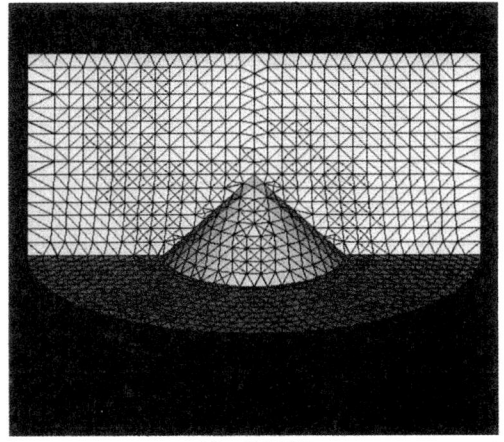

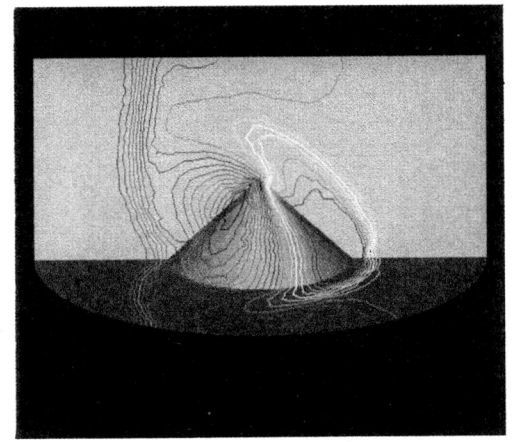

(a) 計算格子

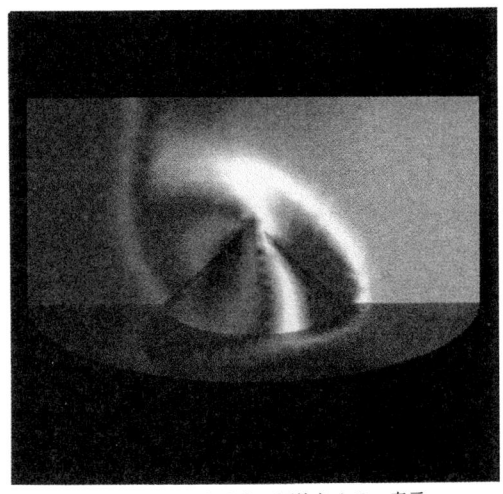

(b) 形状と圧力等高線

(c) 形状と圧力分布の面塗りカラー表示

図 8.5 可視化表示の例：山を過ぎる衝撃波の解析と反射[1]

業は図 8.7 のように，三次元空間に適当な"物"を置き，それをある枠（ウインドウ）を通して見たときウインドウにはどのように映るかを計算して絵をつくることである．"物"を計算機でどのように表すかにはいくつかの方法が考えられるが，その基本は 2 点を与えてできるそれらを結ぶ線分と 3 点を指定してできる三角形の面である．図 8.5 のそれぞれの絵は曲線や多角形など複雑な形状が表示されているようにみえるが，曲線は短い線分の集まり，多角形の曲面は小さい三角形の集合にほかならない．

つまり，グラフィックスライブラリの仕事は三次元空間に置かれた線分や三角形が，指定された見方（それは通常ビューイングと呼ばれる）でどのようにみえるかを考えて絵をつくることであるといえる．三次元的に単純に色を塗っても，画面では三次元的にはみえないことが多いから，光をあてて立体感を高めるシェーディングや，面処理をする必要がある場合も多い．また，グラフィックスライブラリによっては二次元のデータしか扱えないものもあるから，その場合は三次元内のデータを平面上の二次元データに変換してライブラリに渡してやらなければならないこともある．その場合，より高度な表示をしようとすれば，どの線が隠れるかなどを考えるいわゆる隠線処理なども必要になる．

以上がグラフィックス作業そのものであるが，実際のデータ処理としては，その前に行うべきいくつかの作業がある．まず，何を描くかを決めなければいけない．物体を描くのか，物理量を表示したいのか，両方ともにか，またそれらを面として描くのか線として描くのかを考える必要がある．次にどの物理量を描くのかを決める必要がある．シミュレーションデータとして直接得られるものもあるが，そうでないものは物理関係式を利用した演算を施して計算しておく必要がある．

数値シミュレーションの後処理においては，表示する対象が固定されている場合は少ない．流体解析でいえば，圧力をみたり，渦度をみたり，流線を描いたりといった作業が効率的に行える必要があるから，これらの作業はインタラクティブに行うことが望ましく，統合的な後処理可視化ソフトウェアとして開発することが望ましい．さて，このようにして描く物理量が決まったら，それから，引くべき線分はどこからどこまでか，どこを面塗りするのかといった作業を行う．別のいい方をすれば，計算結果から等高線などを表す線分や三角形を取り出す作業である．どのような可視化をするのかは，この部分でどのような処理がなされるかによっている．たとえば，ここでは等高線を引くためのデータの検索や内挿，流線を引くための数値積分といった処理作業が行われることになる．

以上，後処理としての可視化作業をまとめてみると，二つの段階に分けて考えることができる．第一は得られた物理量から表示したいものを作成する段階である．上記のように第一段階は内挿，微分，積分といったさまざまな演算から形成されている．第二の段階は第一段階で決められた線分や面を表示するプロセスである．ここではグラフィックスライブラリを呼び出すプログラムを作成する必要がある．それらを実際の研究のプロセスを考えて総合的に使いやすい形にシス

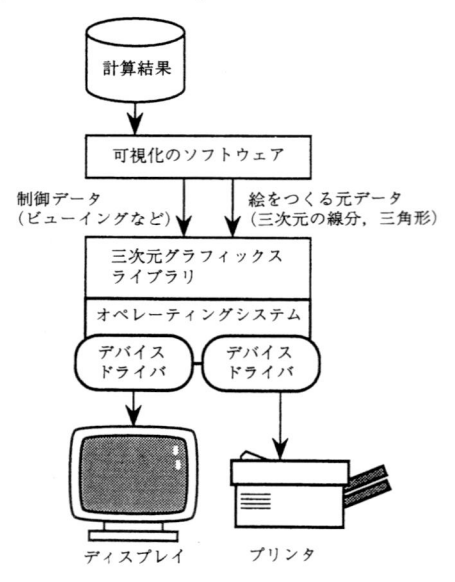

図 8.6　GWS における画像表示のプロセス

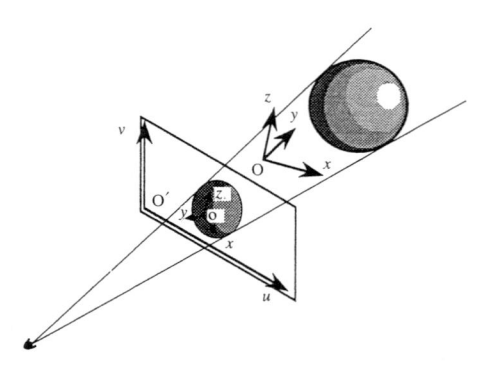

図 8.7　画面への表示

テムとして作成する必要がある．以下に，線画と面塗り表示との二つについてそれぞれ考えてみよう．

8.2.2 線 画 処 理
a．線画処理の基本プロセス

CGの基本が線画と面塗りであることはすでに述べた．ここでは物体形状，計算格子，等高線，流線といった線画を描く作業について考えてみよう．カラーの場合には線にも色がつけられるが，おもに面表示の項で述べることにする．パソコンなどで馴染みのとおり，ライブラリによっては単に数字を指定するだけで色が変えられるものも少なくない．

物体形状や計算格子を線として描く場合は，結ぶべき線分の座標がわかっているから，単にそれらの数値データをグラフィックスライブラリに渡せばよい．一方，等高線や流線などを描くためには数値的な処理が必要である．たとえば，等高線というのは，あるスカラの物理量が一定のところを通る曲線である．しかし，たいていの離散化手法の場合には離散点で解が得られているか，あるいは要素内の平均値がわかっているかだけである．格子点以外の空間内の解の分布がわかっているわけではないから，各離散点上にある物理量の分布を内挿してあるレベルの等高線を引くことになる．流線を描く場合も同様である．すなわち，格子点上のデータや要素代表のデータを利用して希望する値に相当する位置を探したり，逆にある位置での物理量は何かを求めるといった内挿作業が必要となる．そしてその作業をいかに効率的に行うかが効率的なデータの可視化には大切な要素となる．そこで，次に一般に内挿法について考えよう．

b．内挿法について

まず二次元データを考え，四角形のセルの頂点で物理量がわかっている場合を考えよう．そして，そこから希望する位置での物理量を決めよう．計算格子セルの四つの頂点での座標を使ってセル内の局所座標を定義する．

$$\vec{x} = (1-\xi)(1-\eta)\vec{x}_1 + \xi(1-\eta)\vec{x}_2 + \xi\eta\vec{x}_3 + (1-\xi)\eta\vec{x}_4 \tag{8.1}$$

ここで，$\vec{x}_1$ などは図8.8(a)に示す格子頂点の座標である．ξ, η は0と1との間の数字で，各頂点で1または0となる局所座標である．対象としている点の座標はわかっているから，その値を式(8.1)の右辺の $\vec{x}_1$ などに代入すれば ξ, η に関する二つの式を得る．

決めたいのは局所座標値 ξ と η であるが，二つの式で未知数二つであるからこれらは決まる．ただし，$\xi x \eta$ という高次の項があり，代数計算がやっかいとなるから初期値を予想して，それをもとにニュートン繰返し法で求める．値の範囲は限られているから，たいがいの場合数回以内で収束して，局所座標値 ξ と η が決定する．物理量の分布が式(8.1)と同様になっていると仮定すれば，これら ξ と η の値と，格子頂点での物理量を利用して

$$p = (1-\xi)(1-\eta)p_1 + \xi(1-\eta)p_2 + \xi\eta p_3 + (1-\xi)\eta p_4 \tag{8.2}$$

からその点での物理量 p を求めることができる．ただし，p_1, p_2, p_3, p_4 は各頂点での物理量である．

三角形格子に分割する場合も同様である．まず，物理量を求めようとする場所の局所座標 ξ と η をその点の座標 x, y から決める．図8.8(b)のように局所座標を定義すると，利用する式は

$$\vec{x} = \vec{x}_1 + \xi(\vec{x}_2 - \vec{x}_1) + \eta(\vec{x}_3 - \vec{x}_1) \tag{8.3}$$

である．ξ と η の値は連立方程式を解けば決まる．当然，局所座標 ξ と η は次の制限の範囲にある．

$$0 \leq \xi, \eta \leq 1, \quad \xi + \eta \leq 1 \tag{8.4}$$

この場合のメリットは繰返し法が必要ないことである．代数的な行列計算で ξ と η の値が求まる．得られた値を利用して物理量 p を

$$p = p_1 + \xi(p_2 - p_1) + \eta(p_3 - p_1) \tag{8.5}$$

から求めることができる．

三次元の場合も全く同様である．六面体格子を利用する場合は

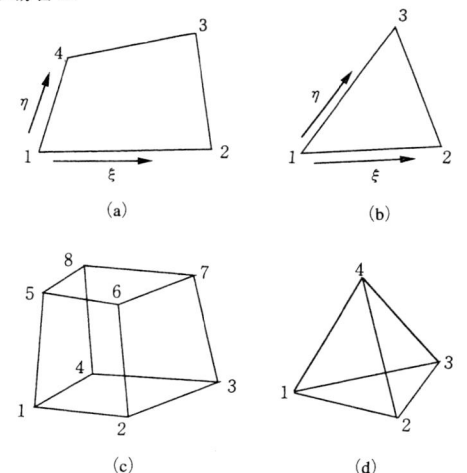

図8.8 与えられた点での物理量を決める計算格子セル内の内挿

$$\vec{x} = (1-\xi)(1-\eta)(1-\zeta)\vec{x}_1 + \xi(1-\eta)(1-\zeta)\vec{x}_2$$
$$+ \xi\eta(1-\zeta)\vec{x}_3 + (1-\xi)\eta(1-\zeta)\vec{x}_4$$
$$+ (1-\xi)(1-\eta)\zeta\vec{x}_5 + \xi(1-\eta)\zeta\vec{x}_6$$
$$+ \xi\eta\zeta\vec{x}_7 + (1-\xi)\eta\zeta\vec{x}_8 \qquad (8.6)$$

ただし，$\vec{x}_i$ は8頂点の局所座標である（図8.8(c)）．

三角錐格子を利用する場合は

$$\vec{x} = \vec{x}_1 + \xi(\vec{x}_2 - \vec{x}_1) + \eta(\vec{x}_3 - \vec{x}_1) + \zeta(\vec{x}_4 - \vec{x}_1) \qquad (8.7)$$

から局所座標 ξ, η, ζ を求める（図8.8(d)）．これは三元の連立方程式であるから代数的に解ける．局所座標 ξ, η, ζ は次の範囲にある．

$$0 \leq \xi, \eta, \zeta \leq 1, \quad \xi + \eta + \zeta \leq 1 \qquad (8.8)$$

得られた ξ, η, ζ を利用して

$$p = p_1 + \xi(p_2 - p_1) + \eta(p_3 - p_1) + \zeta(p_4 - p_1) \qquad (8.9)$$

により求める点での物理量を決定することができる．

では逆にある物理量が与えられて，その値に相当する座標や線分を探す場合を考えよう．これは等高線や等値面を描くときに必要になる．図8.8(b)の場合を例にとる．ほかの場合も同様に考えればよい．三角形の格子頂点で物理量はわかっている．それぞれの頂点での値をそれぞれ p_1, p_2, p_3 とし，$p_1 > p_2 > p_3$ であるとする（図8.9）．追跡したい値を p_0 とすると $p_1 > p_0 > p_3$ のときこの三角形を等高線が通過することになる．p_0 と p_2 の大小関係によって辺1と辺2，または辺2と辺3を横切るので，それぞれの辺上で線形内挿などにより交点を求め，その2点を直線で結んでしまえばよい．

この作業は実は上述の与えられた点での物理量を求める作業の逆をしていることにほかならない．各辺での作業は式 (8.5) において $\xi = 0$（辺2）とか $\eta = 0$（辺3），または $\xi + \eta = 1$（辺1）のどれかの場合に相当している．$\xi = 0$ として η の値を求め，式 (8.3) にこれを代入して辺2上の p_0 となる座標を計算する．（たとえば，辺3を横切る場合は）次に $\eta = 0$ として ξ の値を求め，式 (8.3) に代入して p_0 となる辺3上の座標を計算する．そしてこれらを結べばよい．辺1を横切る場合も ξ と η の関係式が一つ与えられているから，同様に計算できる．座標が与えられて物理量を求める場合は式二つが利用できたが，物理量が与えられて座標を求める場合は式が一つしかない．必然的に ξ, η の関係式が一つしか得られない．しかし，辺上で考えれば ξ, η に対する拘束条件が一つあるから横切る辺それぞれにおいて式が二つ与えられ，辺上を横切る座標が決まることになる．

ここで示した二次元，三次元の内挿法は直接的，間接的に等高線，等値面，流線などを描くときに利用されることになる．また，以下の説明では選ばれた格子面の中で等高線や面塗りを行うこと（その意味では二次元の内挿のみが必要となる）を考えていくが，任意断面において表示する場合にもむずかしさはない．なぜなら，ここで示した三次元の内挿法を利用して面の切出しを行い，切り出された面上にある格子線の射影の各点での物理量の計算を行うことができるからである．ただし，データ構造は若干むずかしくなる．その後は得られた（内挿された）格子点とそこでの物理量を新たな格子点と物理量とを（非構造データとして）考えておけば，以下の方法がそのまま利用できる．

c．等高線の描き方

二次元の場合は上述の方法で等高線を描くことができる．三次元の場合も等高線を引く場合は面をあらかじめ指定するから二次元の方法を利用することになる．三角形の場合，その内部で解の線形分布を仮定すると物理量が一定の線は直線になるから，2点を直線で結んだことは実は一次精度の近似をしていたといえる．

四角形のセルの場合も同様である．ただし，双一次（$1 + a\xi + b\eta + c\xi\eta$ のような分布を仮定するもの）の場合はセル内の分布は曲線となっている．そのため，辺上の内挿で得られた点どうしを直線で結ぶと，セル内の等高線分布とは一致しなくなる．とはいえそもそも格子点以上の精度は重要ではないから単に直線で結んでも差し支えないであろう．また，四角形セルを二つに分割して上記の方法を適用すれば三角形内の分布となり任意性はなくなる．格子セルを三角形に分ける方法は2通りあり，そこに任意性が残るが，その場合も任意性の影響はほとんどないといえる．高次内挿を利用すると，格子点での値から外に飛び出した局所的な最大，最小がセル内部に存在してもよいことになる可

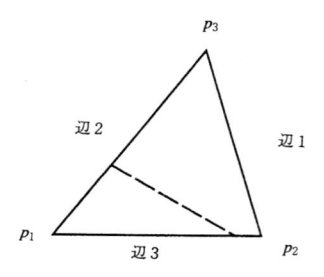

図8.9 与えられた物理量となる座標の追跡

能性があるので，むしろ避けたほうが無難であろう．内挿法に関しては現在も研究テーマとして検討されている．

等高値の選び方も実際には問題となるが，ふつうは適当に下限と上限を決めて，その間を等間隔で分割することが多い．等高線は，線の集まり具合いで物理量の変化の度合いをみることが多いから，不等間隔で引いてしまうとどこが急なのかを判断できなくなるからである．例外として，物理量の変化が対数的である場合には，対数をとってから等間隔とする場合などがある．

d．ベクトルや流線の描き方

得られた物理量がベクトルである場合それらをベクトルとして矢印で表示することができる．ベクトルを描くのはとくにたいへんではない．実際には格子面などを選択してそこでのベクトルのみを表示することが多い．流体の数値シミュレーションの場合を例にとって速度ベクトルで考えると，速度矢印の方向を三次元の速度ベクトルの方向に選び，速度の絶対値の大きさに応じてその長さがスケールされるようにしておく．具体例を図8.10に示す．エンジンルーム通風によって車体後流の様子が変化することを示した片岡らのシミュレーション結果である[2]．後流内の断面速度ベクトルが示されている．当然，速度などだけでなく，力の成分や圧力の特定方向の成分などを表示するのも現象理解の大きな助けになる．

ベクトル量をもとにして何らかの演算を施すことで得られる情報がある．代表的なものは流体数値シミュレーションにおける流線である．速度ベクトルを空間内に積分していくことで流れの方向を総合的に知ることができ，速度ベクトルにも増して流れ場を把握するための有力な手段となりうる．流線は流体の数値シミュレーションの場合にのみ必要となる表示であるが，重要なものなので紹介しておこう．流線は基本的に定常流れの様子を知るために有効な手段である．ただし，非定常のデータであっても，ある瞬間の速度場の流線（厳密には流線とは呼ばない）を描いて，流れの様子を調べることもある．ただし，流線はその接線方向がその点の速度の方向に一致するというものであるから，流れが定常でない場合は粒子の軌跡とは一致しない．

流線を描くには定常解（またはある瞬間）の速度ベクトルの分布を利用する．流線を出発させようとする

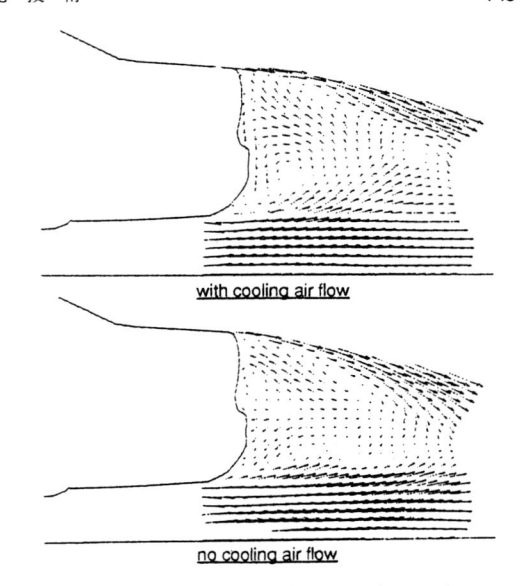

図8.10 速度ベクトルの例：エンジンルーム通風による車体後流の変化[2]

位置（通常適当な格子点位置を選ぶ）から，順次速度ベクトルを適当な仮想時間ステップで空間内を積分していき，その粒子の移動位置を計算し，それらを結んでいけば流線が完成する．ある格子点から出発した仮想粒子の仮想時間後の位置がちょうどほかの格子点上になることはほとんどないから，格子点での速度ベクトル値を利用した内挿が必要になる．これにはすでに示した内挿法が利用できる．このように結果のデータに対して数学的な演算を施すことによって現象理解しやすくすることが可能であるが，演算の精度に対しては注意が必要である．

具体的な積分方法を考えてみよう．まず流線の求め方について述べる．ある時刻における流線を，その流線に沿ってとった座標 s により表せば，

$$\vec{u} = \frac{d\vec{x}(t)}{dt} = \frac{d\vec{x}(s)}{ds}\frac{ds}{dt} = k\frac{d\vec{x}(s)}{ds} \quad (8.10)$$

座標位置の流線に沿ってとった微分は速度に比例するから，速度を空間的に積分していけば流線を得ることができる．この積分においては s は仮想的な時間と考えてもかまわない．すなわち，着目している（仮想的な）粒子を時間を追って追跡するという意味にもとれる．

式 (8.10) の積分については運動方程式の積分であるから一般的な常微分方程式の解法が利用できるが，シミュレーション結果の後処理作業の中で瞬時に多く

の流線を描くことが要求されるので,あまり計算負荷の高い方法は利用できない.いくつかの方法が提案されている[3~8]が,結果として得られる流線が十分な精度をもっているかどうかは注意する必要があり[3,9,10,11],積分作業による誤差の蓄積によって流線が正しくない方向にしだいにずれないように積分の方法や刻み幅には注意が必要である.すなわち,高速に流線を描かせようとして大きな積分刻み幅をとり,その結果得られる流線の精度を失わないよう注意が必要である.以下に具体的にどのように流線を描いたらよいのか考える参考として,流線を描く際に注意すべき項目を三つあげておこう.

(i) 積分空間 構造格子を用いた計算の場合,物理座標において式(8.10)を積分する代わりに,いわゆる反変速度 U を用いて計算空間内で流線を求める積分を実行することができる.この場合の利点は,物理座標 (x, y, z) を用いるとその点がどの格子の中にあるかを何らかの方法で検索しなければならないのに対し,計算空間では (ξ, η, ζ) の値からこれが直接わかるからである.確かに,二つの方法は数学的には等価であるが,計算空間の積分では座標変換のヤコビアン行列が格子点でしか与えられないため,座標変換による誤差は避けられない.また,物理空間では速度 u はたかだか 1 のオーダでしか変化しない(境界層の内部においてはこの限りでない)が,反変速度 U は格子の疎密に依存するため何桁も変わりうる.簡単な例を示せば,計算格子のサイズが変化している場合には,物理速度 u は一定であっても,計算面の反変速度 U は大きく変化する.離散化されたデータについては,このような誤差も一概に無視できるとは限らない.

できることなら物理空間で積分することが望ましいが,計算負荷の問題や内挿や積分刻みによる違いもあるうえ,もともとがせいぜい格子セルの大きさ程度の精度しかないのであるから,精度の要求に応じて使いわけるのが良いであろう.

(ii) 積分法 積分法を考える場合,基礎式が物理空間であるか計算空間であるかということは直接には関係ないので,ここでは式(8.10)を積分することを考える.

s を仮想時間 τ と考えると,要は "$\tau=\tau_1$ のときに $x=x_0$ の場合 $\tau=\tau_2$ のときにはどこにいるか,すなわち x は何か" を求めるのであるから,式(8.10)の積分形で,

$$\vec{x}_2 = \int_{\tau_1}^{\tau_2} \vec{u}(\tau) d\tau + \vec{x}_1 \qquad (8.11)$$

と書く.$\vec{u}(\tau)$ は仮想時間の関数であるが,実質的には座標そのものの関数であるからこの積分は非線形となる.一つの計算法は $\vec{u}(\tau)$ が $\tau=\tau_1$ の値のまま変わらないとして $\tau=\tau_2$ まで積分することである.これはいわばオイラー陽解法に相当する.この場合,

$$\vec{x}_2 = \vec{u}(\tau_1) \Delta \tau + \vec{x}_1 \qquad (8.12)$$

精度は時間(仮想時間=ここでは実際には進む距離と等価である)一次である.より精度よく積分を実行するためには陰解法を利用するか,高次精度の陽解法を利用する必要がある.たとえば,2段階ルンゲ-クッタ法を利用する場合は,

$$\vec{x}_* = \vec{u}(\tau_1) \Delta \tau + \vec{x}_1$$
$$\vec{x}_2 = \vec{x}_1 + \frac{1}{2}\vec{u}(\tau_*) \Delta \tau \qquad (8.13)$$

また,台形則(クランク-ニコルソン)を利用する場合は,

$$\vec{x}_2 = \frac{1}{2}(\vec{u}(\tau_1) + \vec{u}(\tau_2)) \Delta \tau + \vec{x}_1 \qquad (8.14)$$

となる.$\tau=\tau_2$ における u,すなわち $x=x_2$ における u が必要になるが,x_2 は未知数そのものであるから,台形則の場合は陰的に求めることが必要となる.

どの方法がよいかは一概にはいえない.たとえば,NASA Ames 研究所のソフトウェアでは長年オイラー陽解法が利用されているが,積分の刻み幅には十分注意が払われている.最終的には画像にでた結果として目に見えるレベルで差異がでるかどうかが重要であるから問題によっては陽解法で十分な場合もある.刻み幅については,扱っている問題に対して経験的に大きさを決めていくことが望ましいが,一般的なテストプログラムとして単純な回転流を考えるのも参考になる[11,12].

(iii) 積分刻み 流線の精度は実際には積分法の選択よりもむしろ積分刻みを正しく選んでいるかどうかで決まる.数値積分の原理からいって,積分刻みは細かければ細かいほど精度はよいはずであるが,実際には速度などの内挿との絡みもあってある程度以上細かくしても意味はないと思われる.

それでは適正な積分刻みの与え方が問題となるが,本当のところは解くべき流れ場にことごとく依存しているのでこれといった基準はない.ただ,1回の積分

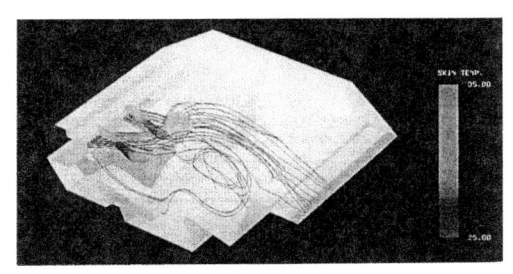

図 8.11 流線の例 1：車内空調流れの可視化[13]

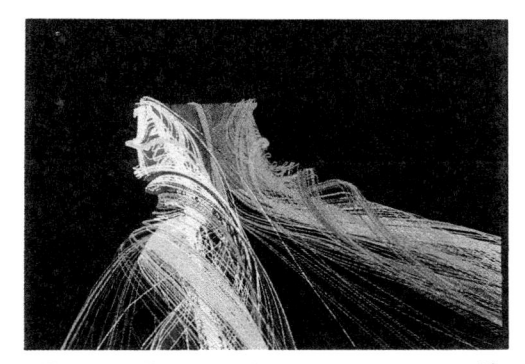

図 8.12 流線の例 2：空力基礎モデルの後流の様子[14]

で 1 格子以上流線が移動してしまうのはあまり精度がよさそうにない．それは，物理空間で積分するなら相対的に速度が大きい格子が細かい場合である．そこで，積分する場所々々で，大体 1 格子進む程度の積分刻みを基準にして，その何倍，あるいは何分の 1 と与えるのが全体の積分精度を均一にする方法と考えられる．もちろん，上述のテストプログラムで確認するのも一つの方法であろう．

具体的な積分プロセスの例などについての詳細は文献[8〜10]などを参照されたい．最後に，流線表示の具体例を図 8.11 と図 8.12 に示しておく．図 8.11 は小森谷らによる車内空調による気流の可視化である[13]．図 8.12 は伊藤らによる空力基礎モデルの後流の様子を可視化したものである[14]．どちらもかなり強い三次元の回転流れとなっているのがよくわかる．

e．速度ベクトルに基づくそれ以外の表示

（ⅰ）**流跡線** 流線が定常流れの速度ベクトルの空間積分であったのに対して，流跡線は時間とともに変化する非定常の流れにおいて各瞬間の速度ベクトルを空間積分していったものである．したがって，速度分布を空間だけでなく時間の関数として，流線の空間積分を時間精度をもたせて行い，利用する速度ベクトルを各時刻のものとすれば得られる．線そのものが時間とともに変化するわけではないので，利用するデータ量は膨大となるが，加工した後の最終的なデータ量は流線と同じ程度となる．実験における流れの可視化との類似を考えると，流跡線よりも流脈のほうが有効である．

（ⅱ）**流脈** 利用する元データは時間とともに変化する流れ場全部である．同じ空間内の開始点から各時間ステップで次々と新しい粒子を放出していく．実質的に煙や染料による可視化と同じ流れの様子が得られる．具体的な例を図 8.13 に示す[15]．姫野らによる車体まわり，とくにフロア下部の流れの様子である．

（ⅲ）**タイムライン** この場合は粒子を放出する開始点を線上に設定し，適当な時間刻みで間欠的に粒子を放出する．水素気泡などの可視化法をまねするものであると考えるとわかりやすいかもしれない．例を図 8.14 に示す．図 8.13 と同じく姫野らの結果である[16]．水素気泡による可視化法との対応がよくわかる．

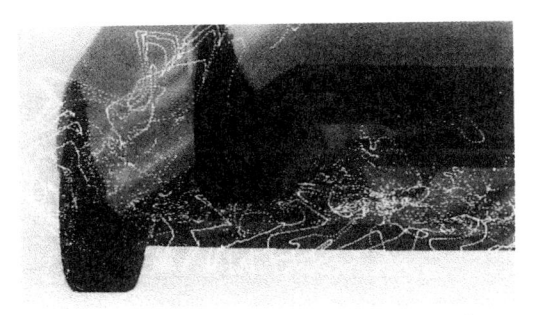

図 8.13 流脈の例：フロア下部の流れの様子[15]

図 8.14 タイムラインの例：ソーラカー周りの流れ[16]

8.2.3 面　表　示
a. 色 情 報

　最近はカラーのビットマップディスプレイ（一般のワークステーションなどに利用されている画面を小さな点の集合と考えて，画像を表示する装置）が広く利用されるようになってきて，カラーの画像を目にする機会が多くなってきた．このようなディスプレイでは最終的な画像データはこのピクセルと呼ばれる点がたくさん集まって構成されている．プリンタのドット数のようなものと考えてもいい．ディスプレイのサイズや性能にもよるが，画面全体で$1\,000 \times 1\,000$程度のピクセルがある．最初に述べたように，ユーザーは適当に座標系を定義して，そこでの座標値をグラフィックスライブラリに渡すだけであり，ピクセル自体をあまり意識する必要はない．しかし，ライブラリはそれを受けてピクセル単位で明るさを変えたり色をつけたりし，その結果が見ている人には線や色の画表示であったりするのである．

　さて，8.2.2項で述べた線を利用した表示に加えて，面をフリンジで表示するのではなく，面として表示することで，よりリアルな画像をつくることができる．すなわち，形状を面塗りで表示したり，たとえば青が圧力の低いほう，赤が高いほうといった具合に等高線を引く代わりにレベルを色に対応させて表示する．面を表示すること自体はそれほどむずかしいことではないので，まず色という情報について考えてみよう．

　紙面では色はあまり意味をもたないが，色の出るディスプレイ上では色を使い分けることは重要である．たとえば，格子線と等高線の色を変えるだけでも見やすさが増すことは容易に想像できる．色の基本は光の3原色であるRGB（赤緑青）である．すべての色はそれらを適当な強さで混ぜ合わせることによって得られる．最近のワークステーションなどではRGBそれぞれの強さを0から255までの256段階に分けているものが多い．256は8ビットで表せるから，RGBそれぞれ8ビット，計24ビットで色を表す．色の種類はしたがって$256^3 = 16\,777\,216$色である．これは事実上あらゆる色を表せる数なのでフルカラーと呼ばれている．

　色のつくり方は，たとえば，Rだけが255であとの二つが0すなわち$(255, 0, 0)$だとこれは最も明るい赤である．赤に緑を同じだけ混ぜると黄色になるので，$(255, 255, 0)$は最も明るい黄色である．さらに青も混ぜてしまうとこれは$(255, 255, 255)$で白になる．強さを弱めて，$(128, 0, 0)$とすると，これは暗い赤，$(128, 128, 128)$はグレーになる．すべてを0にしてしまえば，それは黒である．つまり，それぞれの値の大きさが色の明るさ，混ぜ方が色の種類を決めている．もう少し混ぜ方を工夫して，たとえば，黄色からGを少し減らして$(255, 128, 0)$としてみると，黄色より赤寄りということで，オレンジになる．逆に赤を減らして$(128, 255, 0)$とすれば黄緑である．では，三つとも混ぜて，$(255, 128, 128)$としたらどうなるか．これは$(127, 0, 0)$と$(128, 128, 128)$を足したと考えればわかるように赤と白を足しているのでピンクになる．色の分野では，このように白の成分が混じった色，つまりRGBすべてが値をもつ色は鮮やかでないと考える．

　ふつうは，最も明るく，かつ鮮やかな色で，色の種類を変える．図8.15はその一例で，横軸が色の種類，縦軸がRGBそれぞれの強さである．左から見ていくと，初めはR以外が0なので赤である．そこからGが増えてくるので，オレンジ，黄色と変化する．Gが255になったら今度はRが減っていき，Rが0で緑になる．次にBが増えてこれが255になると，水色（シアン）となる．Gが減って0になると青になる．さらにまたRが増えて255で紫（マゼンタ）となり，Bが0になると赤に戻る．この図で横軸の0から2/3を使うと，色を赤から青まで滑らかに変化させることができる．しかも，つねに1成分は255なのでその種類の色としては最も明るく，またほかの二つのうちの1成分はつねに0なので最も鮮やかな色でもある．

　しかし，このように色をつくるのはあまり直接的でない．実際のグラフィックスライブラリではHSVカラーモデルあるいはHLSカラーモデルなどといった

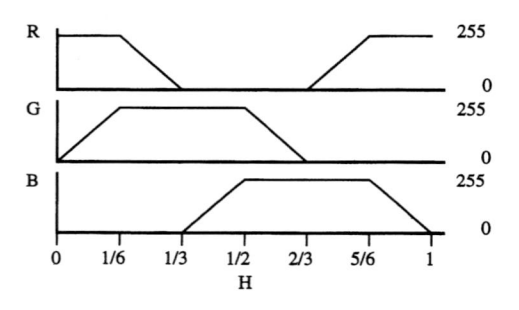

図 8.15　RGBの数値による色変化

モデルが利用されることがある．H は Hue で色相，つまり色の種類，S は Saturation で直訳すると飽和度，実際には色の鮮やかさ，V は Value，L は Lightness でいずれも明るさを表す．HSV と HLS は多少異なるが，いずれも，最も明るく，鮮やかになるように S と V や L と S を指定しておいて，H を変化させることによって先に述べた色変化を実現する．数値シミュレーションの可視化では色は適当な物理量のレベルに対応させて決めることが多いので，スカラの物理量という一つのパラメータに対して色の変化も一つに決まるこのカラーモデルは使いやすい．HSV などのカラーモデルが使えるかどうかはグラフィックスライブラリによって異なるが，図 8.15 に示した色変化を関数として定義すれば RGB しか使えないグラフィックスでも同じことはできる．

b．面表示のプロセス

物体などの形状の表現は座標と定義してそれによって形成される面の色を定義すればそれで終りなのでとくに説明はしない．最初に述べたように，これだけでは立体的に見えないことが多いから，三次元物体の場合には光源を設定してリアルにみせることが必要となる．光源の設定や視点の設定などはグラフィックスライブラリに指定されている方法を利用すればよく，特別の技術は必要ない．

一方，スカラ物理量の表示では等高線などの代わりに面塗りによって物理量の分布を表すことができる．図 8.5(c) は等高線の代わりに面の色で物理量の分布を表している．圧力のレベルが青から赤にと高くなっていくから全体としてどのような圧力分布になっているかは容易に理解できる．そこで，次にこのような表示を考えよう．等高線の場合と同様に四角形格子の場合は格子を二つの三角形に分割すると考えて三角形格子の場合で考えてみると，一つ一つの三角形で 3 頂点の座標値と物理量は既知である．等高線の場合と同じように表示したい物理量の最大値，最小値に対応する色情報を前節の方法によって HSV などの数値データとして特定しておくと，この頂点での物理量に対応する色情報の値が特定できる．

たいがいのグラフィックスライブラリの場合，3 頂点の座標とこのようにして決められた 3 頂点での物理量の色情報を"多角形面塗りサブルーチン"に渡せば終りである．色相を用いて連続的に色の変化を表す場合を考えると，たとえば圧力の最小値が Hue の 0，最大値が Hue の 2/3 に対応するようにすればよい．S と V は最も鮮やかでかつ明るくなるように 1 に固定する．RGB 表示しかできないグラフィックスライブラリの場合は HSV-RGB などの変換テーブルを用意しておけばよい．このようにして表示したいすべての三角形の面に対して上記の作業を行えば目的は達成できるが，実際のグラフィックスライブラリでは描きたい多数の三角形をまとめてライブラリを呼ぶことができる場合が多い．

3 頂点での物理量は同じであるとは限らないから，3 頂点の色も当然異なってくる．では三角形の内部の色はどうなるかであるが，たいていの場合，適当に滑らかに内挿される．もちろんその内挿に物理的な意味はない，つまり，もとの頂点での物理量を内挿した値に対応する色には必ずしもならない．したがって，面塗りの精度はいわば 0 次精度であり，大雑把に解の分布をみるのに適していると考えられる．具体的な例を図 8.16(a) と (b) に示しておく．図 8.16(a) は吉行による衝突時に車体変形の様子を色表示したもの[17]で，もとはアニメーションである．図 (b) は藤谷による高速コンセプトカー車体表面の圧力分布色表示である[18]．複雑な車体形状のどこに圧力の高いところがあり，どこに低いところがあるかが一見してわかる．

最後に等高線と面塗り表示の違いについて記しておこう．表示したい情報は一般に静的な物理量であり，グラフィックスライブラリに渡す情報も同じである．しかし表示される内容は全く異なっていることを忘れてはいけない．等高線は物理量がどのように変化しているかといういわば変化の度合い，すなわち，どのくらい急に物理量が変化しているかを示している．一方，面塗り表示は物理量のレベルのみを示している．

たとえば，ある物理量が一様な分布をしている場合を考えてみよう．面塗り表示ではある 1 色の色が塗られる．そこからはレベルはわかる．一方，等高線の場合は 1 本も引かれない．当然，そこからは物理量がどのレベルにあるのかはわからない．では面塗りのほうが優れているかというと，そうとは限らない．物理量が変化している様子は実は面塗りでは雑然としてわかりにくいが，等高線ではそこにのみ線が集中して現れるのでたいへん理解しやすくなる．しかし，絶対的なレベルは等高線に数値を書き込まなければわからない．

このように面塗り表示と等高線表示は一見同じもの

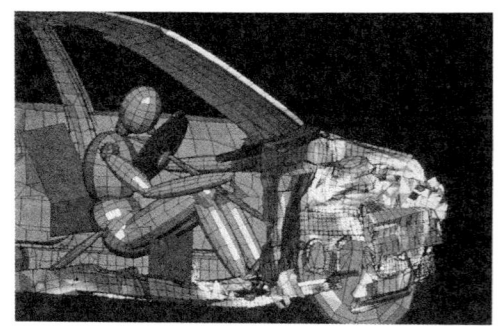

(a) 衝突時の車体の変形の様子を色で表示したもの[17]

(b) 高速コンセプトカー車体表面に生ずる空気圧[18]

図 8.16 面表示の例

のように理解されがちであるが，そこから得られる情報は異なっていること，その結果それぞれに意義があると考えられる．なお，等高線に色をつけて表示すれば，そのどちらの情報も取り込むことができるため，よく利用される[12]．

c．等値面表示

等値面は三次元のスカラ物理量分布を可視化する方法の一つで，値が一定の領域を結んでできる曲面である．三次元における等高線が等値面であるといってもよい．ただし，いくつものレベルをいっぺんに表示してもわけがわからなくなるから，一つまたはせいぜい数個の等値面表示をすることが多い．等値面の計算は等高線と同じ内挿を三次元の空間内で行えばよい．

例をあげて考えてみよう．三次元なので，線形内挿を行うなら，三角錐が基準となる．差分法などでは格子は六面体であるから，そのまま用いたいところであるが，ここでは五つの三角錐に分割する．図 8.17 に六面体を五つの三角錐に分割する方法を示す．五つという数は本質ではなく，六つやそれ以上に分割することもできるが，少ないほうがより少ない計算時間で等

値面が抽出できるであろうという予測からそうしている．注意すべきことは，隣り合う格子間で接する面の分割方向が同じになるようにしないと，内挿する物理量が境界で不連続になり，結果として等値面がつながらなくなるという点である．

三角錐の内部では線形分布が仮定でき，内挿には式 (8.7)〜(8.9) が利用できる．ここでも物理量のレベルが与えられて，逆にそれに相当する座標を求めるのであるから，等高線の項で示したように，内挿法を逆に利用していくことになる．あるいは，等高線のときと同様に，辺との交点は，辺の両端の値からの荷重平均であり，面との交線はこれらの交点を結んだ直線になるといってもよい．等高線の項で述べたように，三角形をもとに等高線追跡をするときは，3頂点での値と，追跡する値の大小関係を考えると，三角形の内部に等高線が 1 本，すなわち，辺との交点は必ず 2 点であった．

同様に，三角錐の 4 頂点に物理量を与えて追跡する値との大小関係を考えると，交点は三つまたは四つ

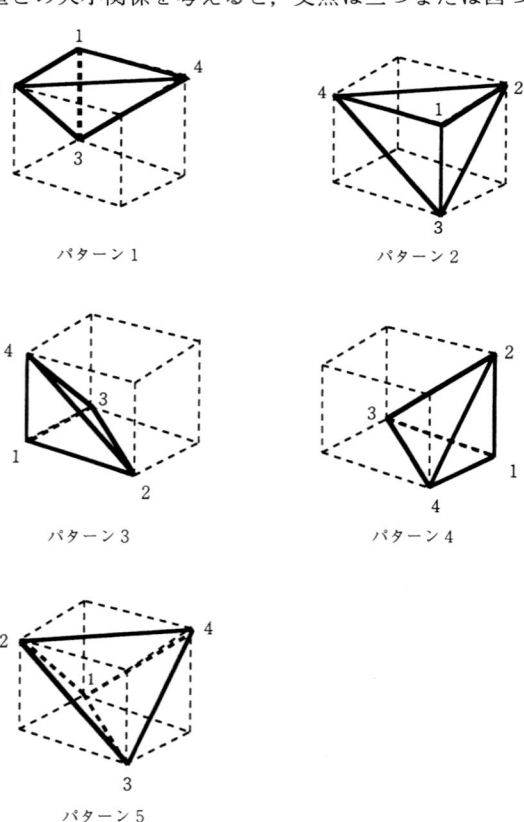

パターン 1

パターン 2

パターン 3

パターン 4

パターン 5

図 8.17 等位面の作成における六面体の分割

で，等値面はそれに応じて三角形または四角形になる．この作業をすべての格子（セル）について行えば，結果として等値面の形状が得られる．もとになるのが三角錐であるので，構造格子，非構造格子に関係なく，この方法は適用できる．このように説明は簡単であるが，実際にプログラムを書くのはそれほど単純ではない．

等値面の場合には光源を設定して光を当てたように描く必要がある．そうしないと等値面の形状がわからないからで，そのため等値面はCGとしても多少高度なものが要求されるといえる．具体的な例を図8.18に示す．花岡によるフロントピラー付近の縦渦から生ずる騒音を議論したもの[19]で，渦の様子を見るためにヘリシティー面を示している．現象把握という研究の観点からすると，この等値面は得るところが多い．しかし，等値面は立体的な構造をもつことになるから視点や光源の設定など高度なレンダリングが必要となる．その結果一つの等値面を表示するだけでも多くの計算時間がかかり，表示の量が多いとリアルタイムで視点の変更をすることも容易ではない．ワークステーションの能力によっては視点などを固定し，等値面の計算もあらかじめ行ってから，表示するのがよいかもしれない．

市販のソフトにも等値面の機能をもつものがいくつかあるが，アルゴリズムはここに紹介したものとそれほど変わらないと思われる．等値面は三次元的な等高線であるといったが，一つ，二つの面のみを表示することが多いから，等値面は特定の大きさの物理量の分布を示す手法であるといえる．もともとわれわれが考えている画像の出力先はディスプレイやプリンタなど面で定義されるもので，完全に三次元情報を表示するのは原理的に不可能である．そこで視点をしだいに変えたりして立体的なイメージを得ることが多い．それでは場全体の物理量の分布を一目で見渡す方法はないのだろうか．ボリュームレンダリングと呼ばれる手法について次に考えてみよう．

8.2.4 ボリュームビジュアライゼーション

最近，ボリュームレンダリングという言葉がCGの世界でよく使われる[20]．ボリュームレンダリングは，これまで説明してきたCGが三角形という面を扱うサーフェスレンダリングであるのに対し，初めから三次元のデータを扱おうとするもので，もともとはアメリカのPIXARというCG会社が，CTスキャンで得られた二次元スライスのイメージを積み上げて三次元の立体像を構成するために用いた方法が始まりといわれている．

基本的な考え方は，たとえば二次元の画像が512×512ピクセルで，画像が200枚とすれば，512×512×200の直方体を考え，それぞれの直方体の内部に光の透過度，反射度，色特性（何色を反射するかなど）を設定し，ある点からどう見えるかを光路に沿って積分することで求めるという面倒なものである．たとえば，リンゴを描くとしよう．サーフェスレンダリングではりんごの表面のみを表示する．ボリュームレンダリングではりんごの中まで表示できる．透明度の設定によってはどちらも同じ画像表示に見えることもあるが，表示されているものの量は全然違う．

もともとのボリュームレンダリングは，このように三次元CGによる画像処理というCG技法の意味合いが強かったが，三次元空間の微小領域にそれぞれ値をもっているという状況は離散化による数値計算結果に共通するものがあり，数値シミュレーションの可視化をボリュームレンダリングでという試みがなされてきた．一般座標系で，あるいは非構造格子で計算された結果をボリュームレンダリングで可視化する方法はいくつか考えられるが，よく用いられている方法は，可視化したい領域を適当な細かさの直方体で切り直し，それぞれの直方体での解を内挿などにより求めたのちにボリュームレンダリングのプログラムにかけて絵をつくるというものである．直方体に切り直すのは光路に沿った積分を簡単にするためであるが，そのことによる誤差はもちろん考慮しなければならない．直方体に置き換えないで直接に積分する方法も考えられるが，もともとボリュームレンダリングは計算時間を要

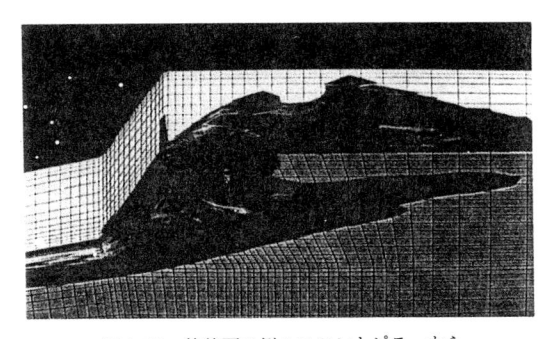

図 8.18 等値面の例：フロントピラーから出るはく離渦の可視化[19]

する手法なので，実用的な時間に収まらなくなってしまう．

それでは，ボリュームレンダリングは新しい可視化として期待できるのだろうか．まず第一に，三次元データをすべて扱うことからメモリと演算能力に対する要求はサーフェスレンダリングよりも数段厳しく，GWS 上で絵がくるくる回るなどということは期待できない．実際，ボリュームレンダリングを実用的な解像度でつくっている例をみると，スーパコンピュータを利用していることが多い．しかし，メモリや演算能力といった問題は将来解決するかもしれないし，ボリュームレンダリングが有望であると認識されれば，プログラムをハードウェア化して高速化するということもあろう．

それよりも，ボリュームレンダリングではサーフェスレンダリングにはできない可視化ができ，それによって流体現象の理解が進むといったことがあるかどうかのほうが重要である．ボリュームレンダリングをよしとする人たちの一部は，ボリュームレンダリングはデータを三次元のままもっているので断面をとったり，等値面を描いたりするのが簡単であるからボリュームレンダリングのほうが優れているというのであるが，これらのことはサーフェスレンダリングでもこれまでに説明してきた方法で可能であるし，自分でプログラムを書くにしてもどちらかがとりわけむずかしいということでもなかろう．

比較のため等値面の表示を考えよう．サーフェスレンダリングの等値面では，ある関数の一定値に相当する面をつくってそれを表示する．ボリュームレンダリングでは，たとえば実質的に指定した範囲に属する値すべてが表示される．各等値面レベルに透明度を設定すると内部まで透かして見ることができる．その結果，一つの表示で流れの特性が把握しやすい．等値面では視点を変えるなどしてその様子を理解するが，ボリュームで表示すると視点の変更なしでも理解しやすい表示が可能となる．

すなわち，ボリュームレンダリングで特徴的な可視化とは，定義のあいまいな流体現象を表現することである．たとえば，空間内で圧力勾配の大きなところにその大きさに合わせて適当な色と不透明度を与えれば，結果として衝撃波などの急勾配の面を見ることができるはずである．もちろん，サーフェスレンダリングで複数の等値面を表示し，それぞれに透明度を設定

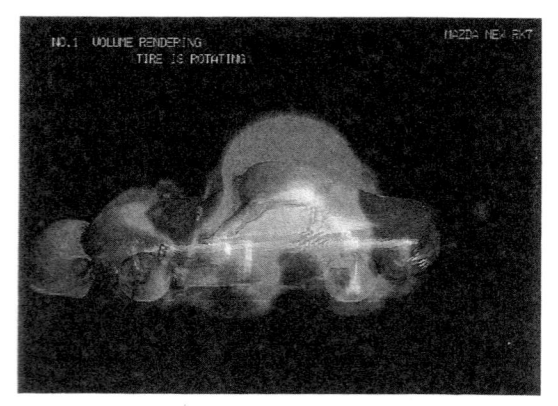

図 8.19 ボリュームレンダリングの例：車体周りの空気圧分布 [17]

することもできる．ボリュームデータを表示する作業は大きな負担で，現状ではデータをあらかじめ準備して表示を行うことが多いから，付加の軽減化が可能となれば，ボリュームレンダリングの利用法について新たな展開が開けるかもしれない．

最後に，ボリュームレンダリングの例を図 8.19 に示そう．吉行による車体周りの空気圧の分布である [17]．たとえば，すれ違い時などにどのような圧力の変化が起こるのかを知るためには，このような全体が見える表示が便利である．ただし，1992 年時点のデータであるが，スーパコンピュータを利用して 7 分程度を要したと記述されており，表示に要する時間が問題となってくることがわかる．

8.2.5 インタラクティブグラフィックスとアニメーション

これまで述べたようなプログラムをつくれば可視化はできる．しかし，これでは一つプログラムを書いて走らせると一つ絵が出て終わりであり，いろいろな方向から結果を眺めたり，さまざまな種類の可視化をして結果を解析するといった目的には適さない．そこで，実際にはインタラクティブ（会話的）に見る向きが変更できたり，スカラの物理量が選べたり，等高線を描いたり面塗りをする面が変えられたりといったことが必要になってくる．最近のグラフィックスライブラリは，そのようなインタラクティブな使い方ができるようなつくりになっているものが多い．

たとえばふつうは見る向きを変えるとき，絵を消してビューイングを変更し，絵を再度描き直すという手順になるが，PHIGS などはいったん絵を描いてしま

えば，ビューイングのルーチンを呼び直すだけで自動的に絵を描き直してくれるようになっている．また，多くのグラフィックスライブラリはマウスなどの入力装置から値を読み取ることができるので，マウスに合わせて絵が回転するといったプログラムも書くことができる．ただし，複雑な処理ができるようにすれば，便利になる反面，プログラミングの手間も増えてくる．しかし，解析の対象が複雑になってくれば，手軽に使える可視化ソフトはどうしても必要になってくるだろう．

最近では，数値シミュレーションを行いながらその結果を同時に表示することが手軽にできるようになってきた．これまで数値シミュレーションは，計算が終了するまで待ってから後処理として結果を見るのがふつうであった．または何ステップかおきにファイルを出力し，それを見る．しかし，非定常計算のみならず計算を行っている途中の様子を見ることはさまざまな利点がある．たとえば，計算がうまくいっているかどうかをモニタしたり，そのモニタ結果からジョブに積極的にコマンドを送ってパラメータの変更をしたりすることができれば，より計算を効率的に行うことなどが可能となる．また，計算がうまくいかない原因を調べるのにたいへん有効である．

この意味で，計算しながら可視化表示を行う—インタラクティブビジュアライゼーションまたはインタラクティブビジュアルコンピューティング—が登場してきた．最近の GWS の演算能力，画像表示能力を考えると，簡単な問題については低価格なものでもインタラクティブビジュアライゼーションが実現できる．すでにパソコン上でもできるようになりつつある．

計算しながら画像表示するのはむずかしいとしても，一般にアニメーション表示されたデータは静止画に比べてはるかに多くの情報を与えてくれる．流れが時間とともに変化する非定常流れの場合はもちろんであるが，定常な流れについても流線をしだいに長くしていったり，視点をしだいに変化させて表面の圧力分布や等値面を見たりすることで三次元的なイメージの理解ははるかに高まる．視点の変化や流線の成長などは，データそのものは増えるわけではないのでワークステーションの負担は大きくはなく，それなりの能力のものであれば，インタラクティブに作業できる．しかし，非定常のデータを扱う場合は，これまでの空間のデータに加えて，それらの時系列が存在する．

たとえば，空間 10 万点程度の比較的小さな三次元計算であっても，時間方向の積分は通常 1 万以上，ときには 10 万から数十万回にも達するから全体として得られるデータは少なくとも $10^5 \times 10^4 = 10^9$，すなわち 4GB といったデータ量となる．これはもちろん現実的な数字ではない．物理現象の変化は時間 1 ステップごとに起こっているわけでなく，一つ一つのステップでの物理量変化は比較的ゆっくりとしたものである．また，連続画像からなるアニメーションからわれわれが何を学びとるかを考えた場合，それは"現象変化の様子"であり，定量的な情報すべてを完全に引き出すことではない．こう考えると，時系列のデータはある程度間引いても実際には大きな支障はないと考えられる．

たとえば物理量が周期振動の変化をしているとき，その一つの周期に 10 から 20 点程度の点があればおそらく流れの変化は十分に認識できるであろう．したがって，得られるデータすべてを残す必要はなく適当な時間間隔でデータを出力しておけば十分である．また，ディスクスペースや処理作業を考えると出力するデータも特定の関数や特定の場所のものだけに限定することも必要となる．時系列からデータを間引いたり，特定関数のみの出力を限定したりすると，意図せずに大切な現象を表すデータを失ってしまっていることもありうる．それを避けるために今後の非定常データのような膨大なデータに対する後処理においては，研究者の意図するものを出力するだけでなく，起こっている何らかの変化を検知して必要な情報を出力するインテリジェントなシステムが，今後の可視化システムには重要になってくるであろう[21]．

現実的には，シミュレーションしようとしている現象—研究者はそれなりに認識しているはずであるが—の特徴的な関数の時系列を出力し，それを参照して，そこに現れる特徴的な非定常変化を見られる程度にデータを間引くことが望ましいと考えられる．現実には，多分に経験的に作業している場合がほとんどである．

このような一連の画像をリアルタイムでワークステーションなどの画面に表示すること（リアルタイムアニメーション）ができれば，アニメーションそのものは完成である．これは研究者の立場からすれば究極のシステムなのであるが，残念ながら，通常ディスク上におかれるシミュレーション結果の時系列という

データベースにアクセスして，必要なデータを画像表示する作業を1秒の間に何回もできるほどワークステーションの能力は高くはない．

これに対して，画面に出力した画像を画像データとして蓄えておき，それらを連続的に表示すれば，蓄える作業という前処理はあるものの，リアルタイムでアニメーションを見ることができる．このような画像データは画面の一つ一つのピクセルにRGBのデータをもたせたものでラスタデータとかピクセルデータと呼ばれる．このようなデータはピクセルの数，すなわち表示する画像大きさに依存するから小さめの画面を設定すれば必要とするメモリ量も多くなく，簡単なアニメーションが可能となる．ただし，データはすでにピクセル単位のデータとなっているので，視点や画像サイズの変更などはもはやできない．

仮に，ワークステーション画面上でのアニメーション表示は諦めて，アニメーションがビデオ上に作成できればよいと考えたとしよう．この場合には，あらかじめ画像のピクセルデータを作成しておいて，それを1コマずつ特定の装置でコントロールしながらビデオ機器に送る．一般のビデオ機器を利用しようとする場合（ほとんどそうであろうが），ビデオ信号には通常1秒間に30フレームの画像が含まれている．したがって，60秒程度のアニメーションをつくる場合でも$60 \times 30 = 1800$フレームの画像を作成することが必要になる．通常のビデオ信号では1画面が640×480ピクセルであるから簡単にGB程度のデータになってしまう．また，ピクセル画像データの作成の手間も膨大なものとなる．

テレビのアニメ番組などでは1コマずつセルを手づくりしているわけだからさらにたいへんで，しかも30分などという番組作成が必要になる．このような番組では，実際には同じ画像を3から4回程度繰り返して表示することで作業の省力化を図っている．これによってアニメーションのためのピクセルデータは数分の1になる．こうしてできたアニメーションは人間の目には十分連続的に見える．科学技術におけるアニメーションにおいても同様の手法を利用する．実際には約1分程度のアニメーションでは300から500フレーム程度の画像データを用意する．実際のビデオアニメーションに必要なハード，ソフトなどについては参考文献[12]を参照されたい．

データとしては一つ（たとえば，ある時刻の瞬間的な結果）でも視点を変えて結果を見ることも多い．しだいに視点を変化させていくと，アニメーションとなり現象はより理解しやすくなるが，1コマずつ視点を設定していくとこれまたたいへんな作業とデータの量となる．これを避けるために何秒かおきにキーとなる視点を設定し，その間を滑らかに補間してアニメーションを作成する．これをキーフレームアニメーションと呼ぶ．補間の方法は滑らかさを失わないように，たとえばスプライン補間などを利用する．ちなみに姫野ら[22]は，2から5秒ごとにキーフレームを設定し，それぞれを100から150フレーム程度で補間している．

お わ り に

最近では解析シミュレーションの浸透に伴い，計算の可視化は身近になってきた．しかし実際の設計開発の現場では定量的な値ばかりが気にかかり，その効果の認識や活用が十分行われていないのが現状であろう．そこで実験との比較の中で計算の可視化の長所を述べてみたい．

風洞実験にしろ衝突実験にしろ，空気抵抗や強度などの絶対値は実際の物があると容易に計測できる．ところがなぜそうなるかを解明しようと流れの様子，あるいは車体各部の応力などを測ろうとすると容易ではない．一方，計算にとってみれば，対象となる物体や領域をすべてメッシュ化しその各点で偏微分方程式を解いているから，種々の可視化処理を施すだけでいろいろな物理量をとっかえひっかえ表示することができる．設計者はこのグラフィックスを見ながら，どこの部分に応力が集中して壊れたのか，あるいはどの部分の影響で空気抵抗が悪いのかなどを詳細に観察できる．

瞬間的，高速に生じている現象に関しても実験と計算を比較してみよう．実験では高速ビデオなどを使用して撮影し，それをスローで再生することが必要である．しかしこの方法では，カメラ位置にも制限があるし，煙などを流しても拡散してしまいクリアな様子はなかなか得られない．一方，計算では重さ0の拡散しない理想的なマーカを流すことができ，渦の様子もはっきりわかる．その再生速度も思いのまま，視点もマウスを動かすだけである．もっともこのような時間的な変化をとらえる動画は手間暇がかかり設計開発の中で使用されている例は少ないが，今後マルチメディアの進展とともに活用されていくことになるだろう．

いずれにせよ手間暇かけてメッシュをつくり計算した結果を十分利用しないのはもったいない話である．設計者は可視化画面を通してその現象を隅々まで眺めることでより多くの大切な情報を手に入れられることを忘れてはならない．　　　　　　［藤井孝藏・藤谷克郎］

参考文献

1) 宮路幸二ほか：3次元物体を過ぎる衝撃波の挙動，第27回流体力学講演会講演論文集，(1995.9)
2) 片岡拓也：床下，エンジンルームを含む車体空力特性の数値解析，自動車技術会学術講演会前刷集，No.921 (1992)
3) Y. Tamura, et al.：Visualization for Computational Fluid Dynamics and the Comparison with Experiment, AIAA Paper, No.90-3031 (1990)
4) M. H. Smith, et al.：Analysis and Visualization of Complex Unsteady Three-Dimensional Flows, AIAA Paper, No.89-0139 (1989)
5) D. L. Modiano, et al.：Visualization of Three-Dimensional CFD Solution, AIAA Paper, No.89-0138 (1989)
6) G. Volpe：Streamlines and Streamribbons in Aerodynamics, AIAA Paper, No.89-0140 (1989)
7) 岩津玲磨ほか：非圧縮性流体の流線の計算方法について，第4回数値流体力学シンポジウム講演論文集，p.475-478 (1990)
8) 白山 晋：仮想粒子追跡法による流れの可視化，第4回数値流体力学シンポジウム講演論文集，p.483-486 (1990)
9) D. L. Darmofal, et al.：An Analysis of 3-D Particle Path Integration Algorithm, AIAA Paper, No.95-1713-CP, Proc. 12th AIAA CFD Conference, p.766-775 (1995)
10) S. Shirayama：Several Source of Errors in Numerical Flow Visualization Techniques, AIAA Paper, No.95-1714-CP, Proc. 12th AIAA CFD Conference, p.776-791 (1995)
11) 田村善昭ほか：数値流体力学における可視化(I)-(IV)，日本数値流体学会誌，Vol.2, No.3-Vol.3, No.2 (1994.7-1995.4)
12) 中橋和博ほか：数値流体力学シリーズ第6巻，格子形成法とコンピュータグラフィックス，東京大学出版会 (1995)
13) 小森谷徹：自動車室内気流の数値シミュレーション，流れの可視化今・昔，可視化情報学会，p.176-177 (1993)
14) 伊藤晋吾ほか：自動車まわりの流れの渦の可視化と空力性能向上技術，可視化情報，Vol.13, No.51, p.24-31 (1993)
15) R. Himeno, et al.：Numerical Analysis of the Airflow around Automobile Using Multi-block stractured Grids, SAE Paper, 900319 (1990)
16) 姫野龍太郎：車まわりの流れの可視化—機械学会第71期通常総会講演会ワークショップ熱流体ビジュアライゼーション：現状と将来展望 (1994)
17) 吉行 隆：自動車開発におけるビジュアライゼーションの活用，PIXEL, No.116 (1992)
18) 藤谷克郎：DRAG4Dの車体空力特性開発への適用，日産技報，No.30, p.120-125 (1995)
19) 花岡雄二：数値流体力学シリーズ第6巻，格子形成法とコンピュータグラフィックス，東京大学出版会，p.167 (1995)
20) 藤代一成：ボリュームビジュアライゼーション概論，PIXEL, No.116 (1992)
21) 藤井孝藏：CFDにおける可視化処理，日本航空宇宙学会誌，Vol.44, No.509, p.379-385 (1996)
22) 姫野龍太郎：構造格子系を利用したCG—流れのコンピュータグラフィックス (CG)，機械学会講習会教材 (1991)

9

今 後 の 動 向

　自動車産業は，解析シミュレーションを最もよく利用する業種の一つであろう．1章でも触れたように，とくに近年の開発期間短縮やコスト削減の要請は解析シミュレーションに対する期待をいっそう大きなものにしている．

　解析シミュレーションの技術の動向はハードウェアの進歩と密接なつながりをもっている．かつてのコンピュータの性能が十分でないころは，それをどうカバーするか，すなわちいかに簡単なアルゴリズムで精度の高いモデラーやソルバーを開発できるかが中心的なテーマであった．しかしコンピュータの性能が予想をはるかに上回るスピードで向上するにつれ，むしろ力にまかせて計算したほうが得策という傾向が強くなった．たとえば最近のCAD分野のソリッドモデラーの実用化や，ゲームの世界での話ではあるが，チェス名人との試合で計算機が勝つケースが出てきたのは，アルゴリズムやソフトの進歩というよりハードの性能向上がもたらした成果といってよい．

　そしてこのハードの性能向上は，従来全く不可能と思われた大型解析を可能にし，その結果モデルの大型化と高精度化をもたらすこととなった．そうなると，モデル化関連の作業が工数的にも日程的にも新たなネックとなり，モデルをいかに簡単に入力し計算結果を見やすくするかといった，メッシュ分割やプリポストの開発に関心が移って行った．

　この章のテーマである今後の動向を述べるには本来は，まず将来のマーケットニーズやコンピュータ性能の予測を行い，次にそのハードを前提としたとき，どのようなソフトウェアやシステム上の技術開発がなされるかを予測するというたいへん困難な作業を行わなければならない．しかしそれはほとんど不可能に近いので，ここではおもに，利用者側の視点での期待をベースに将来を展望することとしたい．

　最初に解析プロセスを考えてみたい．実現象に対してはある仮説を立てその理論モデルがつくられる．一方，現象に関与する実物（形状）はCADモデルに変換される．次にソルバーへの入力情報をつくるため，CADモデルを利用しつつ理論モデルの数値計算モデルへの変換，すなわち通常メッシュ分割が行われる．そして分割されたメッシュモデルを用いてシミュレーション計算が行われる．その結果はポストプロセッサにより可視化され，エンジニアによる分析と判断をサポートする．

　このような解析プロセスを前提にそれらが将来どのようになっていくかについて考察してみたい．

　理論モデリングは，いかに精度を損なわずに簡単に，また適切な領域が設定されたモデルをつくれるかが重要である．これはソルバーと密接な関係をもっている．しかし最も重要なことは，理論モデルが実現象を解析するために最も適切な仮説に基づいてつくられているということである．解析が実車開発に本格的に組み込まれることで，より優れた理論モデルへの改善とノウハウの蓄積が進んでいくであろう．

　CADモデルについては，仮想開発やディジタルアッセンブリが本格化する中でより精度の高いモデルが実務のなかでつくられるようになる．しかし現状ではCADモデルは一般的に物づくりを目的とする場合が多く，したがってシミュレーションモデルとしては細かすぎるなど，解析目的に合わない場合が多い．折角ディジタルアッセンブリのためのCADデータを作成するならば，その中間段階で無駄なく解析用のモデルもつくっていくといった効率的なプロセスづくりがたいへん重要である．ここ数年で車両開発プロセスのディジタル化が急速に進み，CADデータ作成と解析データ作成は車両開発のワークフローに完全に整合をとった形で取り込まれるであろう．

　次にプリプロセッシングとメッシュ分割について考えてみたい．

スーパコンピュータの大幅な性能向上と低価格化により従来は実用性という観点からは解くことができなかったような大型の数値計算が可能となっている．大規模な衝突解析や流れ解析などがその好例である．

現在衝突解析で10万節点程度まできているが，2000年にはこれが数百万節点といった大規模計算もふつうになるであろう．このような場合，ユーザーからみた課題は，一つは解析用のモデルの作成時間をいかに少なくするかであり，もう一つはいかに使いやすいユーザーインタフェースが提供されるかにある．したがって，今後はそういった部分での研究と技術革新が大きく進むことが予想される．とくにEWSやパソコン用のハードやソフトといった要素技術の進歩により今後自動メッシュ分割は大幅な技術革新がなされるであろう．そして2010年ごろにはほぼ完全に自動化されるのではないかと思われる．

ポストプロセッサの分野は解析にかかわる要素技術の中でも最も顕著な進化を遂げるであろう．ソリッドベースのCADモデルやシミュレーション結果の表示などは，めざましいCGやマルチメディア，バーチャルリアリティなどの技術進歩により，単に見えない部分の可視化のみならず，さまざまな分析目的にあった形での表現が可能となり，実際の実験以上にわかりやすい表示が簡単にかつ正確にされるようになろう．

以上はあくまで現状技術を外挿した形での予測である．しかし，ある技術が急速に進むと全く別な概念が生まれたり，従来不利であった手法のほうが却って得策であったりすることが起こりうる．たとえば現在のソリッドやサーフェスモデルを表現するとき一般的なB-REP（Boundary Representation）による数学モデルではなく，最近使われ始めたボクセルモデルが主流となる可能性もある．とくに有限要素法の解を導くためには，計算機の高速化を考慮すればむしろ将来性が高いと思われる．このようないくつかのブレークスルーが解析にかかわるさまざまな分野に起こるであろう．

解析シミュレーションは，設計開発のディジタル化，バーチャル化が進むほどますます重要性を増すことになり，そのことがまた将来の発展の原動力となる．そして近い将来欠くべからざる仕組みの一部として完全に自動車の開発プロセスに落とし込まれることであろう．すなわち，あと10年〜15年もすれば通常の車両開発は量産直前までは実車や部品の試作なしで行う，すなわち本当の意味での設計夢工房が実現するであろう．

［間瀬俊明］

索　　　引

ア
r法　30
RISC プロセッサ　134
アイソパラメトリック要素　44
あいまい知識処理手法　25
アコーディオン状のモード　80
アダプティブ法　29
アダムス型公式　74
アダムス-バシュホース公式　74
アダムス-ムルトン公式　74
圧潰ピッチ　77
アドバンシングフロント法　24,28
アフィン不変性　8
アワーグラス現象　77
アワーグラス抗力ベクトル　52
アワーグラス制御手法　77
安定状態　54

イ
EFGM　35
位相　6
板材の金型の摩擦特性　57
板材の形状　57
一般化簡約勾配法　117
一般化固有値指標　123
移動境界　104
色特性　149
陰解法　56,72
隠線処理　140

ウ
ウィルソンの θ 法　72
ウイングドエッジ構造　15
ウインドウ　140
上三角マトリックス　46
渦度　140
渦粘性　102
打切り誤差　46
運動方程式　99

エ
ABAQUS　55
ADINA　52
augmented Lagrangian method　77
Face based surface model　11
FEM　56
h法　30
hierarchy-territory 法　77
HLS カラーモデル　147
HSV カラーモデル　147

LES　102
Mac　134
master-slave 法　77
MCK 型方程式　58
MK 型方程式　58
MMA 法　121
NURBS　7
SGS　102
Shell based surface model　11
Shell based wireframe model　10
SIMPLE 法　106
SOR 法(逐次過剰緩和法)　47,106
エッジ　5,7,9

オ
オイラー応力　76
オイラー-ポアンカレの式　6
オイラー陽解法　144
応力方程式モデル　102
大たわみ問題(有限変形問題)　49
重み付き残差法　39
音圧感度　95
音圧寄与度　94
音響インテンシティ　94
音響出力　94
音響放射効率　94
温度環境　110
温度方程式　99
音場系マトリックス　59

カ
解析誤差　29
外力増分ベクトル　50
ガウス-ザイデル法　47
ガウスの消去法　46
ガウスの積分公式　45
拡散項　100
火災伝播　109
風上差分　99
可視化処理　137
荷重増分法　49
荷重平均　47
荷重ベクトル　45
過小緩和　47
風切音　107
仮想時間ステップ　143
過大緩和　47
金型工程計画設計 CAD　12
可能方向法　119
壁関数モデル　101
殻　9

ガラーキン法　39,42
カルマンの有限変形理論　51
簡易誤差評価手法　29
換気性能　110
間接法　87
感度解析手法　48
管摩擦係数　103

キ
ギヤの手法　75
記憶容量と演算速度　45
幾何学的境界条件　49
幾何学的非線形問題　49
幾何剛性マトリックス(初期応力マトリックス)　50
擬似直接解法　103
擬似ニュートン法　50
キーフレームアニメーション　152
基本解　87
基本境界条件　40
キューン-タッカーの条件　116,120
凝固解析　110
凝固潜熱　111
強制変位増分法　54
共役勾配法　47,106
局所座標　141
曲線座標系の格子　17
挙動制約　115
許容解　115
キルヒホッフの応力　49
近似関数　40
均質化法を用いた位相最適化解析　123
近似モデル　117

ク
空間格子法　13
空気抵抗　107
グラフィックスライブラリ　140
クランク-ニコルソン　144
グリーンの公式　93
グリーンのひずみ　49

ケ
計算誤差　64
計算流体力学　99
形状関数　41
形状最適化解析　121
ケルビンの解　87

コ
格子生成　17

構造安定問題(座屈問題) 49
構造系マトリックス 59
構造格子 17
高速安定性 107
後退代入 46
剛体モード 67
勾配関数 73
勾配法 47
誤差評価 29
弧長増分法 51
固有値解析 58
固有方程式 51
コンピュータグラフィックス 137
コンピュータ性能 45

サ

最小2乗法 40
サイジング最適化問題 117
最適性基準法 115, 120
材料非線形問題 48, 49
座屈荷重 51
座屈現象 53
座屈モード 51
サーフェスモデル 6
サーフェスレンダリング 149
左・右関係式 59
三角錐格子 142

シ

CAD 12, 19
CBR 33
CFD 99
CONLIN 法 121
CSG 13
Geometric set 10
GPC 133
シェーディング 140
シェンクの方法 94
色相 147
次数低減積分法 76
システム減衰法 52
自然境界条件 43
下三角マトリックス 46
実験モード解析 59
実行可能解 115
自動要素分割法 22
支配方程式 39, 81
4分木法 24
射出成形 80
車体 CAD 12
重合格子 18
修正ニュートン-ラフソン法 50
修正8分木法 24
修正リックス法 51
集中質量マトリックス 72
充填解析 110
重要度係数 26
縮重固有値 66
衝撃波 150
条件安定公式 76

初期応力法 48
初期応力問題 47
初期変位マトリックス(大変位マトリックス) 50
初期変形モード 51
処罰項 77
しわ抑制用ビード 57
人工粘性 72

ス

水素気泡 145
随伴変数(法) 48, 51
随伴方程式 48
数値積分 45
数値粘性 100
数理計画問題 115
スタイル CAD 12
ストレージ型 131
スーパエレメント法 68
スーパコンピュータ 131
スプライン補間 152
スプリングバック 58
スポット破断 56
スマゴリンスキー 102
スワール 108

セ

成形工程 56
成形シミュレーション 80
整数計画法 115
積分空間 144
設計感度解析 47, 51
設計感度微分 48
設計変数ベクトル 115
接触問題 49
接線剛性マトリックス 50
節点 39
節点発生法 24
セル分割法 13
0-1 計画問題 115
遷移マトリックス 55
全応力設計 117
線形加速度法 72
線形過渡応答解析の適用例 74
線形計画法(シンプレックス法) 116
線形内挿 142
前進消去 46
前進代入 46
線図 CAD 12
全体剛性マトリックス 45
選択型次数低減積分法 77
選点法 40

ソ

双一次四辺形要素 77
双一次ミンドリン板要素 77
相対回転変位 54
相対変位 54
双対問題 115
増分剛性マトリックス 50

増分理論 49
疎行列(スパースマトリックス) 45
側面制約 115
塑性関節点マトリックス 54
塑性座屈 77
塑性流れ則 50
塑性ポテンシャル 50
ソリ解析 83
ソリッドモデル 6

タ

大回転・有限剛体変位の問題 76
台形則 72, 144
代数応力方程式モデル 102
ダイフェース 57
タイムライン 145
対流項 99
多目的最適化問題 116
弾性座屈 79
弾性制御 77
弾塑性有限変形問題 49

チ

逐次積分計算 72
逐次二次計画法 117
中心差分(法) 76, 99
直接解法 101
直接積分法 72
直接微分法 48, 51
直接法 46, 87
直交(座標系の)格子 17
直交法 40

テ

Decomposition model 13
DFP 法 50
TIPS-1 13
TLF 49, 76
TVD 衝撃波捕獲スキーム 101
テイラー展開 63, 73, 117
低レイノルズ数型 k-ε モデル 102
デバイスドライバ 139
デラウニー法 24, 28
伝熱解析 111

ト

透過度 149
等高線 139
等式制約条件 115
等値面 142
動的緩和法 52
筒内流動解析 108
動粘性係数 101
特異解 93
飛び移り座屈 54
トランスファイナイト 19
トレーサ 137
ドロー工程のシミュレーション 57

ナ

内挿関数　40
内点法　118
ナビエ-ストークス方程式　101

ニ

二次計画法　117
2段階ルンゲ-クッタ　144
ニュートン繰返し法　141
ニュートン-ラフソン法　50
ニューマークのβ法　72

ネ

熱伝導問題　40
粘性制御　77
粘性流体　82
燃料液滴分布　108
燃料噴霧　108

ハ

バケット法　27
8分木法　13
バックステップ流れ　103
バーテックス　9
汎関数　39
反射度　149
バーンスタイン基底関数　7
ハンスティーンらの方法　61
反復法　46
反変速度　144

ヒ

B-スプライン　7
　　──の基底関数　8
BCIZ 要素　54
BFGS 法　50
B-Rep　13
　　──の形状操作　15
BUILD　15
p 法　30
PADL-1　13
PC/AT 互換機　134
perturbed Lagrangian method　77
PHIGS　151
非圧縮性流れ　99
光の3原色　146
ピクセルデータ　152
非構造格子　17
ひずみ増分　49
非線形計画法　116
非線形構造解析法　49
非線形座屈方程式　79
ビットマップディスプレイ　146
非等方 k-ε モデル　102
ビード形状の変更　57
ビューイング　140
標本点の集合　73
ビルドアップ騒音　59
ヒルバー-ヒュージ-テイラー法　72

フ

ファジィ理論　118
不安定状態　54
風洞実験　137
フェース　7, 9
不完全コレスキー分解付き共役勾配法　47
部分領域法　40
不平衡力ベクトル　50
フーボルト法　72
ブランクホルダ加圧力　57
プラントル-ロイスの式　79

ヘ

ベジェ　7
ベーシスベクトル法　121
ペッチ数　6
ペナルティ法　77
ヘリシティー　149
変位勾配マトリックス　50
変位増分　49
変動モデル　102
偏微分方程式　39
変分法　39
弁流量係数　108

ホ

ポアソン方程式　134
胞体　6
胞複体　6
飽和度　147
ボクセル　110
ボリュームレンダリング　149

マ

マススケーリング　56
マルチブロック法　18, 20

ミ

ミーゼスの降伏条件　79
ミニコン　131
ミニスーパ　132

ム

無条件安定　72

メ

メインフレーム　131
面内塑性関節点マトリックス　54
面塗り　139
メンバシップ関数　26, 118

モ

目標計画法　118
モード解析法　72
モード加速度法　62
モード重合法　59, 61
モード変位法　61

ヤ

ヤウマン変化率　76
ヤコビ行列　45
ヤコビの反復法　47, 134

ユ

ULF　49, 76
UNIX マシン　134
UTOPIA　100
有限体積法　100
有限ひずみ問題　76
輸送方程式　102

ヨ

陽解法　47, 56
要素　40
要素分割　5, 17
横風安定性　107
予測子修正子法　74
余肉　57

ラ

ラグランジュ関数　116
ラグランジュ乗数(法)　77, 118
ラグランジュ補間公式　73
ラスタスキャン　131
ラスタデータ　152
ランチョス法　59
乱流エネルギー散逸スケール　105
乱流燃焼モデル　109
乱流粘性係数　102

リ

リアルタイムアニメーション　152
力学的境界条件　49
離散化　40
離散点の集合　73
リックス法　51
リッツ法　39, 41
流跡線　145
流線　140
流脈　145

ル

ルジャンドルの多項式　45
ルンゲ-クッタ法　73

レ

冷却解析　107
レイノルズ方程式　101
連成マトリックス　59

ロ

ロードノイズ　59

ワ

ワイヤフレームモデル　6
ワークステーション　131
ワークステーションクラスタ　134

自動車技術シリーズ 3

自動車開発のシミュレーション技術
（普及版）

定価はカバーに表示

1997年12月10日　初　版第1刷
2005年3月10日　　　　第3刷
2008年8月20日　普及版第1刷

編　集　（社）自動車技術会
発行者　朝　倉　邦　造
発行所　株式会社　朝　倉　書　店
　　　　東京都新宿区新小川町 6-29
　　　　郵便番号　162-8707
　　　　電　話　03 (3260) 0141
　　　　FAX　03 (3260) 0180
　　　　http://www.asakura.co.jp

〈検印省略〉

© 1997〈無断複写・転載を禁ず〉　ショウワドウ・イープレス・渡辺製本

ISBN 978-4-254-23773-3　C 3353　　Printed in Japan

元農工大 樋口健治著

自動車技術史の事典

23085-7　C3553　　　　B 5 判　528頁　本体22000円

著者の長年にわたる研究成果を集大成して，自動車の歴史を主にエンジン開発史の視点から，豊富な図表データとともに詳説した。付録には，名車解説，著名人解説，自動車博物館リスト，著名なクラシック・カーのスペック一覧表なども収録。〔内容〕自動車とは何か／自動車の開発前史／自動車時代の到来／エンジン／特殊エンジン／車種別のエンジン技術／日本車のエンジン／エンジン研究の歴史／パワートレーン／フレームとシャシ／ボディと内外装備品／走行性能研究の歴史／他

前東大 大橋秀雄・横国大 黒川淳一他編

流体機械ハンドブック

23086-4　C3053　　　　B 5 判　792頁　本体38000円

最新の知識と情報を網羅した集大成。ユーザの立場に立った実用的な記述に最重点を置いた。また基礎を重視して原理・現象の理解を図った〔内容〕【基礎】用途と役割／流体のエネルギー変換／変換要素／性能／特異現象／流体の性質／【機器】ポンプ／ハイドロ・ポンプタービン／圧縮機・送風機／真空ポンプ／蒸気・ガス・風力タービン／【運転・管理】振動／騒音／運転制御と自動化／腐食・摩耗／軸受・軸封装置／省エネ・性能向上技術／信頼性向上技術・異常診断［付録：規格・法規］

中原一郎・渋谷寿一・土田栄一郎・笠野英秋・辻　知章・井上裕嗣著

弾性学ハンドブック

23096-3　C3053　　　　B 5 判　644頁　本体29000円

材料に働く力と応力の関係を知る手法が材料力学であり，弾性学である。本書は，弾性理論とそれに基づく応力解析の手法を集大成した，必備のハンドブック。難解な数式表現を避けて平易に説明し，豊富で具体的な解析例を収載しているので，現場技術者にも最適である。〔内容〕弾性学の歴史／基礎理論／2次元弾性理論／一様断面棒のねじり／一様断面ばりの曲げ／平板の曲げ／3次元弾性理論／弾性接触論／熱応力／動弾性理論／ひずみエネルギー／異方性弾性論／付録：公式集／他

早大 山川　宏編

最適設計ハンドブック
―基礎・戦略・応用―

20110-9　C3050　　　　B 5 判　520頁　本体26000円

工学的な設計問題に対し，どの手法をどのように利用すれば良いのか，最適設計を利用することによりどのような効果が期待できるのか，といった観点から体系的かつ具体的な応用例を挙げて解説。〔内容〕基礎編（最適化の概念，最適設計問題の意味と種類，最適化手法，最適化テスト問題）／戦略編（概念的な戦略，モデリングにおける戦略，利用上の戦略）／応用編（材料，構造，動的問題，最適制御，配置，施工・生産，スケジューリング，ネットワーク・交通，都市計画，環境）

産業技術総合研究所人間福祉医工学研究部門編

人間計測ハンドブック

20107-9　C3050　　　　B 5 判　928頁　本体36000円

基本的な人間計測・分析法を体系的に平易に解説するとともに，それらの計測法・分析法が製品や環境の評価・設計においてどのように活用されているか具体的な事例を通しながら解説した実践的なハンドブック。〔内容〕基礎編（形態・動態，生理，心理，行動，タスクパフォーマンスの各計測，実験計画とデータ解析，人間計測データベース）／応用編（形態・動態適合性，疲労・覚醒度・ストレス，使いやすさ・わかりやすさ，快適性，健康・安全性，生活行動レベルの各評価）

東工大 伊藤謙治・阪大 桑野園子・早大 小松原明哲編

人間工学ハンドブック

20113-0　C3050　　　　B 5 判　860頁　本体34000円

"より豊かな生活のために"をキャッチフレーズに，人間工学の扱う幅広い情報を1冊にまとめた使えるハンドブック。著名な外国人研究者10数名の執筆協力も得た国際的企画。〔内容〕人間工学概論／人間特性・行動の理解／人間工学応用の考え方とアプローチ／人間工学応用の方法論・技法と支援技術／人間データの獲得・解析／マン-マシン・インタフェース構築の応用技術／マン-マシン・システム構築への応用／作業・組織設計への応用／環境設計・生活設計への「人間工学」的応用

上記価格（税別）は 2008 年 7 月現在